DEUTSCHE AKADEMIE DER WISSENSCHAFTEN ZU BERLIN

Veröffentlichungen des Geodätischen Instituts in Potsdam

Nr. 9

DIE THEORIE DES REGULARISIERTEN GEOIDS

VON

D. W. SAGREBIN

1 9 5 6

AKADEMIE-VERLAG · BERLIN

Д. В. Загребин
Теория регуляризированного геоида
Erschienen im Verlag der Akademie der Wissenschaften der UdSSR
Moskau-Leningrad 1952
Übersetzt aus dem Russischen von W. Klemm, Forschungsinstitut für Mathematik
der Deutschen Akademie der Wissenschaften zu Berlin
Wissenschaftliche Redaktion: Prof. Pavel † und Dr. K. Reicheneder,
Geodätisches Institut der Deutschen Akademie der Wissenschaften zu Berlin, Potsdam

Erschienen im Akademie-Verlag, Berlin W 8, Mohrenstraße 39
Lizenz-Nr. 202 100/511/55
Gedruckt in der Druckerei „Maxim Gorki", Altenburg
Bestell- und Verlags-Nr. 2016/9
Preis: 25,— DM
Printed in Germany

Vorwort zur deutschen Ausgabe

Das vorliegende Werk ist 1952 in „трyгы института теоретическои астрономии, вынуск I“ (Arbeiten des Instituts für theoretische Astronomie, Ausgabe I) S. 87—222 im Original abgedruckt. Die Übersetzung wurde von Herrn Prof. Dr. J. NAAS, Leiter der Abteilung „Reine Mathematik und Editionen“ im Forschungsinstitut für Mathematik der Deutschen Akademie der Wissenschaften zu Berlin, auf Empfehlung des Herrn Vizepräsidenten Prof. Dr. H. ERTEL dem Geodätischen Institut zur fachsprachlichen Überarbeitung und Herausgabe zur Verfügung gestellt.

Es ist aber vor allem dem Entgegenkommen des Verfassers, Prof. Dr. D. W. SAGREBIN, sowie der Akademie der Wissenschaften der UdSSR zu danken, daß dieses bedeutende Werk jetzt in deutscher Sprache als Veröffentlichung des Geodätischen Instituts der Deutschen Akademie der Wissenschaften zu Berlin erscheinen kann. Den hohen Stand der geodätischen Forschung in der Sowjetunion dokumentierend, wird die deutsche Ausgabe dieses Werkes von allen Geodäten begrüßt werden, welche der russischen Sprache und Schrift nicht mächtig sind.

K. REICHENEDER

Vorwort

Das gegenwärtige schnelle Wachstum der geodätischen Daten in quantitativer Hinsicht und die Vergrößerung der Genauigkeit der geodätischen Bestimmungen stellen immer strengere Anforderungen an die Theorie. Die vor über 100 Jahren von STOKES entwickelte klassische Theorie der Bestimmung der Erdfigur — genauer gesagt der Figur des Geoids — ermöglicht die Ermittlung der gesuchten Figur in bezug auf die als Referenzfigur angenommene Kugel. Die deutlich ausgeprägte ellipsoidische Gestalt der Erde bringt jedoch bei der Anwendung der klassischen STOKESschen Theorie Fehler hinein, zu deren Behebung oder Verminderung eine Theorie aufzubauen ist, die die Bestimmung der Figur des Geoids in bezug auf die ellipsoidische Fläche ermöglicht. Eine solche Theorie wird in der vorliegenden Arbeit entwickelt. Es ist durchaus natürlich, daß als mathematischer Apparat, der auf die Analyse bei solcher Problemstellung angewandt wurde, LAMÉsche Funktionen zur Anwendung kamen, während die Theorie von STOKES mit Kugelfunktionen operierte. Die entwickelte Theorie wird auf die Bestimmung der Undulationen des ellipsoidischen Geoids mit drei ungleichen Achsen in bezug auf das Ellipsoid von F. N. KRASSOWSKI angewandt. Weil das KRASSOWSKIsche Ellipsoid jetzt als die Fundamentfläche für alle geodätischen Arbeiten der UdSSR zugrunde liegt, können die numerischen und die Tafelangaben bei verschiedenen geodätischen Untersuchungen gebraucht werden. In der Arbeit werden Formeln angeführt, die die Bestimmung der Abweichung des Geoids bezüglich der ellipsoidischen Fläche gestatten[1]). Wir geben hier ebenfalls Formeln und Tafeln für die Verteilung der Schwerkraft auf dem dreiachsigen Ellipsoid des Zentralen Forschungsinstituts für Geodäsie, Luftbildaufnahme und Kartographie (A. A. ISOTOW) und auf dem KRASSOWSKIschen Ellipsoid. Die am Schluß der Arbeit beigefügten Hilfstafeln sollen die Aufgabe der Bestimmung der Undulationen des Geoids bezüglich des Ellipsoids erleichtern.

An der Berechnung der Tafeln haben A. G. MALKOWA und T. I. MASCHINSKAJA teilgenommen.

Leningrad, 1950. D. SAGREBIN

---

[1]) Die vorliegende Arbeit ist eine natürliche und logische Fortsetzung einer Untersuchung des Verfassers, die dem ellipsoidischen Geoid mit drei ungleichen Achsen gewidmet ist (vgl. D. S. SAGREBIN, Das dreiachsige Niveauellipsoid und die Schwerkraft an seiner Oberfläche. Verlag der Ak. d. Wiss. der UdSSR, 1948).

Inhaltsverzeichnis

EINLEITUNG

§ 1. Die regularisierte Erde

Die Bestimmung der Erdfigur ist das Hauptproblem der höheren Geodäsie. Dieses große und schwierige wissenschaftliche Problem wurde natürlicherweise durch sukzessive Näherungen gelöst. Der bekannte russische Geodät F. A. SLUDSKI weist auf drei grundlegende Näherungen hin, die bei der Lösung der Frage über die Erdfigur eine Rolle spielen [48]. In der ersten Annäherung wurde die Frage über die Erdgestalt noch im grauen Altertum gelöst, als sich die Vorstellung von der Erde als einer Kugel gestaltet hatte. Erst nach zwanzig Jahrhunderten gelang es, die Lösung dieses Problems in zweiter Näherung zu erhalten und die grundlegende Abweichung der Erdfigur von der Kugelform zu entdecken, also ihre Abplattung zu erkennen und die Vorstellung von der Erde als eines Sphäroids oder eines Ellipsoids zu schaffen. Schließlich konnte im vorigen Jahrhundert mit Hilfe sehr feiner Untersuchungsmethoden durch Auswertung äußerst empfindlicher Messungen und Beobachtungen die Abweichung der Erde von der ellipsoidischen Form aufgedeckt und die Frage über die Erdfigur in dritter Näherung gestellt werden.

Bei der Bestimmung der Figur der Erde wäre zuerst zu klären, von welcher Fläche der Erde wir die Figur bestimmen müssen und was unter dem Ausdruck Erdoberfläche zu verstehen ist.

Wäre die Erdoberfläche mit Wasser nicht — wie in Wirklichkeit — teilweise, sondern vollständig bedeckt, so würde sich der Ausdruck „Oberfläche der Erde“ auf die Oberfläche des Ozeans beziehen, der sich infolge der gegenseitigen Anziehung aller Erdmassen und der von der Erdrotation hervorgerufenen Zentrifugalkraft im Gleichgewichtszustand befindet. Dabei dürfen die geringen, durch die Lunisolargezeiten hervorgerufenen Störungen dieses Gleichgewichts vernachlässigt werden. Im beschriebenen Falle würde die gesamte Erdoberfläche eine sogenannte Niveaufläche darstellen, die die Lotlinie überall unter einem rechten Winkel schneidet. Aber auf der von den Ozeanen nur teilweise bedeckten Erde erhebt sich die physische Oberfläche der Kontinente und Inseln über der Ozeanoberfläche in der Gestalt recht komplizierter Gebilde. Wir können uns jedoch ein Netz die Kontinente überquerender Kanäle denken, innerhalb derer die Oberfläche des Ozeans ausgebreitet wird. Solch eine Fläche nennt man geoidische Erdoberfläche oder einfach Geoid [63]. Auf diese beziehen sich nun im wesentlichen alle geodätischen Forschungen über die Figur und die Dimensionen der Erde. Es ist gut bekannt, daß der Oberfläche des Geoids zahlreiche Unebenheiten eigentümlich sind, demzufolge sich diese Fläche nicht durch ein einfaches mathematisches Gesetz darstellen läßt. Die Untersuchungen der Figur des Geoids sind daher mit der Ermittelung einer sehr viel einfacheren Fläche zu beginnen, die durch einen unkomplizierten mathematischen Ausdruck definiert wird und der Oberfläche des Geoids nach Möglichkeit nahekommt. Als solch eine Fläche, die das Geoid am besten approximiert und gleichzeitig durch einen unkomplizierten mathematischen Ausdruck definiert wird, wäre gegenwärtig das Rotationsellipsoid anzunehmen. Allerdings haben Untersuchungen der letzten Zeit, die sich auf den Angaben der modernen Gradmessungen der UdSSR, USA und Westeuropas, den gravimetrischen Weltmessungen und den Beobachtungen der Polhöhenschwankungen gründen, gezeigt, daß die Figur des Geoids am besten durch ein dreiachsiges Ellipsoid wiedergegeben wird [11, 18, 20]. Aber aus praktischen Überlegungen wird man in vollkommen zweckmäßiger und hinreichender Weise das Rotationsellipsoid als die beste Näherungsfläche des Geoids annehmen. Ein solches Ellipsoid läßt sich als Referenzfigur ansetzen, in bezug auf welche die Abweichungen des Geoids gefunden werden können. Unter einer gewissen Modifikation der Feststellung von F. A. SLUDSKI [47] wollen wir aussagen, daß die Abweichung des Geoids von der Erdfigur sich verhält wie die Störungen zur ungestörten Bewegung der Himmelskörper.

Somit werden in der Frage über die Erdfigur zwei Flächen betrachtet, von denen die eine (das Geoid) eine physikalische Bedeutung besitzt, die andere (das Referenzellipsoid) eine Figur von abstrakterem mathematischen Charakter ist.

Nunmehr widmen wir uns der näheren Betrachtung einer den Begriff „Geoid" betreffenden Bemerkung, die von BRILLOUIN [51] gemacht und einige Zeit danach von POINCARÉ [66] eingehend untersucht worden ist. POINCARÉ weist auf eine gewisse Duplizität dieses Begriffs hin. Es wird üblicherweise gesagt, das Geoid sei die ideale Fortsetzung der Ozeanoberfläche in den Boden der Kontinente hinein. Aber diese Fortsetzung kann man sich auf zweierlei Art vorstellen: 1. das Geoid ist die Fläche, die sich im Ergebnis der unterirdischen Nivellierung im Netz der gedachten Kanäle überall auf gleichem Niveau mit der Oberfläche des Ozeans erweist, und 2. das Geoid ist die Fläche, die die analytische Fortsetzung der Ozeanoberfläche unter die Kontinente darstellt. Von POINCARÉ ist nun auf Grund der von ihm durchgeführten Untersuchung [66] gezeigt worden, daß der Abstand zwischen den beiden Geoiden dem Quadrat der Höhe der Erde über dem Geoid proportional ist. In unserer weiteren Darlegung wollen wir unter dem Geoid die der ersten Definition entsprechende Fläche verstehen. Demnach kann die Figur des Geoids als die mit der mittleren Oberfläche des Ozeans übereinstimmende Niveaufläche definiert werden. Zu einer derartigen Definition der Figur des Geoids (der Erde) war im wesentlichen bereits 1828 GAUSS gekommen [56, S. 49; 49, S. 259].

Die Bestimmung der Figur des Geoids kann auf Grund von Schwerkraftsmessungen gemacht werden. Diese Bestimmung stößt jedoch auf eine Reihe praktischer und theoretischer Schwierigkeiten. Diese Schwierigkeiten hängen erstens mit der Unmöglichkeit einer genauen Reduktion der Schwerkraft auf das Meeresniveau, zweitens mit der Notwendigkeit der Bestimmung dieser Figur bei Abwesenheit von anziehenden Massen außerhalb des Geoids zusammen. Bei der Berechnung des Geoids werden diese Schwierigkeiten gewöhnlich folgendermaßen umgangen: die Schwerkraft wird auf die Niveaufläche reduziert, die äußeren Massen verlegt man aber entweder nach diesem oder jenem Gesetz ins Innere des Geoids oder kondensiert sie an seiner Oberfläche. Beseitigt man die bezüglich des Geoids äußeren Massen nach einem der angegebenen Verfahren, so ergibt sich eine Fläche, die die Oberfläche des **regularisierten** Geoids zu nennen wäre. Diese Oberfläche wird sich von der des wirklichen Geoids unterscheiden, da sie durch die Verlagerung der Massen etwas entstellt wird, aber diese Entstellung läßt sich im weiteren berücksichtigen. Zur Charakterisierung der Größenordnung der entstehenden Entstellungen sei darauf verwiesen, daß z. B. die Kondensierung des im Mittel etwa 4000 m hohen Pamirplateaus eine Verschiebung des Geoids um lediglich 0,8 m hervorrufen würde [45]. Aber auch dieser geringen Verschiebung kann im weiteren Rechnung getragen werden.

Gegenwärtig sind von A. A. MICHAILOW eingehende Tafeln für die Reduktion der Schwerkraft nach der Kondensationsmethode berechnet worden [37]. Die äußeren Massen dürfen, wie gesagt, durch innere ersetzt werden, was sich ohne eine Veränderung des Anziehungspotentials des Geoids bewerkstelligen läßt. Die entsprechende, von RUDZKI ([67], s. a. [27]) vorgeschlagene Reduktion der Schwerkraft erhielt den Namen Inversion. Diese Methode der Schwerkraftsreduktion ist dadurch charakterisiert, daß sie die wirkliche Oberfläche des Geoids nicht verzerrt. Schließlich kann man sich die äußeren Massen ins Innere des Geoids nach dieser oder jener geophysikalischen Hypothese übertragen denken. Gewöhnlich wird zu diesem Zweck die Hypothese der Isostasie verwendet [3]. Der Methode der Reduktion der Schwerkraftwerte auf das Meeresniveau ist eine umfangreiche, diese Frage unter verschiedenen Gesichtspunkten betrachtende Literatur gewidmet. Mit der notwendigen Vollständigkeit ist diese Frage von I. D. SHONGOLOVITSCH [7] erörtert.

Zu unserer Aufgabe gehört nicht eine eingehende Diskussion dieser Frage insofern, als wir das Problem der bereits regularisierten Erde erörtern werden. Hier haben wir nur die grundlegenden, mit der Regularisierung zusammenhängenden Etappen erwähnt.

Wenn also die Werte der Schwerkraft auf dem Geoid richtig erhalten und danach die infolge der Regularisierung entstandenen Deformationen desselben richtig berücksichtigt worden sind, so muß sich — unabhängig von der Wahl dieser oder jener Regularisierungsmethode — ein und dieselbe gesuchte Figur des wahren Geoids ergeben.

Schließlich wäre darauf hinzuweisen, daß in der letzten Zeit von N. D. MOISSEJEW [38, 39], N. R. MALKIN [28, 30] und M. S. MOLODENSKI [40] das Problem der Bestimmung der Figur der wahren physischen Erdoberfläche sowie der Figur des nichtregularisierten Geoids gestellt wurde. Durch die fundamentalen Untersuchungen M. S. MOLODENSKIS [40] ist jedoch gezeigt worden, daß diese oder jene Bestimmungsmethode des nichtregularisierten Geoids dem Wesen nach dieses oder jenes Regularisierungssystem enthält.

Demzufolge ist zur Erforschung der Figur des Geoids zuerst eine genaue Theorie des regularisierten Geoids aufzubauen, die von der Untersuchung keinesfalls ausgeschlossen werden darf

§ 2. Die Bestimmung der Figur des Geoids und die STOKESsche Formel

Zum erstenmal wurde eine Methode der Bestimmung der Figur des Geoids vor etwa 100 Jahren von dem englischen Gelehrten STOKES [72] angegeben. Etwas später widmete POINCARÉ derselben Frage seine Arbeit [66]. Es ist auch auf die wichtige Arbeit von BRUNS [52] hinzuweisen. Im wesentlichen ist eben durch diese Forschungen zum erstenmal die mathematische Behandlung des gesamten Problems der Bestimmung der Geoidfigur durchgeführt worden. Wir verweilen kurz bei den von diesen Forschern erzielten Grundergebnissen.

Die Figur des Geoids wird bestimmt sein, wenn die Methode zur Berechnung des Abstands zwischen der gesuchten Oberfläche des Geoids und der Referenzfigur, die als bekannt betrachtet werden darf, angegeben ist. Sowohl STOKES als auch POINCARÉ nahmen als Referenzfigur dem Wesen nach die Kugel an. Bei POINCARÉ finden wir lediglich eine geringe Ergänzung in seiner angegebenen Arbeit, wo er von der Möglichkeit spricht, als Referenzfigur das Ellipsoid zu betrachten. Somit wurde von beiden Forschern die Kugel als Referenzfigur angenommen. Die STOKESsche Theorie in ihrer ursprünglichen Form wurde und wird zwar auf das Niveauellipsoid angewandt, doch ruft diese Anwendung Fehler hervor, über die zur Zeit Urteile nur allgemeinsten Charakters vorliegen.

Wir wollen hier die Grundergebnisse der Bestimmung der Figur des Geoids nach der STOKESschen Theorie anführen. Die Gleichung der als Referenzfigur angenommenen Niveaufläche wird gewöhnlich in der Form

$$U = \text{const}$$

geschrieben, wo U das Schwerkraftpotential ist. Die Gleichung des Geoids wird dargestellt durch

$$W = U + T = \text{const},$$

wo W das Potential des Geoids, T das Störungspotential ist. Geht man von dem von STOKES angegebenen Satz aus, so kann der Unterschied im äußeren Felde des Schwerkraftpotentials bei vorgegebener Masse und Winkelgeschwindigkeit der Rotation nur auf Kosten des Unterschiedes der Form der angegebenen Oberflächen zustandekommen. Somit wird der gesuchte Abstand zwischen dem Geoid und der Referenzfigur bestimmt sein, sobald die Differenz $W - U$ vorliegt, d. h. das Störungspotential T gefunden ist. Denn dieses Störungspotential ist mit dem gesuchten Abstand durch die folgende, das Lemma oder die Formel von BRUNS genannte Beziehung verbunden[1]):

$$\zeta = \frac{T}{\gamma},$$

wo γ die Schwerkraft auf der Referenzfläche ist. Da wir die Größe γ als bekannt betrachten dürfen, läuft die Ermittelung des Abstands zwischen dem Geoid und der Referenzfigur auf die Feststellung des Störungspotentials T hinaus. Hier ist zu betonen, daß der gesuchte Abstand ζ auf Grund des BRUNSschen Lemmas bis auf eine konstante Größe bestimmt wird, was jedoch unwesentlich ist,

---

[1]) Da wir lediglich die Bestimmung der Größe ζ ins Auge fassen, lassen wir hier die Frage über den Unterschied der Normalen dieser beiden Flächen auf sich beruhen. Die strenge Formel ist

$$\zeta = \frac{T}{\gamma \cos \varepsilon},$$

wo ε der Winkel zwischen der Normalen des Geoids und der Referenzfigur ist (vgl. [52] sowie [58, S. 148]). Der Winkel ε wird gewöhnlich Lotabweichung genannt; er übersteigt nicht 1′; handelt es sich um die Größe und nicht um die Richtung der wirkenden Kräfte, so können wir durchaus $\cos \varepsilon = 1$ setzen [34, S. 108].

da uns nur die Form der gesuchten Fläche, nicht dagegen ihre wahren Dimensionen interessiert. Diese werden auf Grund von unmittelbaren geodätischen Messungen festgestellt.

Das gesuchte Störungspotential ist in Form einer von STOKES und etwas später von POINCARÉ erhaltenen Reihe darstellbar:

$$T = \sum_{n=2}^{\infty} \frac{R g_n}{n-1}.$$

Hier ist mit g_n eine Kugelfunktion n-ter Ordnung bezeichnet, die in die Entwicklung der Schwerkraftsanomalie Δg, also der Differenz zwischen der Schwerkraft g auf dem Geoid und der auf der Referenzfigur γ, eingeht. Die Ermittelung dieses störenden Potentials bietet — wenn von der hingeschriebenen Reihe ausgegangen wird — Schwierigkeiten, da ihre Konvergenz recht langsam ist, außerdem aber zur Bestimmung von T mittels dieser Reihe die Funktionen g_n hoher Ordnung aus Beobachtungen gewonnen werden müssen, was praktisch sehr schwierig ist. Auf Grund dieser Überlegungen findet man für das Störungspotential T einen geschlossenen Ausdruck in Gestalt folgender Integralformel:

$$T = \frac{1}{4\pi R} \int \Delta g \, S(\psi) \, ds.$$

Hieraus läßt sich nach dem BRUNSschen Lemma sofort der gesuchte Abstand (Undulation) zwischen dem Geoid und der Referenzfigur finden

$$\zeta = \frac{R}{4\pi\gamma} \int \Delta g \, S(\psi) \, d\sigma.$$

Diese Formel wurde von STOKES angegeben. Sie ermöglicht, die Figur des Geoids zu erhalten. In den angeführten Formeln für T und ζ sind die Bezeichnungen angenommen: R der Kugelradius; ds ein Flächenelement der Kugel vom Radius R; $d\sigma$ ein Flächenelement der Einheitskugel; Δg die Schwerkraftsanomalie; γ der Normalwert der Schwerkraft; $S(\psi)$ die STOKESsche Funktion; T das Störungspotential; ζ die Abweichung des Geoids von der Referenzfläche.

Auf den ersten Blick müßte der Fehler in der Bestimmung von ζ von der Größenordnung $R\alpha^2 = 70$ m sein [17, S. 308] (α ist die Erdabplattung)[1]). Nimmt man daher als Referenzfigur nicht die Kugel, sondern das Erdellipsoid, so haben wir, strenggenommen, keine Berechtigung, uns der STOKESschen Formel zur Ermittlung der Undulationen des Geoids bezüglich des angenommenen Ellipsoids zu bedienen. Durch die Untersuchungen von PIZZETTI ist jedoch gezeigt worden [45], daß der Fehler dieser Bestimmung nach der STOKESschen Formel von der Größenordnung $\zeta\alpha$ bzw., was dasselbe ist, $R\alpha^3$ sein wird.

Diese wesentliche, von PIZZETTI gemachte Bemerkung hat die Anwendung der STOKESschen Formel auf das Erdellipsoid ermöglicht. Solch eine Anwendung wurde erst nach 86 Jahren von dem finnischen Geodäten HIRVONEN [59] praktisch verwirklicht[2]). Seine Untersuchungen haben gezeigt, daß die Abweichungen des Geoids vom Ellipsoid bis zu 100—150 m erreichen. Hieraus sieht man, daß $\alpha\zeta$ für die Undulation 100 m lediglich 0,3 m betragen würde.

Im weiteren werden wir zeigen, daß der Fehler, mit dem die Undulation nach der STOKESschen Formel berechnet wird, diese Größe um ein Mehrfaches übertrifft. Dieser Umstand wird dadurch hervorgerufen, daß sich die Untersuchungen PIZZETTIS lediglich auf eine Abschätzung der Größenordnung beschränken. Solch eine Abschätzung bietet aber keine Möglichkeit, die wahre Größe des Fehlers anzugeben, da man nicht weiß, mit welchem Koeffizienten ein Fehler von der betrachteten Ordnung in die endgültige Lösung eingeht. Diese Abschätzung läßt sich allein dann ausführen, wenn alle Glieder von der Größenordnung der Erdabplattung berücksichtigt werden, man also alle in der STOKESschen Theorie vernachlässigten Glieder der Ordnung $\alpha\zeta$ in Betracht zieht.

Gegenwärtig ist die Zahl der Bestimmungen der Schwerkraft an der Erdoberfläche stark gestiegen, desgleichen hat sich die Genauigkeit der gravimetrischen Messungen und Geräte bedeutend

---

[1]) Der Fehler in der Bestimmung von ζ muß von zwei Ursachen abhängig sein. Erstens wird bei der Ableitung der STOKESschen Formel das Störungspotential strenggenommen nicht für das Ellipsoid, sondern für die Kugeloberfläche erhalten. Zweitens dient hier als Integrationsfläche ebenfalls die Kugel [34].

[2]) Eine analoge Arbeit wurde etwas später von TANNI [74, 75] ausgeführt. Eine Übersicht über die Bestimmung der Figur des Geoids ist unlängst von HEISKANEN [57] geschrieben worden.

erhöht. Alles das erfordert für eine richtige wissenschaftliche Auswertung die Aufstellung einer strengeren Theorie des regularisierten Geoids, als es ein Jahrhundert zuvor von dem englischen Gelehrten STOKES und den anderen hier erwähnten Forschern getan wurde.

§ 3. Die Gleichung von POINCARÉ

In den Punkten der Referenzfläche, für die in der von STOKES entwickelten Theorie der Bestimmung der Geoidfigur die Kugel angesetzt wurde, genügt das gesuchte Störungspotential der Gleichung

$$\frac{2}{R} T + \frac{\partial T}{\partial n} = - \Delta g.$$

Diese Gleichung stellt eine Grenzbedingung dar, der das Störungspotential T genügen muß; sie ist von so großer Bedeutung für die Gravimetrie, daß man sie gewöhnlich die Fundamentalgleichung der Gravimetrie nennt [17]. Die Lösung dieser Gleichung nach den Methoden der mathematischen Physik führt zur STOKESschen Formel. Die Anomalie Δg wird gewöhnlich bezüglich des Referenzellipsoids oder -sphäroids berechnet, die Ableitung des Potentials ist hier dem Wesen nach in Richtung der Normalen zum Geoid zu nehmen, und der Koeffizient bei der Funktion T wird gewöhnlich unter Voraussetzung der Kugelgestalt der Erde berechnet. Das alles führt natürlich zu einer gewissen Nichtübereinstimmung der linken und der rechten Seite der gravimetrischen Fundamentalgleichung.

Somit ist die Referenzfläche hier das Ellipsoid, während die in der STOKESschen Schlußformel auftretende Integrationsfläche die Kugel ist. Diese Nichtübereinstimmung führt zu den bereits erwähnten Fehlern.

Demzufolge ist die STOKESsche Theorie strenggenommen auf die Berechnung der Geoidabweichungen in bezug auf die Kugel unter Voraussetzung des Fehlens ihrer Rotation anwendbar (der Koeffizient der Funktion T ist in der Fundamentalgleichung unter Zugrundelegung einer nichtrotierenden kugelförmigen Erde berechnet), während die deutlich ausgeprägte ellipsoidische Gestalt der Erde naturgemäß den Aufbau einer Theorie für die Bestimmung der Geoidfigur in bezug auf eine ellipsoidische Referenzfläche erfordert. Der Übergang von der Kugel als Referenzfigur zum Niveauellipsoid wurde 1901 von POINCARÉ angegeben [66]. Indessen sind in seiner Abhandlung nur einige allgemeine Hinweise über diese Frage vorhanden, und die Grenzbedingung selbst enthält Ungenauigkeiten.

Wir verweilen kurz bei der von POINCARÉ aufgestellten Gleichung. In seiner Arbeit wird die Entwicklung der gravimetrischen Fundamentalgleichung für den Fall der ellipsoidischen Referenzniveaufläche erbracht. Die POINCARÉsche Gleichung hat die Form

$$\frac{1}{\gamma}\left(\frac{d\varrho}{dn}\right)^2 \frac{d^2 U}{d\varrho^2} T + \frac{d\varrho}{dn}\frac{\partial T}{\partial \varrho} = - \Delta g.$$

Hier ist: U das Schwerkraftspotential der Referenzfigur; ϱ die elliptische Koordinate, durch deren Werte die Schar der konfokalen Ellipsoide charakterisiert wird[1]).

---

[1]) In Problemen, die mit dem Ellipsoid zusammenhängen, wird man am zweckmäßigsten das System der elliptischen Koordinaten ϱ, μ, ν betrachten [11]. Als Koordinatenflächen dienen in diesem System: das Ellipsoid, das einschalige Hyperboloid und das zweischalige Hyperboloid. Da das System der Flächen ϱ = const, μ = const, ν = const triorthogonal ist, wird das lineare Element durch die Gleichung

$$ds^2 = dx^2 + dy^2 + dz^2 = H_1^2 d\varrho^2 + H_2^2 d\mu^2 + H_3^2 d\nu^2$$

bestimmt. Bei der Bewegung längs der Normalen auf die Ellipsoide verbleiben wir stets auf der Schnittlinie der Flächen μ = const, ν = const. Demzufolge ist

$$dn = ds = H_1\, d\varrho,$$

woraus

$$\frac{d\varrho}{dn} = \frac{1}{H_1} = H.$$

Führt man die von LIOUVILLE angenommene Bezeichnung, nämlich

$$\frac{1}{(\varrho^2 - \mu^2)(\varrho^2 - \nu^2)} = l^2,$$

Der Koeffizient der Funktion T ist mit unzureichender Genauigkeit berechnet. Denn im allgemeinen Fall hat dieser Koeffizient die Form

$$-\frac{1}{\gamma}\cdot\frac{\partial\gamma}{\partial n}$$

oder, falls das Schwerkraftspotential des Ellipsoids U ist,

$$-\frac{1}{\gamma}\cdot\frac{\partial\gamma}{\partial n}=\frac{1}{\gamma}\cdot\frac{\partial^2 U}{\partial n^2}=\frac{1}{\gamma}\left[\frac{\partial^2 U}{\partial\varrho^2}H^2+H\frac{\partial U}{\partial\varrho}\cdot\frac{\partial H}{\partial\varrho}\right].$$

Das zweite Glied auf der rechten Seite im Koeffizienten der Funktion T fehlt in der Gleichung von POINCARÉ. Dieses Glied darf jedoch keinesfalls vernachlässigt werden. Eine eingehende Untersuchung [64] hat gezeigt, daß der Fehler in der Bestimmung der Undulation des Geoids bei Außerachtlassung des angegebenen Gliedes von derselben Größenordnung sein wird wie im Falle des sphärischen Problems. Demzofolge werden wir bei der Ableitung einer der STOKESschen analogen Formel für den Fall der ellipsoidischen Niveaufläche den Koeffizienten der Funktion T in der hier bereits angeführten allgemeinsten Form betrachten.

Weitere sich auf die STOKESsche Formel beziehende Arbeiten, von denen wir hier die Untersuchungen von RUDZKI [67], SIGNORINI [70], N. R. MALKIN [29, 31, 32], A. A. MICHAILOW [33, 36] erwähnen, waren sowohl der Verbesserung der Formel selbst als auch der Klärung ihrer Genauigkeit gewidmet. Endgültige Schlußfolgerungen finden wir in diesen Arbeiten jedoch nicht.

Daher bleibt die Frage über die Genauigkeit der STOKESschen Formel und über ihre Entwicklung für den Fall der ellipsoidischen Referenzfläche bis jetzt offen. Die Fülle der Literatur, die dem mit der STOKESschen Formel zusammenhängenden Fragenkreise gewidmet ist, zeugt von der Aktualität dieses Problems. Alles Obengenannte überzeugt uns von der Notwendigkeit, eine strenge Theorie des regularisierten Geoids aufzubauen, dessen Figur bereits bei der Stellung des Problems in bezug auf die ellipsoidische Oberfläche bestimmt werden muß. Der Aufbau einer solchen Theorie würde erstens eine korrekte Abschätzung der Genauigkeit, mit der die Abweichungen des Geoids bezüglich der Referenzfigur bestimmt werden, ermöglichen, zweitens eine bedeutende Vergrößerung der Genauigkeit, mit der die Abweichung des Geoids bezüglich der Referenzfigur bestimmt wird, erlauben, und schließlich, drittens, gibt solch eine Theorie die Möglichkeit einer vollständigen Auswertung des sich immer mehr ansammelnden Materials der gravimetrischen Erforschung des Erdfelds.

---

ein, so erhalten wir

$$H=\frac{d\varrho}{dn}=l\sqrt{(\varrho^2-\eta^2)(\varrho^2-1)}=lR_1R_2,$$

wo R_1 und R_2 die ersten beiden LAMÉschen Funktionen in der von POINCARÉ in seinem Buche „Figures d'equilibre d'une masse fluide" (1902) angenommenen Bezeichnungsweise sind. An diese Bezeichnungen haben wir uns in unserem bereits erwähnten Buche [11] gehalten und wollen es auch hier tun.

Die Größen η und 1 charakterisieren die linearen Exzentrizitäten [11, S. 12] der Schar der konfokalen Ellipsoide, die auf Grund der Gleichung

$$\frac{x^2}{\varrho^2-1}+\frac{y^2}{\varrho^2-\eta^2}+\frac{z^2}{\varrho^2}=1 \quad 1>\eta>0$$

bestimmt werden. Für den Fall des Rotationsellipsoids ist $\eta=0$, während $R_2=R_3=\varrho$ der großen Halbachse des Ellipsoids entspricht. Die Größe $\frac{d\varrho}{dn}$ läßt sich in diesem Falle wie folgt darstellen: $\frac{d\varrho}{dn}=\frac{1}{\sqrt{1+i^2\sin^2 u}}$, wo i die zweite Exzentrizität des Ellipsoids, u die reduzierte Breite ist.

KAPITEL I

§ 4. Stellung des Problems

In der von CLAIRAUT entwickelten [24] Theorie der Gleichgewichtsfiguren einer inhomogenen rotierenden flüssigen Masse nimmt ein rotierender flüssiger Planet die Form eines sogenannten Sphäroids an, dessen Figur sich im Verlauf sukzessiver Approximationen bestimmen läßt. Dieser Frage wurde eine tiefgehende Untersuchung von A. M. LJAPUNOW [26] gewidmet. In der Theorie von CLAIRAUT werden dem Dichtegesetz diese oder jene Bedingungen auferlegt. In der zweiten Ergänzung zur russischen Übersetzung des Buches von APPEL [1] bemerkt N. I. IDELSON, daß bei solch einer Sachlage natürlicherweise die Frage entsteht: ob es nicht praktisch einfacher wäre, als erste Näherung für die äußere Niveaufläche eines Planeten, also des Geoids, nicht das CLAIRAUTsche Sphäroid, sondern einfach ein Ellipsoid schwacher Abplattung anzunehmen, indem man hierbei jegliche Voraussetzungen über den inneren Aufbau des Planeten aufgibt. Auf diese Weise gelangen wir zum Begriff der inhomogenen Niveauellipsoide, deren Theorie gegenwärtig große Verbreitung gefunden hat. Diese Theorie ist für das Rotationsellipsoid eingehend von N. I. IDELSON in der erwähnten Ergänzung zur russischen Übersetzung des Buches von APPEL untersucht. Für das dreiachsige Niveauellipsoid ist diese Frage eingehend in meinem Buch [11] untersucht.

Die Bestimmung der Figur des Geoids läßt bei solch einer Problemstellung den Prozeß der sukzessiven Approximationen nicht zu, und der Übergang vom „ellipsoidischen Geoid“ zum wahren Geoid ist nur unmittelbar durchführbar, was nun den Gegenstand der speziellen STOKESschen Theorie ausmachen muß. Somit können wir, wenn wir in erster Näherung das Rotationsellipsoid oder sogar das dreiachsige Ellipsoid als Erdfigur ansetzen, eine dieser Flächen als Referenzfigur betrachten, in bezug auf die also die Bestimmung des Geoids auszuführen ist. Darin wird nun im Grunde genommen die spezielle STOKESsche Theorie bestehen, mit deren Aufbau wir uns im vorliegenden Buche befassen wollen. Wir untersuchen also hier die Theorie des regularisierten Geoids, dessen Figur — zum Unterschied von der STOKESschen Theorie — bei der Problemstellung selbst in bezug auf die ellipsoidische Niveaufläche bestimmt wird.

§ 5. Die Grundgleichung

Die Aufgabe der Bestimmung der Figur des Geoids bezüglich einer gewissen geoidnahen ellipsoidischen Referenzfigur läuft dem Wesen nach auf die Ermittlung des Abstands zwischen dem Geoid und der ellipsoidischen Referenzfigur hinaus. Der gesuchte Abstand ist bestimmt, wenn das die Referenzfläche verzerrende Störungspotential gefunden ist. Daher wollen wir jetzt zur Aufstellung der Grundgleichung für das Störungspotential übergehen. Sei U das Schwerkraftpotential der ellipsoidischen Niveaureferenzfigur. An der Oberfläche des Ellipsoids reduziert sich dieser Ausdruck zur Konstanten U_0, wir haben also ($\varrho = \varrho_0$)

$$U = U_0. \tag{1}$$

Die Schwerkraft auf dieser Fläche wird nach der Gleichung

$$\gamma = -\frac{\partial U}{\partial n} = \left(-\frac{\partial U}{\partial \varrho} \cdot \frac{d\varrho}{dn}\right)_{\varrho=\varrho_0}$$

bestimmt. In der Klammer haben wir die elliptische Koordinate ϱ gleich ϱ_0 gesetzt, die dem gegebenen Ellipsoid entspricht. Ferner sei mit W das Potential des Geoids bezeichnet. An der Oberfläche des Geoids nimmt diese Größe den konstanten Wert W_0 an. Somit erhalten wir

$$W = U + T = W_0 \tag{3}$$

Hier ist mit T das störende Potential bezeichnet, das der Differenz der Potentiale des Geoids und des Referenzellipsoids gleich ist, also

$$T = W - U. \tag{4}$$

Die Schwerkraft g wird auf dem Geoid unter Zugrundelegung der Gleichung

$$g = -\frac{\partial W}{\partial n} = -\frac{\partial U}{\partial n} - \frac{\partial T}{\partial n} = -\frac{\partial U}{\partial \varrho} \cdot \frac{d\varrho}{dn} - \frac{\partial T}{\partial n} \tag{5}$$

bestimmt. Für die Bestimmung der Figur des Geoids genügt offenbar die Ermittlung des Abstands zwischen dem Geoid und der ellipsoidischen Referenzfigur. Der gesuchte und gewöhnlich mit ζ bezeichnete Abstand ist eine Funktion der Lage des Punktes auf dem Ellipsoid, also eine Funktion von μ und ν. Diesen Abstand zählen wir auf der Normalen zum Ellipsoid. Folglich ist die Größe ζ mit dem Zuwachs der elliptischen Koordinate ϱ durch die Gleichung

$$\Delta\varrho = \zeta \frac{d\varrho}{dn} \tag{6}$$

verbunden, wo $\Delta\varrho$ der dem ζ entsprechende Zuwachs der elliptischen Koordinate ϱ ist. Im Ausdruck für das Schwerkraftspotential des Geoids (3) ersetzen wir das Potential der ellipsoidischen Referenzfigur U durch seine Entwicklung in eine TAYLORsche Reihe:

$$U = [U]_{\varrho=\varrho_0} + \Delta\varrho \left[\frac{\partial U}{\partial \varrho}\right]_{\varrho=\varrho_0}$$

Beziehungsweise, unter Beachtung von (6),

$$U = [U]_{\varrho=\varrho_0} + \zeta \left[\frac{\partial U}{\partial \varrho} \cdot \frac{d\varrho}{dn}\right]_{\varrho=\varrho_0}.$$

Hier haben wir uns auf zwei Glieder der Entwicklung beschränkt und die $\Delta\varrho^2$ oder ζ^2 enthaltenden Glieder vernachlässigt. Das kann stets getan werden, da solch eine Vereinfachung zu einem relativen Fehler in der Bestimmung der gesuchten Größe ζ von der Größenordnung des Quadrats der Abplattung des Erdellipsoids führt[1]). Demnach wollen wir hier und in der gesamten weiteren Untersuchung Glieder von der Ordnung der Abplattung des Erdellipsoids $(\alpha\zeta)$[2]) berücksichtigen, während die Glieder von der Größenordnung des Quadrats der Abplattung überall unbeachtet bleiben sollen.

---

[1]) Berücksichtigt man nämlich die dritten Entwicklungsglieder, so findet man die gesuchte Größe ζ aus der Beziehung

$$\zeta\{1 + O(\alpha^2)\} = \frac{U - [U]_{\varrho=\varrho_0}}{\left[\frac{\partial U}{\partial \varrho} \cdot \frac{d\varrho}{dn}\right]_{\varrho=\varrho_0}},$$

wo

$$O(\alpha^2) = \left[\zeta \frac{\frac{\partial^2 U}{\partial \varrho^2}\left(\frac{d\varrho}{dn}\right)^2}{\frac{\partial U}{\partial \varrho} \cdot \frac{d\varrho}{dn}}\right]_{\varrho=\varrho_0}$$

Die Größe $O(\alpha^2)$ ist von der Ordnung $\frac{\zeta}{\varrho_0}$. Davon überzeugt man sich leicht, wenn für U sein Ausdruck für eine kugelförmige Erde angesetzt wird; es ist dann $\frac{d\varrho}{dn} = 1$. und der Klammerausdruck reduziert sich auf $\frac{\zeta}{R}$. Für eine Undulation von 100 m beträgt diese Größe 1/60000, ist also von der Größenordnung α^2.

[2]) In einigen Untersuchungen [76] wird der Fehler der Bestimmung von ζ in Bruchteilen des Erdradius abgeschätzt. In diesem Fall sind die Größenordnungen $\alpha\zeta$ von der dritten Ordnung. Denn für eine Undulation von 100 m ist $\alpha\zeta = 0{,}30$ m, was der Größe $\alpha^3 R = 0{,}25$ m entspricht. Demnach ist die Größe ζ selbst eine Größe von der Größenordnung $\alpha^2 R$. In der weiteren Darlegung halten wir uns an die im Text angenommene Fehlerabschätzung, berechnen sie also bezüglich der gesuchten Abweichung ζ.

Dem Ausdruck für U kann unter Berücksichtigung von (1) und (2) die Form

$$U = U_0 - \zeta\gamma.$$

beigegeben werden.

Substituiert man in (3) den gefundenen Ausdruck für U, so ergibt sich

$$U_0 - \zeta\gamma + T = W_0.$$

Folglich ist das gesuchte Störungspotential gleich

$$T = W_0 - U_0 + \zeta\gamma,$$

woraus wir unter Voraussetzung der Gleichheit der Konstanten W_0 und U_0 (also $W_0 - U_0 = 0$) das BRUNSsche Lemma erhalten. Dieses zeigt, daß die Ermittlung der Undulation ζ auf die des Störungspotentials T hinausläuft, das mit ζ durch die Beziehung

$$T = \gamma\zeta \tag{7}$$

zusammenhängt.

Nun gehen wir zur Ableitung der Grundgleichung für T über. Wir untersuchen den Ausdruck für die Schwerkraft des Geoids (5). Durch Reihenentwicklung des ersten Gliedes auf der rechten Seite von (5) bekommen wir

$$g = -\left\{\left[\frac{\partial U}{\partial \varrho}\right]_{\varrho=\varrho_0} + \Delta\varrho\left[\frac{\partial^2 U}{\partial \varrho^2}\right]_{\varrho=\varrho_0}\right\}\left\{\left[\frac{d\varrho}{dn}\right]_{\varrho=\varrho_0} + \Delta\varrho\left[\frac{d}{d\varrho}\cdot\frac{d\varrho}{dn}\right]_{\varrho=\varrho_0}\right\} - \frac{\partial T}{\partial n}.$$

Hier haben wir uns wie früher in jeder Klammer auf zwei Entwicklungsglieder beschränkt, die $\Delta\varrho^2$ enthaltenden Glieder also vernachlässigt. Ferner haben wir mit demselben Genauigkeitsgrad

$$g = -\left[\frac{\partial U}{\partial \varrho}\cdot\frac{d\varrho}{dn}\right]_{\varrho=\varrho_0} - \Delta\varrho\left\{\left[\frac{\partial^2 U}{\partial \varrho^2}\cdot\frac{d\varrho}{dn}\right]_{\varrho=\varrho_0} + \left[\frac{\partial U}{\partial \varrho}\cdot\frac{d}{d\varrho}\left(\frac{d\varrho}{dn}\right)\right]_{\varrho=\varrho_0}\right\} - \frac{\partial T}{\partial n}.$$

Beziehungsweise, wenn wir für γ den Ausdruck (2) und Gleichung (6) berücksichtigen,

$$g - \gamma = \zeta\,\frac{\partial\gamma}{\partial n} - \frac{\partial T}{\partial n}, \tag{8}$$

woraus sich, unter Beachtung des BRUNSschen Lemmas,

$$g - \gamma = \frac{T}{\gamma}\cdot\frac{\partial\gamma}{\partial n} - \frac{\partial T}{\partial n} \tag{9}$$

ergibt.

Im Ausdruck $\frac{\partial\gamma}{\partial n}$ geschieht die Differentiation nach der Normalen zum Ellipsoid, während sie in $\frac{\partial T}{\partial n}$ nach der Normalen zur Oberfläche des Geoids ausgeführt wird. Betrachtet man aber an Stelle der Normalen zum Geoid die des Ellipsoids, so führt das, wie leicht gezeigt werden kann [34, S. 107 u. 108], zu einem Fehler dritter Ordnung bezüglich der Abplattung. Denn der Winkel zwischen den Normalen des Geoids und des Ellipsoids ist gleich der Lotabweichung ε, die, wie gesagt, die Größe einer Bogenminute erreichen kann. Betrachtet man also an Stelle derAbleitung nach der Normalen des Geoids die des Ellipsoids, so erhält die Größe $\frac{\partial T}{\partial n}$ den Faktor $\cos\varepsilon$. Aber wegen der Kleinheit des Winkels ε kann für diesen Faktor 1 gesetzt werden, was zum relativen Fehler $\varepsilon^2/2$ führt. Diese Größe ist kleiner als 1/20 000 000. Betrachtet man also an Stelle der Normalen zum Geoid die zum Ellipsoid, so begeht man einen Fehler von der Größenordnung α^3.

Demnach können wir in der Gleichung (9) annehmen, daß die Differentiation nach der Normalen zur ellipsoidischen Referenzfigur geschieht. Demzufolge erlangt die Grundgleichung für das Störungspotential ihre endgültige Form:

$$-\frac{1}{\gamma}\cdot\frac{\partial\gamma}{\partial n}\,T + \frac{\partial T}{\partial n} = -\Delta g. \tag{10}$$

Diese Gleichung ist die Grenzbedingung für die gesuchte Funktion T im gemischten Problem der Potentialtheorie. In Anbetracht der fundamentalen Wichtigkeit der Gleichung (10) bringen wir hier für sie noch eine auf geometrischen Überlegungen fußende Ableitung.

Wir bezeichnen die gesuchte Entfernung des Geoids von der ellipsoidischen Fläche, die längs der Normale zur Referenzfigur gezählt wird, mit ζ (Abschnitt PQ, Fig. 1). Die Schwerkraft auf der Referenzfläche bezeichnen wir wie früher mit γ; die Schwerkraft auf dem Geoid bezeichnen wir mit g. Vernachlässigen wir dann die Glieder von der Größenordnung ζ^2, die, wie bereits erwähnt, wegen ihrer Geringfügigkeit unberücksichtigt bleiben dürfen, so erhalten wir

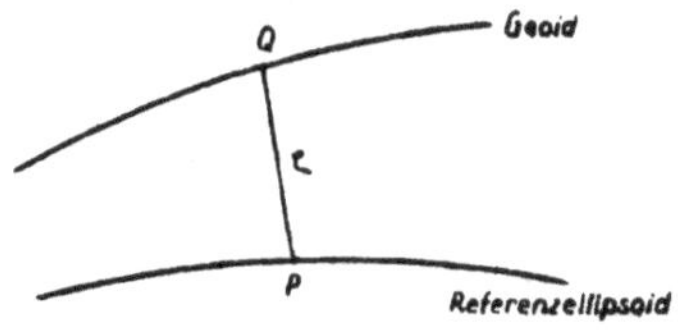

Fig. 1

$$\gamma(Q) = \gamma(P) + \frac{\partial \gamma}{\partial n}\zeta,$$

beziehungsweise, unter Berücksichtigung des BRUNSschen Lemmas,

$$\gamma(Q) = \gamma(P) + \frac{1}{\gamma}\cdot\frac{\partial \gamma}{\partial n}T,$$

andererseits

$$g(Q) = -\frac{\partial W}{\partial n} = -\left(\frac{\partial U}{\partial n}\right)_Q - \frac{\partial T}{\partial n} = \gamma(Q) - \frac{\partial T}{\partial n}.$$

Durch Benutzen der vorhergehenden Gleichung bekommen wir schließlich

$$-\frac{1}{\gamma}\cdot\frac{\partial \gamma}{\partial n}T + \frac{\partial T}{\partial n} = -\Delta g,$$

sind also zur Gleichung (10) gekommen. Bei dieser Ableitung sind natürlich alle bei (10) geäußerten Bemerkungen zu wiederholen.

§ 6. Bestimmung der Undulationen des Geoids in bezug auf die ellipsoidische Referenzfläche

Wir geben jetzt eine Ermittlungsmethode für die Undulationen des Geoids an, wenn das Niveaurotationsellipsoid als Referenzfigur dienen soll. Der Koeffizient der Funktion T läßt sich mit Hilfe einer von BRUNS für den vertikalen Schwerkraftsgradienten angegebenen (vgl. [52] oder [34, S. 398]) Formel ausdrücken. Dann ist

$$-\frac{1}{\gamma}\cdot\frac{\partial \gamma}{\partial n} = \left(\frac{1}{\varrho_m} + \frac{1}{\varrho_n}\right) + \frac{2\omega^2}{\gamma}.$$

Hier sind ϱ_m und ϱ_n die Hauptkrümmungsradien des Meridians und des ersten Vertikals, ω ist die Winkelgeschwindigkeit der Erdrotation. Die Größen ϱ_m und ϱ_n werden durch die Formeln

$$\varrho_m = a\frac{(1 + i^2\sin^2 u')^{\frac{3}{2}}}{1 + i^2}$$

$$\varrho_n = a\,(1 + i^2\sin^2 u')^{\frac{1}{2}},$$

ausgedrückt, wo a die große Halbachse des Ellipsoids, u' die reduzierte Breite des Laufpunktes auf dem Ellipsoid und i die zweite Exzentrizität des Ellipsoids ist. Wir schreiben die Grenzbedingung (10), der das Störungspotential auf dem Referenzellipsoid genügen muß, in der Gestalt

$$-\frac{1}{\gamma}\cdot\frac{\partial \gamma}{\partial \varrho}T + \frac{\partial T}{\partial \varrho} = -\Delta g^* \tag{11}$$

um.

Hier haben wir

$$\Delta g^* = \frac{dn}{d\varrho}\Delta g = \sqrt{1 + i^2\sin^2 u'}\,\Delta g$$

bezeichnet.

Vernachlässigt man die i^4 enthaltenen Glieder, so ist der gesuchte Koeffizient der Funktion T in (11) durch

$$-\frac{1}{\gamma}\cdot\frac{\partial \gamma}{\partial \varrho} = \frac{2}{\varrho}\left\{1 + q + \frac{i^2}{2}\cos^2 u'\right\} \quad \left(q = \frac{\omega^2 a}{\gamma}\right).$$

darstellbar.

Somit nimmt die Grenzbedingung (10) schließlich die Form

$$\{1 + q + a \cos^2 u'\} \frac{2T}{\varrho} + \frac{\partial T}{\partial \varrho} = - \Delta g^* \tag{12}$$

an. Diese Gleichung ist eine Entwicklung der Grundgleichung der Gravimetrie für den Fall der ellipsoidischen Niveaufläche. Nimmt man als Referenzfigur die nichtrotierende Kugel $\left(q = 0;\ a = 0;\ \frac{dn}{d\varrho} = 1 \text{ und } \varrho = R\right)$ an, so kommt Gleichung (12) sofort auf ihre gewöhnliche Form zurück, nämlich

$$\frac{2T}{R} + \frac{\partial T}{\partial n} = - \Delta g.$$

In der ursprünglichen Gleichung (12) wird der Koeffizient des Ausdruckes $\frac{2T}{\varrho}$ bis auf Größen von der Ordnung der Abplattung des Erdellipsoids auf eine Konstante zurückgeführt. Unter Berücksichtigung des Gesagten stellen wir diesen Koeffizienten in der Form $C + a\,\theta(u')$ dar, wo C eine durch die Gleichung $C = 1 + q$ bestimmte Konstante ist. Vernachlässigt man die Glieder zweiter Ordnung bezüglich der Abplattung, so kann man für q wie üblich das Verhältnis der Zentrifugalkraft zur Schwerkraft am Äquator setzen, d. h. $q = \frac{\omega^2 a}{\gamma_e}$. Die Funktion $\theta(u') = \cos^2 u'$ ist eine Funktion der Lage des Punktes auf dem Ellipsoid [vgl. Gleichung (12)].

Ferner machen wir die Annahme, daß das Störungspotential T durch eine Reihe nach Potenzen von a dargestellt ist [66]. Da wir nur Glieder von der Ordnung $a\zeta$ beizubehalten beabsichtigen, lassen wir in dieser Reihe nur zwei Glieder bestehen, und zwar

$$T = T^{(0)} + a T^{(1)}. \tag{13}$$

Setzen wir diesen Ausdruck in (12) ein, so erhalten wir, wenn wir die Koeffizienten gleicher Potenzen von a gleichsetzen, die beiden Gleichungen

$$C \frac{2T^{(0)}}{\varrho} + \frac{\partial T^{(0)}}{\partial \varrho} = - \Delta g^*; \tag{14}$$

$$C \frac{2T^{(1)}}{\varrho} + \frac{\partial T^{(1)}}{\partial \varrho} = - \theta(u') \frac{2T^{(0)}}{\varrho}. \tag{14'}$$

(14) ist die fundamentale Gleichung, sie stellt die Grenzbedingung dar, der das Störungspotential $T^{(0)}$ an der Oberfläche des Ellipsoids genügen muß; die rechte Seite dieser Gleichung ist als vorgegebene Funktion auf der Oberfläche des Ellipsoids zu betrachten. Ist die Größe $T^{(0)}$ gefunden, so wird die rechte Seite der Gleichung (14′) bekannt und die Ermittlung von $T^{(1)}$ verläuft in genau derselben Weise wie bei $T^{(0)}$. Da $T^{(1)}$ den Faktor a hat, kann diese Größe ausgehend von der STOKESschen Formel gesucht werden. Auf diese Weise werden die in die rechte Seite von (13) eingehenden Größen bekannt, damit aber auch das Störungspotential T. Durch Verwendung des BRUNSschen Lemmas finden wir ferner die gesuchte Abweichung des Geoids von der ellipsoidischen Fläche aus der Gleichung

$$\zeta = \zeta^{(0)} + a\zeta^{(1)}. \tag{15}$$

Im wesentlichen besteht die Grundaufgabe in der Ermittlung der Größe $T^{(0)}$, da sich die Größe $T^{(1)}$ leicht angeben läßt, sobald $T^{(0)}$ vorliegt. Bei der Aufstellung der Ausgangsgleichung (12) sowie bei der Ermittlung des Störungspotentials T [Gleichung (13)] oder der Abweichung des Geoids [Gleichung (15)] haben wir Glieder von der Ordnung $a\zeta$ bzw., was dasselbe ist, $i^2\zeta$ berücksichtigt. Demnach hat man bei der Ausführung irgendwelcher Entwicklungen nach Potenzen von i^2 dies bis zu Gliedern von der Ordnung $i^4\zeta$ zu tun[1]).

Die Grundformeln (7) und (10) besitzen, wie im vorhergehenden Paragraphen eingehend untersucht, einen relativen Fehler von der Größenordnung des Quadrats der Erdabplattung. Demnach ist in allen unseren Rechnungen die Vernachlässigung der Glieder dieser Größenordnung zulässig, was also auch für die Glieder von der 4. Ordnung bezüglich der Exzentrizität des Erdellipsoids

[1]) Für eine Undulation von 100 m beträgt die Größenordnung $i^4\zeta$ lediglich 0,005 m; eine so geringfügige Größe darf aber stets vernachlässigt werden.

gilt[1]). Daher ist in allen weiteren Rechnungen die Beibehaltung lediglich der Glieder von der Ordnung der Abplattung des Erdellipsoids hinreichend. Wie wir gesehen hatten, sind bei der Lösung des Problems der Figurbestimmung des Geoids von STOKES die Glieder von der Größenordnung der Abplattung dem Wesen nach unberücksichtigt geblieben. Somit gestattet die von uns betrachtete Methode eine Erweiterung der Lösung des gestellten Problems um eine Größenordnung. Demzufolge wird die Elliptizität der Referenzfläche bei solch einer Lösungsmethode der Aufgabe vollständig berücksichtigt.

§ 7. Entwicklung der Reihe von STOKES-POINCARÉ

Wir benutzen nun die gewonnene Gleichung (14) für die Ermittlung des Störungspotentials $T^{(0)}$. Die genannte Gleichung stellt die Grenzbedingung dar, der die Funktion $T^{(0)}$ auf der Oberfläche des Fundamentalellipsoids $E(\varrho = \varrho_0)$ genügen muß. Die rechte Seite der Gleichung ist als vorgegebene Funktion $f(\mu, \nu)$ auf der Oberfläche dieses Ellipsoids zu betrachten.

Somit ist uns das folgende Problem gestellt. Es ist eine außerhalb des Ellipsoids harmonische Funktion $T^{(0)}$ zu ermitteln, die auf der Oberfläche des gegebenen Ellipsoids $\varrho = \varrho_0$ der Gleichung genügt[2]):

$$C \frac{2\,\overline{T}^{(0)}}{\varrho} + \frac{\partial \overline{T}^{(0)}}{\partial \varrho} = -f(\mu, \nu), \tag{16}$$

wo

$$f(\mu, \nu) = \Delta g^* = \frac{1}{l_0 R_1(\varrho_0) R_2(\varrho_0)} \Delta g \tag{16'}$$

und

$$C = 1 + q.$$

Die Funktion $f(\mu, \nu)$ läßt sich in die Produkte $M(\mu) N(\nu)$ zerlegen, da $\frac{1}{l_0}$ auf dem vorliegenden Ellipsoid eine endliche und stetige Funktion von μ und ν ist.

Obgleich die Ausgangsgleichung (14) unter der Voraussetzung eines Rotationsellipsoids als Referenzfigur erhalten ist, behalten wir in diesem Kapitel noch die allgemeinen Bezeichnungen der LAMÉschen Funktionen für das dreiachsige Ellipsoid bei. Für weitere Entwicklungen wird man zweckmäßig die folgenden Bezeichnungen anwenden: die LAMÉschen Funktionen S, R, M, N versehen wir mit den beiden Indices n und m, von denen der erste die Ordnung der Funktionen, der zweite die Nummer der Funktion innerhalb einer betrachteten Ordnung ($m = 0, 1, \ldots, 2n$) angibt. Für die Funktionen erster Ordnung R_1^0, R_1^1, R_1^2 haben wir die POINCARÉschen Bezeichnungen R_1, R_2, R_3 beibehalten. Für den Fall des Rotationsellipsoids ist $R_2 = R_3$.

Jetzt wenden wir uns der Entwicklung der Funktion T zu. Da diese Funktion außerhalb des Ellipsoids der LAPLACEschen Gleichung genügt, ist ihre Entwicklung in der Form

$$T^{(0)} = \sum_{n=2}^{\infty} \sum_{m=0}^{m=2n} A_n^m R_n^m(\varrho_0) S_n^m(\varrho) M_n^m(\mu) N_n^m(\nu) \tag{17}$$

anzusetzen[3]).

---

[1]) In der Tat haben wir $i^4\zeta \approx 4\alpha^2\zeta$. Folglich ist der Betrag $i^4\zeta$ von der Größenordnung des Quadrats der Abplattung und darf also ebenfalls entfallen.

[2]) $\overline{T}^{(0)}$ ist der Wert der Funktion $T^{(0)}$, den sie auf der Fläche $\varrho = \varrho_0$ annimmt.

[3]) Das Problem der Bestimmung des Störungspotentials T ist mehrdeutig, wenn die Lage und die Verbindung der Referenzfläche mit der Erde unbestimmt sind. Daher muß die Referenzfläche einigen Bedingungen genügen. Erstens darf man annehmen, daß Koordinatenanfang und Schwerpunkt des Referenzkörpers mit dem Schwerpunkt der Erde zusammenfallen. In diesem Fall wird die Entwicklung von T keine Glieder erster Ordnung enthalten, wie das auch der Fall für W und U — deren Differenz die Größe T ist — sein wird [44]. Zweitens ist anzunehmen, daß die Massen des Referenzellipsoids und des Geoids einander gleich sind [67]. Die Referenzfläche kann aber auch in der Weise gewählt werden, daß der Wert des Potentials auf ihr gleich dem des Geoids wäre. In diesen Fällen wird die Entwicklung keine Glieder von der Ordnung null enthalten [44]. Man darf annehmen, daß sowohl die Gleichheit der Massen des Geoids und des Referenzellipsoids als auch die Gleichheit der Schwerkraftspotentiale an der Oberfläche des Geoids und des Referenzellipsoids erhalten bleibt [6]. Angesichts des Gesagten darf die Annahme gelten, daß in der Entwicklung von T sowohl die Ordnung eins als auch die Ordnung null fehlen wird.

Ferner darf man annehmen, daß die Funktion $f(\mu, \nu)$ in die folgende Reihe entwickelt ist:

$$f(\mu, \nu) \doteq \sum_{n=2}^{\infty} \sum_{m=0}^{m=2n} B_n^m M_n^m(\mu) N_n^m(\nu). \tag{18}$$

Der Kürze wegen führen wir die Bezeichnungen ein:

$$A_n^m M_n^m(\mu) N_n^m(\nu) = P_n^m;$$

$$B_n^m M_n^m(\mu) N_n^m(\nu) = g_n^{*m}.$$

Demzufolge nehmen die Entwicklungen (17) und (18) die Gestalt an:

$$T^{(0)} = \sum_{n=2}^{\infty} \sum_{m=0}^{m=2n} R_n^m(\varrho_0) S_n^m(\varrho) P_n^m; \tag{19}$$

$$\Delta g^* = \sum_{n=2}^{\infty} \sum_{m=0}^{m=2n} g_n^{*m}. \tag{20}$$

An der Oberfläche des Ellipsoids haben wir für $\varrho = \varrho_0$

$$\frac{2C}{\varrho_0} \overline{T}^{(0)} = \sum_{n=2}^{\infty} \sum_{m=0}^{m=2n} \frac{2C}{\varrho_0} S_n^m(\varrho_0) R_n^m(\varrho_0) P_n^m;$$

$$\frac{\partial \overline{T}^{(0)}}{\partial \varrho} = \sum_{m=2}^{\infty} \sum_{m=0}^{m=2n} R_n^m(\varrho_0) \left(\frac{\partial S_n^m(\varrho)}{\partial \varrho}\right)_{\varrho=\varrho_0} P_n^m.$$

Hieraus erhalten wir unter Berücksichtigung von (16) und (20)

$$\sum_{n=2}^{\infty} \sum_{m=0}^{m=2n} R_n^m(\varrho_0) S_n^m(\varrho_0) \left\{\frac{2C}{\varrho_0} + \frac{1}{S_n^m(\varrho_0)} \left(\frac{\partial S_n^m(\varrho)}{\partial \varrho}\right)_{\varrho=\varrho_0}\right\} P_n^m = -\sum_{n=2}^{\infty} \sum_{m=0}^{m=2n} g_n^{*m}.$$

Folglich

$$P_n^m = -\frac{g_n^{*m}}{R_n^m(\varrho_0) S_n^m(\varrho_0) \left\{\frac{2C}{\varrho_0} + \frac{1}{S_n^m(\varrho_0)} \left(\frac{\partial S_n^m(\varrho)}{\partial \varrho}\right)_{\varrho=\varrho_0}\right\}}.$$

Setzen wir den gefundenen Ausdruck für P_n^m in (19) ein, so bekommen wir für das Störungspotential T folgenden Ausdruck:

$$T^{(0)} = \sum_{n=2}^{\infty} \sum_{m=0}^{m=2n} -\frac{S_n^m(\varrho)\, g_n^{*m}}{S_n^m(\varrho_0) \left\{\frac{2C}{\varrho_0} + \frac{1}{S_n^m(\varrho_0)} \left(\frac{\partial S_n^m(\varrho)}{\partial \varrho}\right)_{\varrho=\varrho_0}\right\}}. \tag{21}$$

Wenn wir der Kürze wegen die Funktionen $R(\varrho_0)$, $S(\varrho_0)$ einfach durch R und S bezeichnen, erhalten wir für $\varrho = \varrho_0$ (der Index 0 wird ebenfalls der Kürze wegen fortgelassen)

$$\overline{T}^{(0)} = \sum_{n=2}^{\infty} \sum_{m=0}^{m=2n} \frac{g_n^{*m}}{-\frac{1}{S_n^m} \cdot \frac{\partial S_n^m}{\partial \varrho} - \frac{2C}{\varrho}}. \tag{22}$$

Folglich gelangen wir für die Punkte auf der Ellipsoidoberfläche zum Ausdruck für das Störungspotential in Gestalt der Reihe

$$\overline{T}^{(0)} = \varrho \sum_{n=2}^{\infty} \sum_{m=0}^{m=2n} \frac{g_n^{*m}}{-\frac{d \lg S_n^m}{d \lg \varrho} - 2C}. \tag{23}$$

Die Reihe (23) stellt die Entwicklung der Reihe von STOKES-POINCARÉ für die nichtrotierende Kugel im Fall der ellipsoidischen Niveaufläche dar. Denn im Fall der nichtrotierenden Kugel ist

$$\varrho = R \quad \text{und} \quad C = 1; \quad T = T^{(0)}.$$

Außerdem nimmt die LAMÉsche Gleichung, der die Funktionen R und S genügen, für diesen Fall die Gestalt an [62, S. 277]:

$$\frac{d}{d\varrho}\left[\varrho^2 \frac{dR(\varrho)}{d\varrho}\right] = n\,(n+1)\,R(\varrho),$$

woraus

$$R_n^m(\varrho) = \varrho^n; \quad S_n^m(\varrho) = \frac{1}{\varrho^{n+1}}.$$

Folglich

$$-\frac{d \lg S_n^m}{d \lg \varrho} - 2 = + \frac{(n+1)\,\varrho^{n+1}\cdot\varrho}{\varrho^{n+2}} - 2 = n - 1. \tag{24}$$

Auf Grund des Gesagten nimmt die Reihe (23) die Form an:

$$\overline{T} = R \sum_{n=2}^{\infty} \frac{1}{n-1} \sum_{m=0}^{m=2n} g_n^{*m}.$$

Da für die Kugel $\frac{d\varrho}{dn} = 1$ ist, gilt

$$\Delta g^* = \Delta g.$$

Daher erhalten wir, indem wir den Index * weglassen,

$$\overline{T} = R \sum_{n=2}^{\infty} \frac{g_n}{n-1}, \tag{25}$$

wo g_n die Kugelfunktion n-ter Ordnung bezeichnet, die in die Entwicklung der Anomalie Δg eingeht, denn die LAMÉschen Funktionen arten im vorliegenden Fall in Kugelfunktionen aus. Somit ist die Reihe (23) als eine Entwicklung der Reihe von STOKES-POINCARÉ zu betrachten.

§ 8. Integralausdruck für die Abweichung des Geoids bezüglich des Ellipsoids

Wir wollen jetzt eine Formel aufstellen, die der von STOKES für den Fall der ellipsoidischen Niveaufläche analog ist. Hierzu genügt ein Integralausdruck für die Funktion $T^{(0)}$. Unter Beachtung der Orthogonalität der LAMÉschen Funktionen können wir schreiben

$$g_n^{*m} = \frac{1}{4\pi I_n^m} \int l_0 \Delta g^* [M_n^m(\mu) N_n^m(\nu) M_n^m(\mu') N_n^m(\nu')]\, d\omega, \tag{26}$$

wo der Kürze wegen

$$I_n^m = \frac{1}{4\pi} \int_E l_0 [M_n^m N_n^m]^2\, d\omega. \tag{27}$$

bezeichnet ist.

Die Reihe (23) schreiben wir in der kürzeren Form

$$\overline{T}^{(0)} = \varrho \sum_{n=2}^{\infty} \sum_{m=0}^{m=2n} T_n^m \tag{28}$$

wo

$$T_n^m = \frac{g_n^{*m}}{E_n^m}; \tag{29}$$

$$E_n^m = \left\{ -\frac{d \lg S_n^m}{d \lg \varrho} - 2C \right\}. \tag{30}$$

Dann ist unter Berücksichtigung von (26) und (29)

$$T_n^m = \frac{1}{4\pi I_n^m E_n^m} \int l_0 \Delta g^* M_n^m(\mu) N_n^m(\nu) M_n^m(\mu') N_n^m(\nu')\, d\omega. \tag{31}$$

Hierdurch gelangen wir auf Grund von (28) zu dem Ausdruck für die Funktion $T^{(0)}$:

$$T^{(0)} = \frac{\varrho}{4\pi} \int_E l_0\, \Delta g^* \left[\sum_{n=2}^{\infty} \sum_{m=0}^{m=2n} \frac{M_n^m(\mu) N_n^m(\nu) M_n^m(\mu') N_n^m(\nu')}{I_n^m E_n^m} \right] d\omega. \tag{32}$$

Wegen (16′) erhalten wir

$$\Delta g^* = \frac{1}{l_0 R_1 R_2} \Delta g.$$

Folglich gilt, wenn wir berücksichtigen, daß $R_3 = \varrho$,

$$T^{(0)} = \frac{R_3}{4\pi R_1 R_2} \int_E \Delta g \, G(\mu, \nu, \mu', \nu') \, d\omega, \tag{33}$$

wo

$$G(\mu, \nu, \mu', \nu') = \sum_{n=2}^{\infty} \sum_{m=0}^{m=2n} \frac{M_n^m(\mu) \, N_n^m(\nu) \, M_n^m(\mu') \, N_n^m(\nu')}{I_n^m \, E_n^m} \tag{34}$$

Hieraus erhalten wir schließlich auf Grund des Brunsschen Lemmas die folgende Formel, die die Stokessche dann ersetzt, wenn die Referenzfläche nicht die Kugel, sondern das Niveauellipsoid ist:

$$\zeta^{(0)} = \frac{R_3}{4\pi R_1 R_2 \gamma} \int_E \Delta g \, G(\mu, \nu, \mu', \nu') \, d\omega \tag{34'}$$

oder

$$\zeta^{(0)} = \frac{\varrho}{4\pi\gamma} \int_E l_0 \, \Delta g^* \, G(\mu, \nu, \mu', \nu') \, d\omega. \tag{34''}$$

Das Flächenelement des Ellipsoids wird nach der Formel

$$d\omega = \frac{1}{l_0} \cdot \frac{(\mu^2 - \nu^2) \, d\mu \, d\nu}{\sqrt{(1 - \mu^2)(\mu^2 - \eta^2)(1 - \nu^2)(\eta^2 - \nu^2)}}$$

bestimmt.

Außerdem gilt noch die Beziehung

$$l_0 \, d\omega = d\sigma,$$

wenn $d\sigma$ das Flächenelement der Einheitskugel ist.

KAPITEL II

§ 9. Der Fall des Rotationsellipsoids

Bei der Ableitung des Integralausdrucks für die Abweichung des Geoids bezüglich des Ellipsoids haben wir der Referenzfigur keine Beschränkungen auferlegt. Das Referenzellipsoid konnte von allgemeinster Form sein, also ein Ellipsoid mit drei ungleichen Achsen. Wie jedoch bereits gesagt, ist für praktische Zwecke das Rotationsellipsoid als Referenzfigur vollständig zweckentsprechend und hinreichend[1]). In diesem Falle arten die Produkte MN in elementare Kugelfunktionen, die Funktionen R und S in LEGENDREsche Polynome erster bzw. zweiter Gattung mit rein imaginärem Argument aus. Somit haben wir für den Fall des Rotationsellipsoids [1, S. 160 u. 363][2]):

$$R_2 = R_3; \quad \mu = \sin\theta;$$

$$M_n^m(\mu) = X_n^m(\cos\theta);$$

$$N_n^m(\nu) = \begin{cases} \sin m\varphi; \\ \cos m\varphi; \end{cases}$$

$$\sqrt{1-\varrho^2} = \sqrt{-1}\, s; \quad \varrho = \sqrt{1+s^2}; \quad s = \sqrt{\varrho^2 - 1};$$

$$R_n^m(\sqrt{-1}\, s) = X_n^m(\sqrt{-1}\, s)$$

$$S_n^m(\sqrt{-1}\, s) = Q_n^m(\sqrt{-1}\, s)$$

$$\frac{d}{d\varrho} = \frac{d}{ds}\cdot\frac{ds}{d\varrho} = \frac{\sqrt{1+s^2}}{s}\cdot\frac{d}{ds}.$$

Hieraus schließen wir

$$I_n^m = \frac{1}{4\pi}\int\left[P_n^m(\cos\theta)\begin{Bmatrix}\cos m\varphi\\ \sin m\varphi\end{Bmatrix}\right]^2 d\sigma = \frac{(n+m)!}{(2n+1)(n-m)!}\cdot\frac{1}{c_m} \tag{35}$$

$$(c_m = 1 \text{ für } m = 0; \quad c_m = 2 \text{ für } m \neq 0)$$

$$E_n^m = \left\{-\frac{1+s^2}{s}\,\frac{d}{ds}\lg Q(\sqrt{-1}\, s) - 2C\right\} \quad (C = 1+q). \tag{36}$$

Folglich

$$G(\mu, \nu, \mu', \nu') = Z(\theta, \varphi, \theta', \varphi'), \tag{37}$$

wo

$$Z(\theta, \varphi, \theta', \varphi') = \sum_{n=2}^{\infty}\sum_{m=0}^{m=n}\frac{(2n+1)(n-m)!}{(n+m)!}\cdot\frac{c_m P_n^m(\cos\theta)\, P_n^m(\cos\theta')\cos m(\varphi-\varphi')}{E_n^m}. \tag{38}$$

Hier erstreckt sich m von 0 bis n (nicht bis $2n$), da im Fall des Rotationsellipsoids von $(2n+1)$ Funktionen n-ter Ordnung n Funktionen untereinander gleich sind. Natürlich unterscheidet sich

---

[1]) Die Triaxialität der Erde ist bekanntlich recht schwach ausgeprägt [11, 49]. Daher darf die Elliptizität des Äquators bis zu Gliedern von der Ordnung des Quadrats der Abplattung vernachlässigt werden, da die Äquatorelliptizität von derselben Ordnung ist. Demnach ist es dem Wesen nach für den Fall der Erde gleichgültig, ob wir als Referenzfigur das dreiachsige Ellipsoid oder das Rotationsellipsoid annehmen, während im letzten Falle wesentliche Vereinfachungen erzielt werden können.

[2]) Bei der Darlegung des Kap. II halten wir uns an meinen Artikel [10], der die Grundlage der erforderlichen mathematischen Transformationen enthält.

das Produkt $M_n^m N_n^m$ von der elementaren Kugelfunktion $P_n^m(\cos\theta)\begin{Bmatrix}\cos m\varphi\\ \sin m\varphi\end{Bmatrix}$ um einen konstanten Faktor, aber dieser hebt sich auf, insofern als sein Quadrat sowohl im Zähler als auch im Nenner steht, wo sich die Größe I_n^m befindet. Somit nimmt (34′) die Form

$$\zeta^{(0)} = \frac{1}{4\pi R_1 \gamma}\int_{E_0} \Delta g Z(\theta, \varphi, \theta', \varphi')\, d\omega, \tag{39}$$

an, wo die Funktion $Z(\theta, \varphi, \theta', \varphi')$ durch die Gleichung (38) bestimmt ist.

Nun gehen wir von der Integration über die Fläche des Ellipsoids zur Integration über die Fläche der Einheitskugel über. Dann erhalten wir nach der Beziehung $l_0\, d\omega = d\sigma$ und der Gleichung (34″) die Formel

$$\zeta^{(0)} = \frac{\varrho}{4\pi\gamma}\int \Delta g^* Z(\theta, \varphi, \theta', \varphi')\, d\sigma. \tag{40}$$

Wenn wir schließlich die Gleichung $\Delta g^* = \sqrt{1 + i^2 \sin^2 u'}\, \Delta g$ und die Tatsache berücksichtigen, daß $\varrho = a$, erhalten wir endgültig die Formel für die ellipsoidische Niveaureferenzfläche:

$$\zeta^{(0)} = \frac{a}{4\pi\gamma}\int \sqrt{1 + i^2 \sin^2 u'}\, \Delta g\, Z(\theta, \varphi, \theta', \varphi')\, d\sigma, \tag{41}$$

wo

$$Z(\theta,\varphi,\theta',\varphi') = \sum_{n=2}^{\infty}\sum_{m=0}^{m=n} \frac{(2n+1)\,(n-m)!}{(n+m)!} \cdot \frac{c_m P_n^m(\cos\theta) P_n^m(\cos\theta')\cos m(\varphi'-\varphi)}{E_n^m} \qquad (c_0 = 1;\ c_m = 2).$$

Die Größe E_n^m wird durch die Gleichung (36) bestimmt. Für den Spezialfall, daß die Referenzfläche eine Kugel ist, geht (41) in die von STOKES angegebene Formel über. Denn für die Kugel haben wir nach (24):

$$E_n^m = (n-1).$$

Folglich

$$Z(\theta, \varphi, \theta', \varphi') = \sum_{n=2}^{\infty} \frac{2n+1}{n-1} \sum_{m=0}^{m=n} c_m \frac{(n-m)!}{(n+m)!} P_n^m(\cos\theta) P_n^m(\cos\theta') \cos m(\varphi' - \varphi)$$

$$= \sum_{n=2}^{\infty} \frac{2n+1}{n-1} P_n(\cos\psi) = S(\psi). \tag{42}$$

Hieraus ersieht man, daß im betrachteten Spezialfall die Funktion $Z(\theta, \varphi, \theta', \varphi')$ in die STOKESsche Funktion $S(\psi)$ übergeht. Ferner haben wir für den Fall der Kugel

$$\zeta = \zeta^{(0)},\ a = R \text{ und } i = \alpha = 0.$$

Nach dem Gesagten nimmt (41) die Form an:

$$\zeta = \frac{R}{4\pi\gamma}\int \Delta g\, S(\psi)\, d\sigma.$$

Somit ist die von uns erzielte Formel (41) eine Entwicklung der STOKESschen Formel für den Fall, wo als Referenzfläche nicht die Kugel, sondern das Rotationsellipsoid dient.

§ 10. Die Funktion $Z(\theta, \varphi, \theta', \varphi')$

Unsere nächste Aufgabe besteht jetzt in der Untersuchung der auflösenden Funktion $Z(\theta, \varphi$ $\theta', \varphi')$, die in die Grundformel (41) eingeht.

Wir haben

$$Z(\theta, \varphi, \theta', \varphi') = \sum_{n=2}^{\infty}\sum_{m=0}^{m=n} \frac{(2n+1)\,(n-m)!}{(n+m)!} c_m \frac{P_n^m(\cos\theta) P_n^m(\cos\theta')\cos m(\varphi'-\varphi)}{E_n^m}, \tag{43}$$

wo

$$E_n^m = -\frac{1+s^2}{s} \cdot \frac{d}{ds} \lg Q(\sqrt{-1}\,s) - 2(1+q). \tag{44}$$

Es soll der Ausdruck $E_n^m(s)$ untersucht werden. In diesen geht ein LEGENDREsches Polynom zweiter Gattung ein, für das wir folgenden Ausdruck [50, S. 122] schreiben können:

$$Q_n^m(z) = c\,\frac{(z^2-1)^{\frac{1}{2}m}}{z^{n+m+1}}\,F\left(\frac{1}{2}n+\frac{1}{2}m+1,\quad \frac{1}{2}n+\frac{1}{2}m+\frac{1}{2};\quad n+\frac{3}{2};\quad z^{-2}\right),$$

wo

$$c = \frac{\sin(n+m)\pi}{\sin n\pi}\;\frac{\Gamma(n+m+1)\,\Gamma\left(\frac{1}{2}\right)}{2^{n+1}\,\Gamma\left(n+\frac{3}{2}\right)}.$$

Hier ist z eine komplexe Zahl des außerhalb des Kreises $|z| = 1$ liegenden Gebietes. Wenn wir also $z = \sqrt{-1}\,s$ setzen, so erhalten wir

$$Q_n^m(\sqrt{-1}\,s) = c'\,\frac{(1+s^2)^{\frac{1}{2}m}}{s^{n+m+1}}\,F\left(\frac{1}{2}n+\frac{1}{2}m+1,\ \frac{1}{2}n+\frac{1}{2}m+\frac{1}{2};\ n+\frac{3}{2};\ -\frac{1}{s^2}\right)\left(c' = \frac{c}{(\sqrt{-1})^{n+1}}\right).$$

Hieraus bekommen wir für die logarithmische Ableitung dieser Funktion den Ausdruck

$$\frac{d}{ds}\lg Q_n^m(\sqrt{-1}\,s) = \frac{d}{ds}\lg\frac{(1+s^2)^{\frac{1}{2}m}}{s^{n+m+1}} + \frac{d}{ds}\lg F\left(\frac{1}{2}n+\frac{1}{2}m+1,\ \frac{1}{2}n+\frac{1}{2}m+\frac{1}{2};\ n+\frac{3}{2};\ -\frac{1}{s^2}\right).$$

Die Ableitungen auf der rechten Seite der vorhergehenden Gleichung lassen sich in der Gestalt darstellen:

$$\frac{d}{ds}\lg\frac{(1+s^2)^{\frac{1}{2}m}}{s^{n+m+1}} = -\frac{(n+1)}{s} - \frac{m}{s(s^2+1)};$$

$$\frac{d}{ds}\lg F\left(\frac{1}{2}n+\frac{1}{2}m+1,\ \frac{1}{2}n+\frac{1}{2}m+\frac{1}{2};\ n+\frac{3}{2};\ -\frac{1}{s^2}\right) = \frac{2}{s^2}\,\frac{\left(\frac{1}{2}n+\frac{1}{2}m+1\right)\left(\frac{1}{2}n+\frac{1}{2}m+\frac{1}{2}\right)}{n+\frac{3}{2}} \times \frac{F\left(\frac{1}{2}n+\frac{1}{2}m+2,\ \frac{1}{2}n+\frac{1}{2}m+\frac{3}{2};\ n+\frac{5}{2};\ -\frac{1}{s^2}\right)}{F\left(\frac{1}{2}n+\frac{1}{2}m+1,\ \frac{1}{2}n+\frac{1}{2}m+\frac{1}{2};\ n+\frac{3}{2};\ -\frac{1}{s^2}\right)}.$$

Folglich

$$\frac{d}{ds}\lg Q_n^m(\sqrt{-1}\,s) = -\frac{n+1}{s} - \frac{m}{s(s^2+1)} + \frac{2}{s^3}\cdot\frac{\alpha\beta}{\gamma}\cdot\frac{F\left(\alpha+1,\beta+1,\gamma+1;-\frac{1}{s^2}\right)}{F\left(\alpha,\beta,\gamma;-\frac{1}{s^2}\right)}, \tag{45}$$

wo wir der Kürze halber

$$\alpha = \frac{1}{2}n+\frac{1}{2}m+1;\ \beta = \frac{1}{2}n+\frac{1}{2}m+\frac{1}{2};\ \gamma = n+\frac{3}{2} \tag{46}$$

gesetzt haben.

Durch Einsetzen von (45) in (44) bekommen wir

$$E_n^m(s) = \frac{(n+1)(1+s^2)}{s^2} + \frac{m}{s^2} - \frac{2(1+s^2)}{s^4}\cdot\frac{\alpha\beta}{\gamma}\cdot\frac{F\left(\alpha+1,\ \beta+1,\ \gamma+1;\ -\frac{1}{s^2}\right)}{F\left(\alpha,\ \beta,\ \gamma;\ -\frac{1}{s^2}\right)} - 2(1+q).$$

Hier ersetzen wir s durch $\frac{1}{i}$, wo i die zweite Exzentrizität des Rotationsellipsoids darstellt [1, S. 360], d. h. $i = \sqrt{\frac{a^2 - b^2}{b^2}}$ (a und b sind die Halbachsen des Ellipsoids). Dann ist

$$E_n^m(i) = (n + 1)(1 + i^2) + mi^2 - 2(1 + i^2)\, i^2 \frac{\alpha\beta}{\gamma} \cdot \frac{F(\alpha + 1, \beta + 1, \gamma + 1; -i^2)}{F(\alpha, \beta, \gamma; -i^2)} - 2(1 + q).$$

Hieraus erhalten wir

$$\frac{1}{E_n^m(i)} = \frac{1}{n - 1 + ni^2 + mi^2 - 2q - 2i^2(1 + i^2)\frac{\alpha\beta}{\gamma} \cdot \frac{F(\alpha + 1, \beta + 1, \gamma + 1; -i^2)}{F(\alpha, \beta, \gamma; -i^2)}}. \tag{47}$$

Nun wenden wir uns der Untersuchung des Ausdrucks

$$(1 + i^2)\, i^2 \frac{\alpha\beta}{\gamma} \frac{F(\alpha + 1, \beta + 1, \gamma + 1; -i^2)}{F(\alpha, \beta, \gamma; -i^2)}$$

zu.

Folgende Formel läßt sich leicht beweisen [50, S. 83]:

$$\frac{\alpha x}{\gamma} F(\alpha + 1, \beta + 1, \gamma + 1; x) = F(\alpha, \beta + 1, \gamma; x) - F(\alpha, \beta, \gamma, x).$$

Daraus schließen wir, daß

$$(1 + i^2) i^2 \frac{\alpha\beta}{\gamma} \cdot \frac{F(\alpha + 1, \beta + 1, \gamma + 1; -i^2)}{F(\alpha, \beta, \gamma; -i^2)} = (1 + i^2)\left[\beta - \frac{\beta F(\alpha, \beta + 1, \gamma; -i^2)}{F(\alpha, \beta, \gamma; -i^2)}\right].$$

Das Verhältnis der beiden hypergeometrischen Reihen auf der rechten Seite dieses Ausdrucks ist in der Form darstellbar:

$$\frac{\beta F(\alpha, \beta + 1, \gamma; -i^2)}{F(\alpha, \beta, \gamma; -i^2)} = A_0 - A_2 i^2 + A_4 i^4 - A_6 i^6 + \ldots,$$

wo

$$A_0 = \beta;\; A_2 = \frac{\alpha\beta}{\gamma};\; A_4 = \frac{\alpha\beta}{\gamma} \frac{\left(1 + \alpha + \beta - \frac{\alpha\beta}{\gamma}\right)}{\gamma + 1};\; \ldots$$

Folglich

$$(1 + i^2)\, i^2 \frac{\alpha\beta}{\gamma} \cdot \frac{F(\alpha + 1, \beta + 1, \gamma + 1; -i^2}{F(\alpha, \beta, \gamma; -i^2)} = (1 + i^2)\,[A_2 i^2 - A_4 i^4 + A_6 i^6 -, \ldots],$$

woraus

$$(1 + i^2)\, i^2 \frac{\alpha\beta}{\gamma} \cdot \frac{F(\alpha + 1, \beta + 1, \gamma + 1; -i^2)}{F(\alpha, \beta, \gamma; -i^2)} = A_2 i^2 \left(1 - \frac{A_4 - A_2}{A_2} i^2 + \frac{A_6 - A_4}{A_2} i^4 + \ldots\right).$$

Demnach erhalten wir schließlich

$$(1 + i^2)\, i^2 \frac{\alpha\beta}{\gamma} \cdot \frac{F(\alpha + 1, \beta + 1, \gamma + 1; -i^2}{F(\alpha, \beta, \gamma; -i^2)} = \frac{\alpha\beta}{\gamma} i^2 G(i^2). \tag{48}$$

Die Funktion $G(i^2)$ wird durch die Reihe

$$G(i^2) = 1 - \frac{A_4 - A_2}{A_2} i^2 + \frac{A_6 - A_4}{A_2} i^4 + \ldots$$

oder

$$G(i^2) = 1 - \frac{(\alpha - \gamma)(\gamma - \beta)}{\gamma(\gamma + 1)} i^2 + \ldots \tag{49}$$

bestimmt.

Jetzt setzen wir den Ausdruck (48) in die Gleichung (47) ein. Dann kann der Bruch $\frac{1}{E_n^m(i}$ endgültig wie folgt dargestellt werden:

$$\frac{1}{E_n^m(i)} = \frac{1}{n - 1 + ni^2 + mi^2 - \frac{2\alpha\beta}{\gamma} i^2 G(i^2) - 2q} \tag{50}$$

wo $G(i^2)$ durch die Gleichung (49), die Größe von α, β und γ durch die Gleichungen (46) bestimmt wird. Es sei bemerkt, daß der Bruch $\frac{1}{E_n^m(i)}$ im Fall der nichtrotierenden Kugel für $i = 0$ und $q = 0$ die Gestalt annimmt:

$$\frac{1}{E_n^m(0)} = \frac{1}{n-1}.$$

Folglich darf auf Grund des Ausdrucks (43) geschlossen werden, daß die Funktion $Z(i;\, \theta, \varphi, \theta', \varphi')$[1] in die STOKESsche Funktion $S(\psi)$ übergeht, also

$$Z(0;\, \theta, \varphi, \theta', \varphi') = S(\psi). \tag{51}$$

Dasselbe Resultat hatten wir bereits am Schluß des vorigen Paragraphen auf etwas anderem Wege erhalten. Somit ist die STOKESsche Funktion ein Spezialfall der von uns abgeleiteten allgemeineren Funktion $Z(\theta, \varphi, \theta', \varphi')$.

Wir beschränken uns jetzt im Ausdruck (50) auf Glieder von der Ordnung i^2. Dann ist

$$\frac{1}{E_n^m(i)} = \frac{1}{n - 1 + ni^2 + mi^2 - 2i^2\frac{\alpha\beta}{\gamma} - 2q}.$$

Hieraus erhalten wir unter Berücksichtigung von (46)

$$\frac{1}{E_n^m(i)} = \frac{1}{n - 1 + ni^2 + mi^2 - \frac{(n+m+2)(n+m+1)}{2n+3}i^2 - 2q},$$

oder

$$\frac{1}{E_n^m(i)} = \frac{1}{n - 1 + \frac{n^2 - m^2 - 2}{2n+3}i^2 - 2q}.$$

Begnügt man sich mit demselben Genauigkeitsgrad, so kann man den letzten Ausdruck wie folgt darstellen:

$$\frac{1}{E_n^m(i)} = \frac{1}{n-1}\left[1 - \frac{n^2 - m^2 - 2}{(n-1)(2n+3)}i^2 + 2q\frac{1}{(n-1)}\right].$$

Folglich

$$\frac{1}{E_n^m(i)} = \frac{1}{n-1} + \frac{-n^2 + m^2 + 2}{(n-1)^2(2n+3)}i^2 + 2q\frac{1}{(n-1)^2}. \tag{52}$$

Durch Einsetzen von (52) in (43) finden wir

$$Z(\theta, \varphi, \theta', \varphi') = S(\psi) + i^2\Phi(\psi;\, \theta, \varphi, \theta', \varphi') + 2q\Psi(\psi). \tag{53}$$

Hier sind mit $\Phi(\psi;\, \theta, \varphi, \theta', \varphi')$ und $\Psi(\psi)$ die folgenden Funktionen bezeichnet:

$$\Phi(\psi;\, \theta, \varphi, \theta', \varphi') = -\sum_{n=2}^{\infty} \frac{n^2(2n+1)}{(n-1)^2(2n+3)} P_n(\cos\psi) + 2\sum_{n=2}^{\infty} \frac{2n+1}{(n-1)^2(2n+3)} P_n(\cos\psi)$$
$$- \sum_{n=2}^{\infty} \frac{2n+1}{(n-1)^2(2n+3)} \frac{\partial^2}{\partial\varphi^2} P_n(\cos\psi); \tag{54}$$

$$\Psi(\psi) = \sum_{n=2}^{\infty} \frac{2n+1}{(n-1)^2} P_n(\cos\psi). \tag{55}$$

Von der Gültigkeit des letzten Gliedes auf der rechten Seite des Ausdrucks für die Funktion $\Phi(\psi;\, \theta, \varphi, \theta', \varphi')$ überzeugt man sich leicht, wenn man den Ausdruck (42) zweimal nach φ differenziert. Demnach reduziert sich unsere Aufgabe auf die Ermittlung der Funktionen $\Phi(\psi;\, \theta, \varphi, \theta', \varphi')$ und $\Psi(\psi)$, die durch die Gleichungen (54) und (55) bestimmt werden.

---

[1] Die Exzentrizität des Ellipsoids i sowie die Größe q gehen in diese Funktion als Parameter ein.

§ 11. Untersuchung der Funktionen $\Phi\,(\psi;\,\theta,\,\varphi,\,\theta',\,\varphi')$ und $\Psi\,(\psi)$

Zuerst untersuchen wir die Funktion $\Phi(\psi;\,\theta,\,\varphi,\,\theta',\,\varphi')$. Sie läßt sich in der Form darstellen[1])

$$\Phi(\psi;\,\theta,\,\varphi,\,\theta',\,\varphi') = -\,\Phi_1(\psi) + 2\,\Phi_2(\psi) - \Phi_3(\psi;\,\theta,\,\varphi,\,\theta',\,\varphi'). \tag{56}$$

Die ersten zwei Glieder der Gleichung (56) sind Funktionen nur des Winkelabstandes ψ zwischen den beiden Punkten $(\theta,\,\varphi)$ und $(\theta',\,\varphi')$, die auf der Oberfläche des Ellipsoids liegen. Diese Funktionen werden durch die Gleichungen [vgl. (54)] bestimmt

$$\Phi_1(\psi) = \sum_{n=2}^{\infty} \frac{n^2\,(2\,n+1)}{(n-1)^2\,(2\,n+3)}\,P_n(\cos\psi); \tag{57}$$

$$\Phi_2(\psi) = \sum_{n=2}^{\infty} \frac{(2\,n+1)}{(n-1)^2\,(2\,n+3)}\,P_n(\cos\psi). \tag{58}$$

Das dritte Glied von (56) ist davon abhängig, wo nun die erwähnten Punkte auf der Ellipsoidfläche angeordnet sind, d. h. dieses Glied ist eine Funktion aller vier Koordinaten $\theta,\,\varphi,\,\theta',\,\varphi'$. Ändern wir nämlich die Reihenfolge der Differentiation und Summation im letzten Glied von (54), so erhalten wir für die Funktion $\Phi_3(\psi;\,\theta,\,\varphi,\,\theta',\,\varphi')$

$$\Phi_3(\psi;\,\theta,\,\varphi,\,\theta',\,\varphi') = \frac{\partial^2}{\partial\varphi^2}\,\Phi_2(\psi) \tag{59}$$

oder

$$\Phi_3(\psi;\,\theta,\,\varphi,\,\theta',\,\varphi') = \frac{\partial^2\Phi_2(\psi)}{\partial\psi^2}\left(\frac{\partial\psi}{\partial\varphi}\right)^2 + \frac{\partial\Phi_2(\psi)}{\partial\psi}\cdot\frac{\partial^2\psi}{\partial\varphi^2}. \tag{60}$$

Hieraus ersieht man, daß die Funktion $\Phi_3(\psi;\,\theta,\,\varphi,\,\theta',\,\varphi')$ nicht nur durch den Winkelabstand ψ zwischen den Punkten auf der Oberfläche des Ellipsoids ausgedrückt wird, sondern daß in ihre Zusammensetzung noch trigonometrische Funktionen von jeder Koordinate der Punkte $(\theta,\,\varphi)$ und $(\theta',\,\varphi')$ eingehen müssen, insofern als von diesen Größen die Ableitungen $\frac{\partial\psi}{\partial\varphi}$ und $\frac{\partial^2\psi}{\partial\varphi^2}$ abhängen werden. Diese Ableitungen erhält man leicht aus der Beziehung

$$\cos\psi = \cos\theta\,\cos\theta' + \sin\theta\,\sin\theta'\,\cos(\varphi'-\varphi). \tag{61}$$

Somit genügt für die Ermittlung der Funktion $\Phi(\psi;\,\theta,\,\varphi,\,\theta',\,\varphi')$ die Feststellung lediglich der Funktionen $\Phi_1(\psi)$ und $\Phi_2(\psi)$, da sich dann die Funktion $\Phi_3(\psi;\,\theta,\,\varphi,\,\theta',\,\varphi')$ auf Grund der Gleichungen (60) und (61) ableiten läßt. Um die Funktionen $\Phi_1(\psi)$ und $\Phi_2(\psi)$ zu erhalten, zerlegen wir die Brüche vor $P_n(\cos\psi)$ in den Ausdrücken (57) und (58) in Partialbrüche. Dann erhalten wir

$$\frac{n^2\,(2n+1)}{(n-1)^2\,(2n+3)} = 1 + \frac{34}{25}\,\frac{1}{n-1} + \frac{3}{5}\cdot\frac{1}{(n-1)^2} - \frac{18}{25}\cdot\frac{1}{2n+3};$$

$$\frac{(2\,n+1)}{(n-1)^2\,(2n+3)} = \frac{4}{25}\cdot\frac{1}{n-1} + \frac{3}{5}\cdot\frac{1}{(n-1)^2} - \frac{8}{25}\cdot\frac{1}{2n+3}.$$

Folglich

$$-\,\Phi_1(\psi) + 2\,\Phi_2(\psi) = -\sum_{n=2}^{\infty}(P_n\cos\psi) - \frac{26}{25}\sum_{n=2}^{\infty}\frac{1}{n-1}\,P_n(\cos\psi) + \frac{3}{5}\sum_{n=2}^{\infty}\frac{1}{(n-1)^2}\,P_n(\cos\psi)$$
$$+\,\frac{2}{25}\sum_{n=2}^{\infty}\frac{1}{2n+3}\,P_n(\cos\psi).$$

Die Funktion $\Psi(\psi)$ [vgl. Gleichung (55)] ergibt sich zu

$$\Psi(\psi) = 2\sum_{n=2}^{\infty}\frac{1}{n-1}\,P_n(\cos\psi) + 3\sum_{n=2}^{\infty}\frac{1}{(n-1)^2}\,P_n(\cos\psi).$$

---

[1]) In [10] haben die Funktionen $\Phi_1(\psi)$ und $2\,\Phi_2(\psi)$ in Formel (56) gleiche Vorzeichen, während sie in dieser Formel verschiedene Vorzeichen haben müssen (vgl. den Ausdruck für $1/E\,(i)$). Dieser Umstand ist von uns in der Veröffentlichung [12] angegeben worden.

Die letzten Gleichungen schreiben wir in kürzerer Form:

$$-\Phi_1(\psi) + 2\,\Phi_2(\psi) = -\,\varphi_0(\psi) - \frac{26}{25}\,\varphi_1(\psi) + \frac{3}{5}\,\varphi_2(\psi) + \frac{2}{25}\,\varphi_3(\psi);$$

$$\Phi_2(\psi) = \frac{4}{25}\,\varphi_1(\psi) + \frac{3}{5}\,\varphi_2(\psi) - \frac{8}{25}\,\varphi_3(\psi); \tag{62}$$

$$\Psi(\psi) = 2\varphi_1(\psi) + 3\varphi_2(\psi), \tag{63}$$

wo wir der Kürze wegen bezeichnet haben:

$$\varphi_0(\psi) = \sum_{n=2}^{\infty} P_n(\cos\psi); \tag{64}$$

$$\varphi_1(\psi) = \sum_{n=2}^{\infty} \frac{1}{n-1}\,P_n(\cos\psi); \tag{65}$$

$$\varphi_2(\psi) = \sum_{n=2}^{\infty} \frac{1}{(n-1)^2}\,P_n(\cos\psi); \tag{66}$$

$$\varphi_3(\psi) = \sum_{n=2}^{\infty} \frac{1}{2n+3}\,P_n(\cos\psi). \tag{67}$$

Die Funktion $\varphi_0(\psi)$ wird durch die Gleichung angegeben [46, S. 145]:

$$\varphi_0(\psi) = \frac{1}{2}\operatorname{cosec}\frac{\psi}{2} - 1 - \cos\psi. \tag{68}$$

Die Funktion $\varphi_1(\psi)$ kann man auf Grund der Formel [46, S. 146] erhalten:

$$\sum_{n=2}^{\infty} \frac{1}{n-k}\,P_n(\cos\psi) = \int_0^1 \frac{1}{x^k}\left[\frac{1}{x\sqrt{1-2x\cos\psi+x^2}} - \frac{1}{x} - \cos\psi\right]dx, \tag{69}$$

woraus wir für $k = 1$

$$\sum_{n=2}^{\infty} \frac{1}{n-1}\,P_n(\cos\psi) = \int_0^1 \frac{1}{x^2}\left[\frac{1}{\sqrt{1-2x\cos\psi+x^2}} - 1 - x\cos\psi\right]dx \tag{70}$$

erhalten.

Die Berechnung dieses Integrals hat bereits STOKES in seiner grundlegenden Arbeit ausgeführt [72]. Das Resultat dieser Berechnung führt uns zu folgender Formel:

$$\varphi_1(\psi) = -\,2\sin\frac{\psi}{2}\left(1 - \sin\frac{\psi}{2}\right) - \cos\psi\ln\left\{\sin\frac{\psi}{2} + \sin^2\frac{\psi}{2}\right\}$$
$$= 1 - 2\sin\frac{\psi}{2} - \cos\psi - \cos\psi\ln\left\{\sin\frac{\psi}{2} + \sin^2\frac{\psi}{2}\right\}. \tag{71}$$

Für die Berechnung der Funktion $\varphi_2(\psi)$ untersuchen wir einen im Vergleich zu (66) allgemeineren Ausdruck, nämlich

$$\varphi_2(\psi, x) = \sum_{n=2}^{\infty} \frac{1}{(n-1)^2}\,P_n(\cos\psi)\,x^{n-1}. \tag{72}$$

Dann ist

$$\varphi_2(\psi) = \lim_{x=1} \varphi_2(\psi, x).$$

Wenn wir (72) differenzieren, finden wir

$$\frac{d\varphi_2(\psi, x)}{dx} = \sum_{n=2}^{\infty} \frac{1}{n-1}\,P_n(\cos\psi)\,x^{n-2}.$$

Für $x = 1$ erhalten wir

$$\left|\frac{d\varphi_2(\psi, x)}{dx}\right|_{x=1} = \sum_{n=2}^{\infty} \frac{1}{n-1}\,P_n(\cos\psi) = \varphi_1(\psi).$$

Somit wird $\left|\frac{d\varphi_2(x,\psi)}{dx}\right|_{x=1}$ zu der uns bekannten Funktion $\varphi_1(\psi)$. Es muß also eine Funktion von ψ und x gesucht werden, deren Ableitung nach x (für $x = 1$) der Funktion $\varphi_1(\psi)$ gleich ist. Wir bezeichnen

$$f(x,\psi) = \int \frac{1}{x^2}\left[\frac{1}{\sqrt{1-2x\cos\psi + x^2}} - 1 - x\cos\psi\right]dx.$$

Hieraus folgt [58, S. 253, Formel (12)] durch Integration:

$$f(x,\psi) = \frac{1-\sqrt{1-2x\cos\psi+x^2}}{x} - \cos\psi \ln\left\{2 - 2x\cos\psi + 2\sqrt{1-2x\cos\psi+x^2}\right\} + \text{const.} \tag{73}$$

Auf Grund von (70) können wir schließen, daß

$$\varphi_1(\psi) = f(1,\psi) - f(0,\psi). \tag{74}$$

Folglich läßt sich die Ableitung $\varphi_2(x,\psi)$ wie folgt darstellen:

$$\frac{d\varphi_2(x,\psi)}{dx} = f(x,\psi) - f(0,\psi).$$

Denn für $x = 1$ wird die rechte Seite dieses Ausdrucks gemäß (74) zu $\varphi_1(\psi)$. Beachten wir ferner, daß $\varphi_2(0,\psi) = 0$ für $x = 0$ [vgl. (72)], so finden wir für die uns interessierende Funktion den Ausdruck

$$\varphi_2(x,\psi) = \int_0^x [f(x,\psi) - f(0,\psi)]\,dx.$$

Hieraus folgt

$$\varphi_2(\psi) = \int_0^1 f(x,\psi)\,dx - f(0,\psi), \tag{75}$$

wo die Funktion $f(x,\psi)$ durch die Gleichung (73) bestimmt wird.

Schließlich läßt sich die Funktion $\varphi_3(\psi)$ auf Grund der Formel (69) erhalten. Hierfür schreiben wir (67) in der Gestalt

$$\varphi_3(\psi) = \frac{1}{2}\sum_{n=2}^{\infty}\frac{1}{n+\frac{3}{2}}P_n(\cos\psi).$$

Setzen wir dann in (69) $k = -3/2$, so finden wir

$$\varphi_3(\psi) = \frac{1}{2}\int_0^1 \frac{1}{x^{-\frac{3}{2}}}\left[\frac{1}{x\sqrt{1-2x\cos\psi+x^2}} - \frac{1}{x} - \cos\psi\right]dx.$$

Folglich

$$\varphi_3(\psi) = \frac{1}{2}\int_0^1 \frac{\sqrt{x}\,dx}{\sqrt{1-2x\cos\psi+x^2}} - \frac{1}{5}\cos\psi - \frac{1}{3}. \tag{76}$$

Unsere Aufgabe besteht jetzt in der Berechnung von zwei Quadraturen, die in die Ausdrücke für die Funktionen $\varphi_2(\psi)$ und $\varphi_3(\psi)$ eingehen. Wir müssen die beiden Quadraturen berechnen, die durch die folgenden Gleichungen [vgl. (75) und (76)] bestimmt werden:

$$J_1(\psi) = \int_0^1 f(x,\psi)\,dx, \tag{77}$$

wo

$$f(x,\psi) = \frac{1-\sqrt{1-2x\cos\psi+x^2}}{x} - \cos\psi\ln\left\{2 - 2x\cos\psi + 2\sqrt{1-2x\cos\psi+x^2}\right\}$$

und

$$J_2(\psi) = \frac{1}{2}\int_0^1 \frac{\sqrt{x}\,dx}{\sqrt{1-2x\cos\psi+x^2}}. \tag{78}$$

Als Ergebnis der Rechnung erhalten wir zwei Funktionen $J_1(\psi)$ und $J_2(\psi)$, die in die Funktionen $\varphi_2(\psi)$ und $\varphi_3(\psi)$ eingehen. Für die Ermittlung von $J_1(\psi)$ zerlegen wir das Integral (77) in zwei:

$$J_1^{(1)}(\psi) = \int_0^1 \frac{1 - \sqrt{1 - 2x\cos\psi + x^2}}{x}\,dx \tag{77'}$$

und

$$J_1^{(2)}(\psi) = \int_0^1 \ln\{2 - 2x\cos\psi + 2\sqrt{1 - 2x\cos\psi + x^2}\}\,dx. \tag{77''}$$

Dann wird $J_1(\psi)$ durch die Gleichung bestimmt:

$$J_1(\psi) = J_1^{(1)}(\psi) - \cos\psi\, J_1^{(2)}(\psi). \tag{79}$$

Wenn wir die erste Quadratur (77') ausführen, finden wir

$$J_1^{(1)}(\psi) = 1 - 2\sin\frac{\psi}{2} + \ln\left(\sin\frac{\psi}{2} + \sin^2\frac{\psi}{2}\right) + \cos\psi \ln\left(1 + \operatorname{cosec}\frac{\psi}{2}\right). \tag{80}$$

Für die Ermittlung von $J_1^{(2)}(\psi)$ integrieren wir (77'') teilweise und benutzen dann die erste Euler-sche Substitution. Dann ist

$$J_1^{(2)}(\psi) = \left| x \ln(2 - 2x\cos\psi + 2\sqrt{1 - 2x\cos\psi + x^2}\right|_{x=0}^{x=1} + \cos\psi\, \mathrm{I}^{(2)} - \mathrm{II}^{(2)},$$

wo wir der Kürze wegen gesetzt haben:

$$\mathrm{I}^{(2)} = \int_0^1 \frac{x(1 + \sqrt{1 - 2x\cos\psi + x^2})\,dx}{(1 - x\cos\psi + \sqrt{1 - 2x\cos\psi + x^2})\sqrt{1 - 2x\cos\psi + x^2}};$$

$$\mathrm{II}^{(2)} = \int_0^1 \frac{x^2\,dx}{(1 - x\cos\psi + \sqrt{1 - 2x\cos\psi + x^2})\sqrt{1 - 2x\cos\psi + x^2}}.$$

Setzen wir

$$\sqrt{1 - 2x\cos\psi + x^2} = w - x,$$

so finden wir

$$\mathrm{I}^{(2)} = \left| \frac{w}{2(1 - \cos\psi)} + \frac{1 - \cos\psi}{2(w - \cos\psi)} \right|_1^{1 + 2\sin\frac{\psi}{2}};$$

$$\mathrm{II}^{(2)} = \left| \frac{w}{2(1 - \cos\psi)} - \ln(w - \cos\psi) - \frac{(1 - \cos\psi)}{2(w - \cos\psi)} \right|_1^{1 + 2\sin\frac{\psi}{2}}.$$

Folglich

$$J_1^{(2)}(\psi) = \ln\left(4\sin\frac{\psi}{2} + 4\sin^2\frac{\psi}{2}\right) + \ln\left(1 + \operatorname{cosec}\frac{\psi}{2}\right) - 1.$$

Wenn wir (79) und (80) beachten, erhalten wir schließlich für $J_1(\psi)$ den Ausdruck

$$J_1(\psi) = 1 - 2\sin\frac{\psi}{2} + \ln\left(\sin\frac{\psi}{2} + \sin^2\frac{\psi}{2}\right) - \cos\psi \ln\left(4\sin\frac{\psi}{2} + 4\sin^2\frac{\psi}{2}\right) + \cos\psi. \tag{81}$$

Hieraus folgt, daß die Funktion $\varphi_2(\psi)$ [vgl. (75)] durch die Gleichung

$$\varphi_2(x) = J_1(\psi) - f(0, \psi) = 1 - 2\sin\frac{\psi}{2} + 2\sin^2\frac{\psi}{2} \ln\left(\sin\frac{\psi}{2} + \sin^2\frac{\psi}{2}\right) \tag{82}$$

ausgedrückt wird. Es verbleibt uns noch, die Funktion $\varphi_3(\psi)$ zu ermitteln, zu deren Bestand $J_2(\psi)$ gehört. Diese letztere läßt sich auf eine lineare Kombination von totalen elliptischen Integralen erster und zweiter Gattung zurückführen. Wenden wir nämlich die Substitution $\sqrt{x} = \operatorname{tg}\varphi/2$ an, so erhalten wir auf Grund von (78)

$$J_2(\psi) = \frac{1}{2} \int_0^{\frac{\pi}{2}} \frac{\operatorname{tg}^2\frac{\varphi}{2}\,d\varphi}{\cos^2\frac{\varphi}{2}\sqrt{1 - 2\cos\psi\operatorname{tg}^2\frac{\varphi}{2} + \operatorname{tg}^4\frac{\varphi}{2}}},$$

woraus

$$J_2(\psi) = \frac{1}{2}\int\limits_0^{\frac{\pi}{2}} \frac{\operatorname{tg}^2\frac{\varphi}{2}\,d\varphi}{\sqrt{1-k^2\sin^2\varphi}},$$

wo

$$k^2 = \frac{1}{2}(1+\cos\psi), \text{ oder } k = \cos\frac{\psi}{2}. \tag{83}$$

Das letzte Integral ist folgendermaßen darstellbar:

$$\frac{1}{2}\int\limits_0^{\frac{\pi}{2}} \frac{\operatorname{tg}^2\frac{\varphi}{2}\,d\varphi}{\sqrt{1-k^2\sin^2\varphi}} = \left|\operatorname{tg}\frac{\varphi}{2}\sqrt{1-k^2\sin^2\varphi}\right|_0^{\frac{\pi}{2}} + \frac{1}{2}\int\limits_0^{\frac{\pi}{2}} \frac{d\varphi}{\sqrt{1-k^2\sin^2\varphi}} - \int\limits_0^{\frac{\pi}{2}} \sqrt{1-k^2\sin^2\varphi}\,d\varphi.$$

Daraus folgt

$$J_2(\psi) = \sin\frac{\psi}{2} + \frac{1}{2}K(\psi) - E(\psi), \tag{84}$$

wo $K(\psi)$ und $E(\psi)$ totale elliptische Integrale erster und zweiter Gattung sind, deren Modul durch die Gleichung (83) bestimmt wird und der Modularwinkel gleich $90° - \psi/2$ ist. Die Funktion $\varphi_3(\psi)$ wird jetzt unter Beachtung von (76) und (84) durch die Gleichung

$$\varphi_3(\psi) = \sin\frac{\psi}{2} + \frac{1}{2}K(\psi) - E(\psi) - \frac{1}{5}\cos\psi - \frac{1}{3} \tag{85}$$

bestimmt. Auf diese Weise haben wir alle in $\Phi_1(\psi)$, $\Phi_2(\psi)$ und $\Psi(\psi)$ eingehende Funktionen gefunden [vgl. (62) und (63)]. Es verbleibt noch, die Funktion $\Phi_3(\psi;\,\theta,\varphi,\theta',\varphi')$ zu finden; diese untersuchen wir im folgenden Paragraphen, wo wir einen expliziten Ausdruck für die Funktion $Z(\theta,\varphi,\theta',\varphi')$ bringen werden.

§ 12. Expliziter Ausdruck für die Funktionen $Z(\theta, \varphi, \theta', \varphi')$

Wir wollen jetzt einen expliziten Ausdruck für die Funktion

$$Z(\theta, \varphi, \theta', \varphi')$$

aufstellen. Zu dieser Funktion gehören die in den vorhergehenden Paragraphen untersuchten Funktionen $\Phi_1(\psi)$, $\Phi_2(\psi)$ und $\Psi(\psi)$ und die bekannte STOKESsche Funktion. Diese letzte ist durch die Gleichung

$$S(\psi) = \operatorname{cosec}\frac{\psi}{2} + 1 - 6\sin\frac{\psi}{2} - 5\cos\psi - 3\cos\psi\ln\left(\sin\frac{\psi}{2} + \sin^2\frac{\psi}{2}\right) \tag{86}$$

bestimmt. Unter Berücksichtigung der Gleichungen (53) und (56) können wir für die uns interessierende Funktion $Z(\theta,\varphi,\theta',\varphi')$ folgenden Ausdruck schreiben:

$$Z(\theta,\varphi,\theta',\varphi') = S(\psi) + i^2 f(\psi) - i^2\Phi_3(\psi;\,\theta,\varphi,\theta',\varphi') + 2q\Psi(\psi), \tag{87}$$

wo wir

$$f(\psi) = -\Phi_1(\psi) + 2\Phi_2(\psi)$$

bezeichnet haben. Die Funktionen $f(\psi)$ und $\Psi(\psi)$ lassen sich auf Grund von (62) und (63) leicht berechnen, wenn außerdem (68), (71), (82) und (85) berücksichtigt werden. Nach geringen Umformungen erhalten wir

$$\begin{aligned} f(\psi) = {} & \frac{8}{15} - \frac{1}{2}\operatorname{cosec}\frac{\psi}{2} + \frac{24}{25}\sin\frac{\psi}{2} + \frac{253}{125}\cos\psi + \frac{3}{5}\ln\left(\sin\frac{\psi}{2} + \sin^2\frac{\psi}{2}\right) \\ & + \frac{11}{25}\cos\psi\ln\left(\sin\frac{\psi}{2} + \sin^2\frac{\psi}{2}\right) + \frac{1}{25}K(\psi) - \frac{2}{25}E(\psi); \end{aligned} \tag{88}$$

$$\Psi(\psi) = 5 - 10\sin\frac{\psi}{2} - 2\cos\psi + 3\ln\left(\sin\frac{\psi}{2} + \sin^2\frac{\psi}{2}\right) - 5\cos\psi\ln\left(\sin\frac{\psi}{2} + \sin^2\frac{\psi}{2}\right),$$

wo $K(\psi)$ und $E(\psi)$ totale elliptische Integrale erster und zweiter Gattung sind vom Modul $\cos \psi/2$. Zur Erlangung der durch (60) bestimmten Funktion $\Phi_3(\psi;\, \theta, \varphi, \theta', \varphi')$ bedürfen wir der Ableitungen der Funktion $\Phi_2(\psi)$, die auf Grund derselben Gleichungen (71), (82), (85) in der Form

$$\Phi_2(\psi) = \frac{13}{15} - \frac{46}{25}\sin\frac{\psi}{2} - \frac{12}{125}\cos\psi + \frac{1}{25}(15 - 19\cos\psi)\ln\left(\sin\frac{\psi}{2} + \sin^2\frac{\psi}{2}\right) - \frac{4}{25}K + \frac{8}{25}E. \tag{89}$$

darstellbar ist. Gemäß (60) sind die ersten und zweiten Ableitungen der soeben hingeschriebenen Funktion zu berechnen. Hierfür suchen wir zunächst die Ableitungen der Funktionen K und E, die durch die nachstehenden Gleichungen bestimmt werden:

$$K = \int_0^{\frac{\pi}{2}} \frac{d\varphi}{\sqrt{1 - \cos^2\frac{\psi}{2}\sin^2\varphi}}; \tag{90}$$

$$E = \int_0^{\frac{\pi}{2}} \sqrt{1 - \cos^2\frac{\psi}{2}\sin^2\varphi}\, d\varphi. \tag{91}$$

Differenzieren wir (90) nach ψ, so haben wir

$$\frac{\partial K}{\partial \psi} = -\frac{1}{4}\sin\psi \int_0^{\frac{\pi}{2}} \frac{\sin^2\varphi\, d\varphi}{\left(1 - \cos^2\frac{\psi}{2}\sin^2\varphi\right)^{\frac{3}{2}}}. \tag{92}$$

Das auf der rechten Seite dieser Gleichung stehende Integral kann wie folgt dargestellt werden:

$$\int_0^{\frac{\pi}{2}} \frac{\sin^2\varphi\, d\varphi}{\left(1 - \cos^2\frac{\psi}{2}\sin^2\varphi\right)^{\frac{3}{2}}} = \frac{1}{\cos^2\frac{\psi}{2}} \int_0^{\frac{\pi}{2}} \frac{d\varphi}{\left(1 - \cos^2\frac{\psi}{2}\sin^2\varphi\right)^{\frac{3}{2}}} - \frac{K}{\cos^2\frac{\psi}{2}}. \tag{93}$$

Nun verwenden wir die folgende Identität:

$$\sqrt{1 - \cos^2\frac{\psi}{2}\sin^2\varphi} - \cos^2\frac{\psi}{2} \cdot \frac{d}{d\varphi}\,\frac{\sin\varphi\cos\varphi}{\sqrt{1 - \cos^2\frac{\psi}{2}\sin^2\varphi}} = \frac{\sin^2\frac{\psi}{2}}{\left(1 - \cos^2\frac{\psi}{2}\sin^2\varphi\right)^{\frac{3}{2}}}.$$

Durch ihre Integration erhalten wir

$$\sin^2\frac{\psi}{2}\int_0^{\frac{\pi}{2}} \frac{d\varphi}{\left(1 - \cos^2\frac{\psi}{2}\sin^2\varphi\right)^{\frac{3}{2}}} = E - \left|\cos^2\frac{\psi}{2}\,\frac{\sin\varphi\cos\varphi}{\sqrt{1 - \cos^2\frac{\psi}{2}\sin^2\varphi}}\right|_0^{\frac{\pi}{2}}.$$

Das letzte Glied auf der rechten Seite ist für beide Grenzwerte gleich Null. Folglich

$$\int_0^{\frac{\pi}{2}} \frac{d\varphi}{\left(1 - \cos^2\frac{\psi}{2}\sin^2\varphi\right)^{\frac{3}{2}}} = \frac{E}{\sin^2\frac{\psi}{2}}.$$

Setzen wir dieses Resultat in (93) ein, so haben wir

$$\int\limits_0^{\frac{\pi}{2}} \frac{\sin^2 \varphi \, d\varphi}{\left(1 - \cos^2 \frac{\psi}{2} \sin^2 \varphi\right)^{\frac{3}{2}}} = \frac{4\,E}{\sin^2 \psi} - \frac{K}{\cos^2 \frac{\psi}{2}}.$$

Hieraus erhalten wir unter Beachtung von (92) schließlich

$$\frac{\partial K}{\partial \psi} = \frac{1}{2} \operatorname{tg} \frac{\psi}{2} K - \operatorname{cosec} \psi E. \tag{94}$$

Die Differentiation der Gleichung (91) führt uns zur Formel

$$\frac{\partial E}{\partial \psi} = \frac{1}{2} \operatorname{tg} \frac{\psi}{2} (K - E). \tag{95}$$

Differenziert man jetzt die Gleichungen (94) und (95), so erhält man für die zweiten Ableitungen die Ausdrücke

$$\frac{\partial^2 K}{\partial \psi^2} = \frac{1}{4} \operatorname{tg}^2 \frac{\psi}{2} K + \frac{\cos \psi}{\sin^2 \psi} E; \tag{96}$$

$$\frac{\partial^2 E}{\partial \psi^2} = \frac{1}{4} \sec^2 \frac{\psi}{2} K - \frac{1}{4}\left(1 + \sec^2 \frac{\psi}{2}\right) E. \tag{97}$$

Wenn wir die soeben erhaltenen Formeln (94), (95), (96) und (97) berücksichtigen, können wir leicht die uns interessierenden Ableitungen der Funktion $\Phi_2(\psi)$ bekommen. Diese Ableitungen lassen sich wie folgt darstellen:

$$\begin{aligned} \frac{\partial \Phi_2(\psi)}{\partial \psi} = {} & \frac{107}{125} \sin \psi - \frac{42}{25} \cos \frac{\psi}{2} + \frac{3}{5} \operatorname{ctg} \frac{\psi}{2} - \frac{17}{25} \operatorname{ctg} \frac{\psi}{2} \frac{1}{1 + \sin \frac{\psi}{2}} \\ & + \frac{19}{25} \sin \psi \ln \left(\sin \frac{\psi}{2} + \sin^2 \frac{\psi}{2}\right) + \frac{2}{25} \operatorname{tg} \frac{\psi}{2} K + \frac{4}{25} \operatorname{ctg} \psi E; \end{aligned} \tag{98}$$

$$\begin{aligned} \frac{\partial^2 \Phi_2(\psi)}{\partial \psi^2} = {} & \frac{8}{5} \sin \frac{\psi}{2} + \frac{202}{125} \cos \psi + \frac{1}{25} \operatorname{cosec}^2 \frac{\psi}{2} - \frac{17}{50} \frac{1}{1 + \sin \frac{\psi}{2}} \\ & + \frac{19}{25} \cos \psi \ln \left(\sin \frac{\psi}{2} + \sin^2 \frac{\psi}{2}\right) + \frac{1}{25}\left(\sec^2 \frac{\psi}{2} + 1\right) K - \frac{2}{25} (2 \operatorname{cosec}^2 \psi + 1) E. \end{aligned} \tag{99}$$

In die Funktion $\Phi_3(\psi;\, \theta,\, \varphi,\, \theta',\, \varphi')$ gehen noch die ersten und zweiten Ableitungen des Winkelabstandes ψ nach φ ein. Diese Ableitungen lassen sich, wie bereits gesagt, aus der Beziehung (61) erhalten, die eine der Grundformeln der sphärischen Trigonometrie ist. Man wird jedoch am besten die angegebenen Ableitungen durch Verwendung aller drei Grundformeln der sphärischen Trigonometrie — die die sogenannte astronomische Formelgruppe bilden — erhalten. Als erstes gehen wir zur üblicheren Bezeichnungsweise über, und zwar setzen wir

$$u = 90^\circ - \theta; \; u' = 90^\circ - \theta';$$

$$\lambda = \varphi; \; \lambda' = \varphi'.$$

Dann ist u die reduzierte Breite des Punktes und λ seine Länge.

Außerdem ist

$$\frac{\partial \psi}{\partial \varphi} = \frac{\partial \psi}{\partial \lambda}; \quad \frac{\partial^2 \psi}{\partial \varphi^2} = \frac{\partial^2 \psi}{\partial \lambda^2}.$$

Für das sphärische Dreieck $MM'P$ (Fig. 2), in dem P der geographische Pol, M der Aufpunkt, M' der Laufpunkt ist, gelten folgende Beziehungen zwischen seinen Seiten und Winkeln[1]):

$$\sin \psi \sin A = \cos u' \sin (\lambda' - \lambda); \tag{100}$$

$$\sin \psi \cos A = \sin u' \cos u - \cos u' \sin u \cos (\lambda' - \lambda); \tag{100'}$$

$$\cos \psi = \sin u \sin u' + \cos u \cos u' \cos (\lambda' - \lambda). \tag{100''}$$

Differenzieren wir Gleichung (100″) nach λ und beachten (100), so erhalten wir

$$\frac{\partial \psi}{\partial \lambda} = - \sin A \cos u. \tag{101}$$

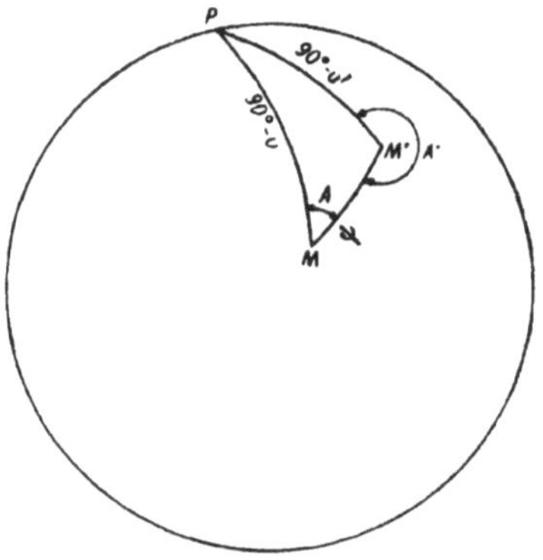

Fig. 2

Die Differentiation dieser Gleichung ergibt sodann

$$\frac{\partial^2 \psi}{\partial \lambda^2} = - \cos u \cos A \frac{\partial A}{\partial \lambda}; \tag{102}$$

$\frac{\partial A}{\partial \lambda}$ läßt sich aus (100) und (100′) ermitteln, die nach der Differentiation die Gestalt annehmen:

$$\cos \psi \sin A \frac{\partial \psi}{\partial \lambda} + \cos A \sin \psi \frac{\partial A}{\partial \lambda} = - \cos u' \cos (\lambda' - \lambda);$$

$$\cos \psi \cos A \frac{\partial \psi}{\partial \lambda} - \sin A \sin \psi \frac{\partial A}{\partial \lambda} = - \cos u' \sin u \sin (\lambda' - \lambda),$$

woraus

$$\sin \psi \frac{\partial A}{\partial \lambda} = \cos u' [\sin u \sin A \sin (\lambda' - \lambda) - \cos A \cos (\lambda' - \lambda)].$$

Nun ist

$$\cos (360 - A') = - \cos A \cos (\lambda' - \lambda) + \sin A \sin (\lambda' - \lambda) \sin u.$$

Folglich

$$\frac{\partial A}{\partial \lambda} = \frac{\cos u' \cos A'}{\sin \psi}.$$

Wenn wir den letzten Ausdruck in (102) einsetzen, erhalten wir

$$\frac{\partial^2 \psi}{\partial \lambda^2} = - \frac{\cos u \cos u' \cos A \cos A'}{\sin \psi}. \tag{103}$$

Betrachtet man nun die Funktion $\Phi_3 (\psi; \theta, \varphi, \theta', \varphi')$ als Funktion der vier Argumente u, u', A und A', so erhält man

$$\Phi_3 (\psi; u, u', A, A') = f_1(\psi) \sin^2 A \cos^2 u - f_2(\psi) \cos A \cos A' \cos u \cos u', \tag{104}$$

wo

$$f_1(\psi) = \frac{\partial^2 \Phi_2(\psi)}{\partial \psi^2}; \tag{104'}$$

$$f_2(\psi) = \frac{\partial \Phi_2(\psi)}{\partial \psi} \cdot \frac{1}{\sin \psi}. \tag{104''}$$

Die auf den rechten Seiten dieser Gleichungen stehenden Ausdrücke werden durch die Formeln (98) und (99) bestimmt. Folglich läßt sich die gesuchte Funktion folgendermaßen schreiben:

$$Z(\psi; u, u', A, A') = S(\psi) + i^2 f(\psi) + 2 q \Psi(\psi)$$
$$- i^2 [f_1(\psi) \sin^2 A \cos^2 u - f_2(\psi) \cos A \cos A' \cos u \cos u'], \tag{105}$$

wo $S(\psi)$ die Stokessche Funktion ist und die Funktionen $\Psi(\psi)$, $f(\psi)$, $f_1(\psi)$, $f_2(\psi)$ durch die Gleichungen (88), (98), (99), (104′) und (104″) bestimmt werden. Somit ist es uns gelungen, die in den Integralausdruck für die Undulation des Geoids bezüglich des Ellipsoids [vgl. (40) oder (41)] eingehende explizite Funktion $Z(\psi; u, u', A, A')$ zu finden. Die zweite Exzentrizität i und das Verhältnis der

[1]) Der Winkel MPM' ist gleich $\lambda' - \lambda$.

Zentrifugalkraft zur Schwerkraft am Äquator q gehen in diese Funktion als Parameter ein. Diese Funktion besitzt, wie zu erwarten war, geometrische Symmetrie bezüglich des Pols (des Aufpunktes) und des Laufpunktes. Davon überzeugt man sich leicht, wenn man die aus dem Sinussatze folgende Gleichung berücksichtigt:

$$\sin^2 A \cos^2 u = \sin^2 A' \cos^2 u'. \tag{106}$$

Die Funktion $Z(\psi;\ u,\ u',\ A,\ A')$ ist dem Wesen nach eine Funktion zweier Veränderlicher: des sphärischen Abstands ψ und des Azimuts A[1]) nach dem Laufpunkt. Denn aus dem Dreieck PMM' folgt (Fig. 2)

$$\cos u' \cos A' = \sin\psi \sin u - \cos u \cos\psi \cos A. \tag{107}$$

Demnach läßt sich die Funktion $Z(\psi;\ u,\ u',\ A,\ A')$ in der Form

$$\begin{aligned} Z(u;\ \psi,\ A) = S(\psi) + i^2 f(\psi) + 2\,q\,\Psi(\psi) - i^2\,[f_1(\psi) \sin^2 A \cos^2 u \\ - f_2(\psi) \cos u \cos A\ (\sin\psi \sin u - \cos u \cos\psi \cos A)] \end{aligned} \tag{108}$$

darstellen. Die in diese Funktion eingehende reduzierte Breite u des Aufpunktes darf als vorgegeben betrachtet werden, da die Berechnung der Geoidabweichung für irgendeinen Punkt auf der Erdoberfläche für einen gegebenen Fixwert der geographischen Breite auszuführen ist, dem ein vollkommen bestimmter Wert der reduzierten Breite entspricht. Die gesuchte Abweichung des Geoids bezüglich des Ellipsoids auf Grund (40) kann jetzt ausgehend von einer Formel der Gestalt

$$\zeta^{(0)} = \frac{a}{4\pi\gamma} \int_0^{\pi} \int_0^{2\pi} \Delta g^* Z(u;\ \psi,\ A) \sin\psi\, d\psi\, dA \tag{109}$$

bestimmt werden, wo $Z(u;\ \psi,\ A)$ durch die Gleichung (108) definiert wird. Die Größe Δg^* ist mit der Schwerkraftsanomalie Δg durch die Gleichung verbunden

$$\Delta g^* = \sqrt{1 + i^2 \sin^2 u'}\ \Delta g = \Delta g \left(1 + \frac{1}{2} i^2 \sin^2 u' + \ldots\right), \tag{110}$$

wo

$$\sin^2 u' = \sin^2 u \cos^2 \psi + 2 \sin u \cos u \sin\psi \cos\psi \cos A + \cos^2 u \sin^2 \psi \cos^2 A. \tag{110'}$$

Die Integration in (109) erstreckt sich über die Oberfläche der Kugel, die um das geometrische Zentrum des Ellipsoids mit der großen Halbachse als Radius beschrieben ist. Auf dieser Kugel entspricht jedem Punkte des Ellipsoids mit den geographischen Koordinaten φ und λ ein durch die Größen u und λ bestimmter Punkt; dabei ist die reduzierte Breite u mit der geographischen Breite durch die bekannte Beziehung [21, S. 191] verbunden. Die Anomalie Δg in Formel (110) ist als auf den Laufpunkt bezogen zu betrachten, dessen Koordinaten durch die Größen u' und λ' (u' ist die reduzierte Breite des Laufpunktes, λ' seine Länge) bestimmt sind. Formel (109) ist eine Entwicklung der STOKESschen Formel für den Fall der ellipsoidischen Niveaufläche. Im nächsten Kapitel werden wir dieser Formel eine für Rechnungen zweckmäßige Gestalt verleihen. Sodann wenden wir die in § 6 dargelegte Methode der Berechnung der Undulationen des Geoids bezüglich des Ellipsoids auf ein mathematisches Modell an, das in direkter Beziehung zu unserer sowjetischen geodätischen Wissenschaft steht.

---

[1]) In diesen Variablen wird das Flächenelement der Einheitskugel folgendermaßen ausgedrückt:

$$d\sigma = \sin\psi\, d\psi\, dA.$$

KAPITEL III

§ 13. Endgültige Fassung der Formeln, die die Abweichung des Geoids bezüglich der ellipsoidischen Niveaufläche bestimmen

In den vorhergehenden Kapiteln haben wir die Theorie der Bestimmung der Abweichungen des Geoids von der ellipsoidischen Rotationsniveaufläche auf Grund der Gravitationsanomalien untersucht. Wir geben nun endgültige Formeln an, mit deren Hilfe man die gesuchte Geoidabweichung finden kann. Zuerst bringen wir die Formel für $\zeta^{(0)}$ auf die Schlußform. Unter Verwendung von (40) und (105) können wir den Ausdruck schreiben:

$$\zeta^{(0)} = \frac{a}{4\pi\gamma}\int_0^{\pi}\int_0^{2\pi} \Delta g^* \, Z(\psi; u, A, u', A') \sin\psi \, d\psi \, dA, \tag{111}$$

wo die Funktion $Z(\psi, u, A, u', A')$ durch die Gleichung (105) bestimmt wird. Diese Funktion läßt sich für den gegebenen Festwert der reduzierten Breite des Aufpunktes als Funktion zweier Veränderlicher ψ und A darstellen [vgl. Formel (108)]. Wir schreiben (111) in der Gestalt

$$\zeta^{(0)} = \frac{a}{2\pi\gamma}\int_0^{\pi}\int_0^{2\pi} \Delta g^* \, Z^{(0)}(\psi; u, A, u', A') \, d\psi \, dA. \tag{112}$$

Die soeben eingeführte Funktion $Z^{(0)}(\psi; u, A, u', A')$ kann in der Form dargestellt werden:

$$Z^{(0)}(\psi; u, A, u', A') = F(\psi) + i^2 F_0(\psi)$$
$$- i^2 [F_1(\psi) \sin^2 A \cos^2 u - F_2(\psi) \cos u \cos A \cos u' \cos A'] + 2q F_3(\psi). \tag{113}$$

Bzw. unter Verwendung von (107)

$$Z^{(0)}(u; \psi, A) = F(\psi) + i^2 F_0(\psi) - i^2 [F_1(\psi) \sin^2 A \cos^2 u$$
$$- F_2(\psi) \cos u \cos A (\sin\psi \sin u - \cos u \cos\psi \cos A)] + 2q F_3(\psi). \tag{114}$$

In den Formeln (113) und (114) haben wir gesetzt:

$$F(\psi) = \frac{1}{2} \sin\psi \, S(\psi); \tag{115}$$

$$F_0(\psi) = \frac{1}{2} \sin\psi \, f(\psi); \tag{116}$$

$$F_1(\psi) = \frac{1}{2} \sin\psi \, f_1(\psi); \tag{117}$$

$$F_2(\psi) = \frac{1}{2} \sin\psi \, f_2(\psi); \tag{118}$$

$$F_3(\psi) = \frac{1}{2} \sin\psi \, \Psi(\psi). \tag{119}$$

Es sei bemerkt, daß $F(\psi)$ die Funktion von Helmert ist.

Ferner kann man unter Beachtung von (110) und (114) der Formel (112) die Gestalt

$$\zeta^{(0)} = \frac{a}{2\pi\gamma}\int_0^{\pi}\int_0^{2\pi} \Delta g\left[1 + \frac{1}{2} i^2 (\sin^2 u \cos^2 \psi + 2 \sin u \cos u \sin \psi \cos \psi \cos A\right.$$

$$\left. + \cos^2 u \sin^2 \psi \cos^2 A)\right][F(\psi) + i^2 F_0(\psi) - i^2 F_1(\psi) \sin^2 A \cos^2 u$$

$$+ i^2 F_2(\psi) \cos A \cos u \sin \psi \sin u - i^2 F_2(\psi) \cos^2 A \cos^2 u \cos \psi + 2 q F_3(\psi)]\, d\psi\, dA \qquad (120)$$

geben. Hieraus erhalten wir schließlich die Formel, die eine Verallgemeinerung der STOKESschen Formel für den Fall der ellipsoidischen Referenzniveaufläche ist,

$$\zeta^{(0)} = \frac{a}{2\pi\gamma}\int_0^{\pi}\int_0^{2\pi} \Delta g\, Z^{(0)}(u; \psi, A)\, d\psi\, dA, \qquad (121)$$

wo

$$Z^{(0)}(u; \psi, A) = F(\psi)\left\{1 + \frac{1}{2} i^2 \sin^2 u \cos^2 \psi + \frac{1}{4} i^2 \sin 2u \sin 2\psi \cos A\right.$$

$$\left. + \frac{1}{2} i^2 \cos^2 u \sin^2 \psi \cos^2 A\right\} + i^2 F_0(\psi) - i^2 F_1(\psi) \cos^2 u \sin^2 A$$

$$+ \frac{1}{2} i^2 F_2(\psi) \sin 2u \sin \psi \cos A - i^2 F_2(\psi) \cos^2 u \cos \psi \cos^2 A + 2 q F_3(\psi). \qquad (122)$$

In (121) sind die Bezeichnungen eingeführt: $\zeta^{(0)}$ Abweichung des Geoids von der ellipsoidischen Niveaufläche; a die große Halbachse des Ellipsoids; q das Verhältnis der Zentrifugalkraft zur Schwerkraft am Äquator; i die zweite Exzentrizität des Ellipsoids; γ der Normalwert der Schwerkraft; u die reduzierte Breite des Aufpunktes; ψ der Winkelabstand zwischen dem Pol und dem Laufpunkt. Die Anomalie Δg in Formel (121) wird als Funktion der reduzierten Breite des Punktes und seiner Länge betrachtet.

Die in die Zusammensetzung der Funktion $Z^{(0)}(u; \psi, A)$ eingehenden Funktionen $F(\psi)$, $F_0(\psi)$, $F_1(\psi)$, $F_2(\psi)$ und $F_3(\psi)$ [vgl. Gleichung (122)] werden durch die folgenden Formeln bestimmt:

$$F(\psi) = \sin\psi\left\{\frac{1}{2}\operatorname{cosec}\frac{\psi}{2} + \frac{1}{2} - 3\sin\frac{\psi}{2} + \frac{5}{2}\cos\psi - \frac{3}{2}\cos\psi \ln\left(\sin\frac{\psi}{2} + \sin^2\frac{\psi}{2}\right)\right\}; \qquad (123)$$

$$F_0(\psi) = \sin\psi\left\{\frac{4}{15} - \frac{1}{4}\operatorname{cosec}\frac{\psi}{2} + \frac{12}{25}\sin\frac{\psi}{2} + \frac{253}{250}\cos\psi + \frac{3}{10}\ln\left(\sin\frac{\psi}{2} + \sin^2\frac{\psi}{2}\right)\right.$$

$$\left. + \frac{11}{50}\cos\psi \ln\left(\sin\frac{\psi}{2} + \sin^2\frac{\psi}{2}\right) + \frac{1}{50}K(\psi) - \frac{1}{25}E(\psi)\right\}; \qquad (124)$$

$$F_1(\psi) = \sin\psi\left\{\frac{4}{5}\sin\frac{\psi}{2} + \frac{101}{125}\cos\psi + \frac{1}{50}\operatorname{cosec}^2\frac{\psi}{2} - \frac{17}{100}\frac{1}{1 + \sin\frac{\psi}{2}}\right.$$

$$\left. + \frac{19}{50}\cos\psi \ln\left(\sin\frac{\psi}{2} + \sin^2\frac{\psi}{2}\right) + \frac{1}{50}\left(\sec^2\frac{\psi}{2} + 1\right)K(\psi) - \frac{1}{25}(2\operatorname{cosec}^2\psi + 1)E(\psi)\right\}; \qquad (125)$$

$$F_2(\psi) = \frac{107}{250}\sin\psi - \frac{21}{25}\cos\frac{\psi}{2} + \frac{3}{10}\operatorname{ctg}\frac{\psi}{2} - \frac{17}{50}\operatorname{ctg}\frac{\psi}{2}\frac{1}{1 + \sin\frac{\psi}{2}}$$

$$+ \frac{19}{50}\sin\psi \ln\left(\sin\frac{\psi}{2} + \sin^2\frac{\psi}{2}\right) + \frac{1}{25}\operatorname{tg}\frac{\psi}{2}K(\psi) + \frac{2}{25}\operatorname{ctg}\psi\, E(\psi); \qquad (126)$$

$$F_3(\psi) = \sin\psi\left\{\frac{5}{2} - 5\sin\frac{\psi}{2} - \cos\psi + \frac{3}{2}\ln\left(\sin\frac{\psi}{2} + \sin^2\frac{\psi}{2}\right)\right.$$

$$\left. - \frac{5}{2}\cos\psi \ln\left(\sin\frac{\psi}{2} + \sin^2\frac{\psi}{2}\right)\right\}. \qquad (127)$$

In den letzten vier Formeln (124)—(127) sind $K(\psi)$ und $E(\psi)$ totale elliptische Integrale erster und zweiter Gattung, deren Modul gleich $\cos\psi/2$ ist, also

$$K(\psi) = \int_0^{\frac{\pi}{2}} \frac{d\varphi}{\sqrt{1 - \cos^2\frac{\psi}{2}\sin^2\varphi}}; \tag{128}$$

$$E(\psi) = \int_0^{\frac{\pi}{2}} \sqrt{1 - \cos^2\frac{\psi}{2}\sin^2\varphi}\, d\varphi. \tag{129}$$

Die Funktionen $F(\psi)$, $F_0(\psi)$, $F_1(\psi)$, $F_2(\psi)$ und $F_3(\psi)$ sind leicht tabulierbar innerhalb des gesamten Variationsbereichs des sphärischen Abstands ψ, also innerhalb von 0 bis 180°.

Unter Beachtung von (94) und (95) finden wir nach der Regel von l'Hospital, daß die gefundenen Funktionen für die Grenzen 0° und 180° des Winkels ψ folgenden Grenzwerten zustreben:

$$\lim_{\psi\to 0^\circ} F(\psi) = 1, \qquad \lim_{\psi\to 180^\circ} F(\psi) = 0;$$
$$\lim_{\psi\to 0^\circ} F_0(\psi) = -\frac{1}{2} \qquad \lim_{\psi\to 180^\circ} F_0(\psi) = 0;$$
$$\lim_{\psi\to 0^\circ} F_1(\psi) = 0, \qquad \lim_{\psi\to 180^\circ} F_1(\psi) = 0;$$
$$\lim_{\psi\to 0^\circ} F_2(\psi) = -\frac{1}{2}, \qquad \lim_{\psi\to 180^\circ} F_2(\psi) = 0;$$
$$\lim_{\psi\to 0^\circ} F_3(\psi) = 0, \qquad \lim_{\psi\to 180^\circ} F_3(\psi) = 0.$$

Um die Berechnung der Geoidundulationen zu erleichtern, bringen wir eine Reihe von Hilfstafeln, die sich am Schluß der Arbeit im Sonderteil „Hilfstafeln"[1]) (S. 90—125) befinden.

Auf den Seiten 91—94 ist eine ausführliche Tafel gegeben, die die numerischen Werte der neuen Funktionen für jeden Grad des sphärischen Abstandes enthält. Für die Zone, die dem Aufpunkt nahe ist ($0^\circ \leq \psi \leq 10^\circ$), wird für die Grundfunktion $F(\psi)$ eine eingehendere Tafel [61] gebracht, u. zw.: im Intervall 0—2° werden Werte von $F(\psi)$ für jedes 0°.1 angeführt, während im Intervall 2—10° die Werte von $F(\psi)$ alle 0°.5 gegeben werden (vgl. Tab. I, S. 90). Die graphischen Darstellungen der Funktionen $F(\psi)$, $F_0(\psi)$, $F_1(\psi)$, $F_2(\psi)$ und $F_3(\psi)$ sind in Fig. 3 angeführt.

Nach der Ermittelung von ζ^0 auf Grund der Formel (121) wird der endgültige Wert der Undulationen des Geoids bezüglich des Ellipsoids nach der Gleichung [vgl. Formel (15)] gefunden:

$$\zeta = \zeta^{(0)} + \alpha\,\zeta^{(1)}. \tag{130}$$

Die Größe $\zeta^{(1)}$ kann nach einer zu (112) analogen Formel gefunden werden, wenn in ihr die Anomalie Δg^* durch $\frac{2\,\zeta^{(0)}\gamma}{a}\,\theta(u')$ ersetzt wird [vgl. (14') sowie (7)]. Da nun die Größe $\zeta^{(1)}$ als Faktor die Ellipsoidabplattung α hat, können in (112) alle Glieder mit Größenordnungen α entfallen. Demnach brauchen wir im Ausdruck für die explizite Funktion $Z^{(0)}(\psi;\, u,\, A,\, u',\, A')$ nur das erste Glied beizubehalten. Somit können wir für die Größe $\zeta^{(1)}$ die Formel schreiben

$$\zeta^{(1)} = \frac{a}{2\,\pi\gamma} \int_0^{\pi}\int_0^{2\pi} \frac{2\,\zeta^{(0)}\gamma}{a} \cos^2 u'\, F(\psi)\, d\psi\, dA. \tag{131}$$

Wir bezeichnen

$$\Delta g^{(1)} = \frac{2\zeta^{(0)}\gamma}{a}. \tag{132}$$

Dann erhalten wir unter Beachtung von (110') für $\zeta^{(1)}$ den Ausdruck

$$\zeta^{(1)} = \frac{a}{2\pi\gamma} \int_0^{\pi}\int_0^{2\pi} \Delta g^{(1)}\,[1 - (\sin^2 u \cos^2\psi + 2\sin u \cos u \sin\psi\cos\psi\cos A + \cos^2 u \sin^2\psi\cos^2 A)]\, F(\psi)\, d\psi\, dA. \tag{133}$$

[1]) Alle in diesen Teil eingehenden Tafeln sind zum Unterschied von den Tafeln des Textes (S. 62—65 und 67) römisch beziffert.

Hieraus bekommen wir schließlich für $\zeta^{(1)}$ die Formel

$$\zeta^{(1)} = \frac{a}{2\pi\gamma} \int\limits_0^{\pi} \int\limits_0^{2\pi} \Delta g^{(1)} Z^{(1)}(u; \psi, A)\, d\psi\, dA, \tag{134}$$

wo

$$Z^{(1)}(u; \psi, A) = F(\psi) \left\{ 1 - \sin^2 u \cos^2 \psi - \frac{1}{2} \sin 2u \sin 2\psi \cos A - \cos^2 u \sin^2 \psi \cos^2 A \right\}$$

und

$$\Delta g^{(1)} = \frac{2\zeta^{(0)}\gamma}{a}.$$

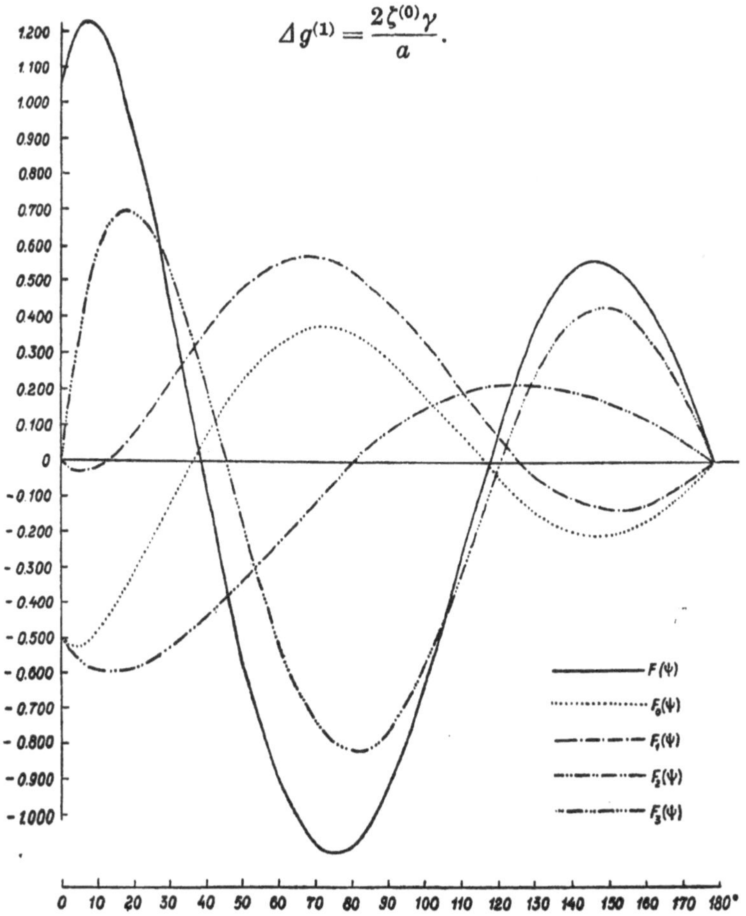

Fig. 3. Graphische Darstellung der Funktionen $F(\psi)$, $F_0(\psi)$, $F_1(\psi)$, $F_2(\psi)$, $F_3(\psi)$.

Demzufolge ermöglicht die Gesamtheit der Formeln (121), (130) und (134), die Abweichung des Geoids bezüglich der ellipsoidischen Niveaufläche zu finden. Die hier untersuchte Bestimmung der Undulationen geschieht unter Berücksichtigung der Glieder von der Ordnung der Abplattung des Erdellipsoids. Wie wir gesehen haben, blieben die Glieder dieser Ordnung in der klassischen STOKESschen Theorie unberücksichtigt. In der klassischen Theorie wurde als Referenzfigur die nichtrotierende Kugel angenommen. Demnach verschwinden die fundamentalen Parameter α, i und q, in der hier abgeleiteten Formel und wir erhalten nach Gleichung (130)

$$\zeta = \zeta^{(0)}.$$

Formel (121), die die Größe $\zeta^{(0)}$ für Nullwerte der genannten Parameter bestimmt, geht in die klassische STOKESsche Formel über.

§ 14. Arbeitsformeln für die Berechnung der Abweichungen des Geoids bezüglich der ellipsoidischen Niveaufläche

Im vorigen Paragraphen haben wir Formeln erhalten, mit deren Hilfe die Abweichung des Geoids bezüglich der ellipsoidischen Niveaufläche bestimmt werden kann. Nun wollen wir sie auf eine für numerische Rechnungen bequemere Form bringen. Die Grundformel (121) muß eine Gestalt erhalten, daß in ihr der entsprechende Teil der klassischen Formel explizit auftritt. Wir schreiben diese in entwickelter Form. Für einen Festwert u haben wir

$$\zeta^{(0)} = K\int_0^{\pi}\int_0^{2\pi} \Delta g\, F(\psi)\, d\psi\, dA + i^2\Bigg\{\frac{1}{2}\sin^2 u\left(K\int_0^{\pi}\int_0^{2\pi} \Delta g\,\cos^2\psi\, F(\psi)\, d\psi\, dA\right)$$
$$+\frac{1}{4}\sin 2u\left(K\int_0^{\pi}\int_0^{2\pi} \Delta g \sin 2\psi\cos A\, F(\psi)\, d\psi\, dA\right) + \frac{1}{2}\cos^2 u\left(K\int_0^{\pi}\int_0^{2\pi} \Delta g \sin^2\psi\cos^2 A F(\psi) d\psi dA\right)$$
$$+ K\int_0^{\pi}\int_0^{2\pi} \Delta g\, F_0(\psi)\, d\psi\, dA - \cos^2 u\left(K\int_0^{\pi}\int_0^{2\pi} \Delta g\, F_1(\psi)\sin^2 A\, d\psi\, dA\right)$$
$$+\frac{1}{2}\sin 2u\left(K\int_0^{\pi}\int_0^{2\pi} \Delta g\, F_2(\psi)\sin\psi\cos A\, d\psi\, dA\right) - \cos^2 u\left(K\int_0^{\pi}\int_0^{2\pi} \Delta g\, F_2(\psi)\cos\psi\cos^2 A\, d\psi\, dA\right)\Bigg\}$$
$$+ 2qK\int_0^{\pi}\int_0^{2\pi} \Delta g\, F_3(\psi)\, d\psi\, dA \qquad \left(K = \frac{a}{2\pi\gamma}\right). \tag{135}$$

Das erste Glied auf der rechten Seite von (135) ermöglicht die Ermittelung des Grundwerts der Undulation. Das zweite Glied (der Ausdruck in den geschweiften Klammern) ergibt den Einfluß der ellipsoidischen Gestalt der Referenzfläche. Dieses Glied hat die zweite Exzentrizität des Erdellipsoids als Faktor. Schließlich ergibt das die Größe q (das Verhältnis der Zentrifugalkraft zur Schwerkraft am Äquator) als Faktor enthaltende dritte Glied die Berücksichtigung der Erdrotation (im klassischen Fall wurde die nichtrotierende Kugel als Referenzfigur angenommen). Formel (135) läßt sich in einer kürzeren Form schreiben [15]:

$$\zeta^{(0)} = \zeta_0^{(0)} + i^2\left\{\frac{1}{2}\zeta_1^{(0)}\sin^2 u + \frac{1}{4}\zeta_2^{(0)}\sin 2u + \frac{1}{2}\zeta_3^{(0)}\cos^2 u + \zeta_4^{(0)} - \zeta_5^{(0)}\cos^2 u\right.$$
$$\left. + \frac{1}{2}\zeta_6^{(0)}\sin 2u - \zeta_7^{(0)}\cos^2 u\right\} + 2q\zeta_8^{(0)}. \tag{136}$$

In Formel (136) haben wir gesetzt:

$$\zeta_0^{(0)} = \frac{a}{2\pi\gamma}\int_0^{\pi}\int_0^{2\pi} \Delta g\, F(\psi)\, d\psi\, dA; \tag{137}$$

$$\zeta_1^{(0)} = \frac{a}{2\pi\gamma}\int_0^{\pi}\int_0^{2\pi} \Delta g\, F(\psi)\cos^2\psi\, d\psi\, dA; \tag{138}$$

$$\zeta_2^{(0)} = \frac{a}{2\pi\gamma}\int_0^{\pi}\int_0^{2\pi} \Delta g\, F(\psi)\sin 2\psi\cos A\, d\psi\, dA; \tag{139}$$

$$\zeta_3^{(0)} = \frac{a}{2\pi\gamma}\int_0^{\pi}\int_0^{2\pi} \Delta g\, F(\psi)\sin^2\psi\cos^2 A\, d\psi\, dA; \tag{140}$$

$$\zeta_4^{(0)} = \frac{a}{2\pi\gamma}\int_0^{\pi}\int_0^{2\pi} \Delta g\, F_0(\psi)\, d\psi\, dA; \tag{141}$$

$$\zeta_5^{(0)} = \frac{a}{2\pi\gamma}\int_0^{\pi}\int_0^{2\pi} \Delta g\, F_1(\psi)\sin^2 A\, d\psi\, dA; \tag{142}$$

$$\zeta_6^{(0)} = \frac{a}{2\pi\gamma}\int_0^{\pi}\int_0^{2\pi} \Delta g\, F_2(\psi)\sin\psi\cos A\, d\psi\, dA; \tag{143}$$

$$\zeta_7^{(0)} = \frac{a}{2\pi\gamma}\int_0^{\pi}\int_0^{2\pi} \Delta g\, F_2(\psi)\cos\psi\cos^2 A\, d\psi\, dA; \tag{144}$$

$$\zeta_8^{(0)} = \frac{a}{2\pi\gamma}\int_0^{\pi}\int_0^{2\pi} \Delta g\, F_3(\psi)\, d\psi\, dA. \tag{145}$$

Somit hat man für die Erlangung von $\zeta^{(0)}$ für einen gewissen Festwert der reduzierten Breite als erstes die Berechnung der Größen $\zeta_0^{(0)}, \zeta_1^{(0)}, \ldots, \zeta_8^{(0)}$ auszuführen, die durch die Formeln (137)—(145)

bestimmt sind. Die berechneten Größen werden in Formel (136) eingesetzt, gemäß der sie mit den entsprechenden Koeffizienten zu multiplizieren und sodann zu summieren sind. Für einen vorgegebenen Wert der reduzierten Breite u haben alle Koeffizienten einen wohldefinierten Zahlenwert. Es ist also das gesuchte $\zeta^{(0)}$ für einen gegebenen Punkt der Erdoberfläche vollkommen berechenbar. Bei der Substitution $-u$ für u in Formel (136) wechseln die Koeffizienten von $\zeta_2^{(0)}$ und $\zeta_6^{(0)}$ das Vorzeichen, was aber auch die Größen $\zeta_2^{(0)}$ und $\zeta_6^{(0)}$ selbst tun, da die diese Größen bestimmenden Integrale [vgl. (139) und (143)] $\cos A$ enthalten, bei südlicher Lage des Aufpunktes P_s die Größe A aber durch $180° - A$ für einen beliebigen Laufpunkt (P'_1 oder P'_2) zu ersetzen ist, wobei dieser als symmetrisch in bezug auf den Äquator angeordnet zu betrachten ist (Fig. 4). Demzufolge hat Formel (136) allgemeine Gültigkeit für beide Halbkugeln.

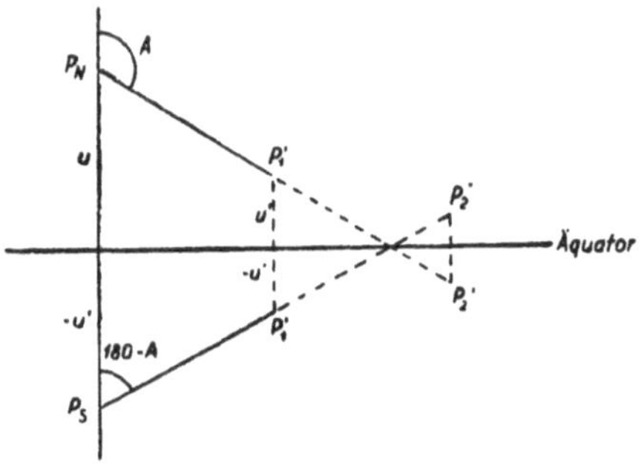

Fig. 4

Die Größe $\zeta_0^{(0)}$ [vgl. Formel (137)] wird nach einer der STOKESschen Formel ähnlichen berechnet. Die wesentlichen Unterschiede sind folgende:

Erstens erstreckt sich in Formel (137) zwar die Anomalie Δg — ebenso wie in der STOKESschen Formel — über die Kugel, doch werden hier die Koordinaten jedes Laufpunkts, auf den die Größe Δg bezogen ist, nicht durch die geographische Breite φ' und Länge λ', sondern durch die reduzierte Breite u' und Länge λ' bestimmt. Folglich ist in jede Koordinate des Laufpunkts φ' eine Korrektion von der Form [21, S. 191, Formel (28)]

$$u' - \varphi' = -\frac{1}{4} e^2 \varrho'' \sin 2\varphi', \tag{146}$$

vorher einzuführen, wo ϱ'' die Zahl der Bogensekunden, e die erste Exzentrizität des Ellipsoids ist.

Für das Ellipsoid von KRASSOWSKI, das jetzt als das fundamentale für alle geodätischen Arbeiten der UdSSR dient, ist $e^2 = 0{,}006\,693\,422$. Folglich nimmt für dieses Ellipsoid Formel (146) die Gestalt an[1])

$$u' - \varphi' = - 345'' \sin 2\varphi'. \tag{147}$$

Nach Formel (147) ist also die Korrektion zu berechnen, die der geographischen Breite des Laufpunkts zuvor hinzuzufügen ist. Danach können wir annehmen, daß jeder Kugelpunkt mit der Anomalie Δg die ihm zukommende Koordinate besitzt. Da nun das KRASSOWSKIsche Ellipsoid für alle geodätischen Arbeiten der UdSSR fundamental ist, wird man es natürlicherweise als Referenzfigur für die Bestimmung der Gestalt des Geoids ansetzen. Daher sind am Schluß der Arbeit eingehende Tafeln für die Größen $u - \varphi$ (oder $u' - \varphi'$) unter Zugrundelegung des auf Grund des KRASSOWSKIschen Ellipsoids [Formel (147)] errechneten numerischen Koeffizienten angeführt.

In Tab. VIII (S. 124) wird für jeden Breitengrad die Korrektion angegeben, die der geographischen Breite eines Punktes hinzuzufügen ist, um seine reduzierte Breite zu erhalten. Die Korrektion ist in der Tafel sowohl mit der Genauigkeit bis $0'{,}1$ als auch mit der Genauigkeit bis $1''$ angegeben[2]).

Zweitens hat der vor dem Integral in Formel (137) stehende Koeffizient die Form[3])

$$K = \frac{a}{2\pi\gamma}, \tag{148}$$

---

[1]) Unter Berücksichtigung der nachfolgenden Glieder der Entwicklung hat (147) die Form [19]

$$u - \varphi = - 346''{,}31 \sin 2\varphi + 0''{,}29 \sin 4\varphi.$$

[2]) So muß z. B. für Petrosawodsk die Anomalie nach den Beobachtungen von ACHMATOW und GISHIZKI auf die Breite $\varphi' = 61°\ 47'{,}3$ und die Länge $\lambda' = 34°\ 24'\ E$ [5, S. 44] bezogen sein. Nach Tab. VIII finden wir $u' - \varphi' = - 4'{,}9$. Folglich kann die erhaltene Anomalie auf den Kugelpunkt mit den Koordinaten $u' = 61°\ 42'{,}4$; $\lambda' = 34°\ 24'\ E$ bezogen werden. In einigen Katalogen werden die Breiten und Längen von Punkten bis zu $1''$ angeführt. So wird z. B. nach den Angaben der indischen Landesaufnahme [73, S. 37] die beobachtete Anomalie für den Punkt Gandāva auf die Breite $\varphi' = 28°\ 36'\ 28''$ und die Länge $\lambda' = 67°\ 28'\ 52''$ bezogen. Im vorliegenden Fall finden wir nach Tab. VIII $u' - \varphi' = - 4'\ 50''$. Folglich ist die beobachtete Anomalie auf die reduzierte Breite $u' = 28°\ 31'\ 38''$ und die gleiche Länge zu beziehen.

[3]) Die numerischen Werte des Koeffizienten für das KRASSOWSKIsche Ellipsoid als Referenzfigur sind in Tab. VIII für jeden Breitengrad angegeben.

wo γ der Normalwert der Schwerkraft im Aufpunkt und a die große Halbachse des Referenzellipsoids ist. Indessen ist dieser Koeffizient in der STOKESschen Formel gleich [1])

$$K_s = \frac{R}{2\pi\bar{\gamma}}, \tag{149}$$

wo $\bar{\gamma}$ der Mittelwert der Schwerkraft für die gesamte Erde, R der mittlere Erdradius ist. Die in (148) auftretenden Größen a und γ wollen wir durch die der Formel (149) ausdrücken. Wir haben

$$a = R\left(1 + \frac{\alpha}{3} + \ldots\right);$$

$$\gamma = \bar{\gamma}\left(1 - \frac{\beta}{3} + \beta \sin^2\varphi + \ldots\right).$$

Hier bezeichnet α die Erdabplattung, während die Größe β wie üblich der relative Überschuß der Schwerkraft am Pol verglichen mit der Schwerkraft am Äquator ist. Demnach

$$K = K_s\left(1 + \frac{\alpha + \beta}{3} - \beta \sin^2\varphi\right), \tag{150}$$

und Formel (137) kann in der Gestalt geschrieben werden:

$$\zeta_0^{(0)} = \zeta_s^{(0)}\left(1 + \frac{\alpha + \beta}{3} - \beta \sin^2\varphi\right). \tag{151}$$

In Formel (151) wird die Größe $\zeta_s^{(0)}$ einfach nach der gewöhnlichen STOKESschen Formel, also

$$\zeta_s^{(0)} = \frac{R}{2\pi\bar{\gamma}} \int_0^{\pi}\int_0^{2\pi} \Delta g\, F(\psi)\, d\psi\, dA. \tag{152}$$

berechnet. Bei der Errechnung der Abweichung $\zeta_s^{(0)}$ nach Formel (152) ist im Gegensatz zur üblichen Berechnung nach der STOKESschen Formel in die Koordinate φ' jedes Laufpunkts, auf den sich die Anomalie Δg bezieht, vorher die Korrektion gemäß (146) einzuführen. Demnach wird hier das Anomalienfeld gleichsam als auf die Kugel abgebildet gedacht, indem jedem Punkt der Kugel ein bestimmter Punkt des Referenzellipsoids nach einem bestimmten Gesetz zugeordnet wird. Dieses Gesetz folgt aus der eindeutigen Zuordnung, die zwischen der geographischen Breite eines Punktes auf dem Ellipsoid und der reduzierten Breite eines Punktes auf einer Kugel vom Radius gleich der großen Halbachse des Ellipsoids besteht. Schließlich wäre folgendes zu bemerken: vor dem Ausdruck in den geschweiften Klammern der Formel (136) steht als Faktor das Quadrat der zweiten Exzentrizität des Erdellipsoids; daher können — mit der angenommenen Genauigkeit (vgl. § 6) — bei allen Größen, die trigonometrische Funktionen der reduzierten Breite als Faktor haben, diese Faktoren einfach als Funktionen der geographischen Breite des Aufpunktes — für den wir die Abweichung des Geoids bezüglich des Ellipsoids erhalten möchten, — betrachtet werden.

Sodann kann Formel (134) für $\zeta^{(1)}$, ebenso wie die für $\zeta^{(0)}$, in entwickelter Form dargestellt werden [15].

Wir haben

$$\zeta^{(1)} = \zeta_0^{(1)} - \zeta_1^{(1)} \sin^2 u - \frac{1}{2}\zeta_2^{(1)} \sin 2u - \zeta_3^{(1)} \cos^2 u. \tag{153}$$

In (153) haben wir gesetzt

$$\zeta_0^{(1)} = \frac{a}{2\pi\gamma} \int_0^{\pi}\int_0^{2\pi} \Delta g^{(1)} F(\psi)\, d\psi\, dA; \tag{154}$$

$$\zeta_1^{(1)} = \frac{a}{2\pi\gamma} \int_0^{\pi}\int_0^{2\pi} \Delta g^{(1)} F(\psi) \cos^2\psi\, d\psi\, dA; \tag{155}$$

$$\zeta_2^{(1)} = \frac{a}{2\pi\gamma} \int_0^{\pi}\int_0^{2\pi} \Delta g^{(1)} F(\psi) \sin 2\psi \cos A\, d\psi\, dA; \tag{156}$$

$$\zeta_3^{(1)} = \frac{a}{2\pi\gamma} \int_0^{\pi}\int_0^{2\pi} \Delta g^{(1)} F(\psi) \sin^2\psi \cos^2 A\, d\psi\, dA. \tag{157}$$

---

[1]) Für das KRASSOWSKIsche Ellipsoid ist $K_s = 1{,}03492$.

Die Formeln für $\zeta_0^{(1)}$, $\zeta_1^{(1)}$, $\zeta_2^{(1)}$ und $\zeta_3^{(1)}$ haben dieselbe analytische Form wie die für $\zeta_0^{(0)}$, $\zeta_1^{(0)}$, $\zeta_2^{(0)}$ und $\zeta_3^{(0)}$ lediglich mit der Unterschied, daß in ihnen die Anomalie Δg durch $\Delta g^{(1)}$ ersetzt wird, wobei diese letztere durch

$$\Delta g^{(1)} = \frac{2\zeta^{(0)}\gamma}{a} \tag{158}$$

bestimmt wird. Die durch (158) bestimmte Größe $\Delta g^{(1)}$ wird erst nach Ermittelung der Größe $\zeta^{(0)}$ gemäß Formel (136) bekannt.

Auf diese Weise haben wir die für praktische Rechnungen bequemen Formeln (136) und (153) erhalten, die die Größen $\zeta^{(0)}$ und $\zeta^{(1)}$ bestimmen. Führt man die Berechnung der Größen $\zeta^{(0)}$ und $\zeta^{(1)}$ aus, so errechnet sich die gesuchte Undulation des Geoids nach Formel (130), d. h.

$$\zeta = \zeta^{(0)} + \alpha\zeta^{(1)}. \tag{159}$$

Die Größe $\zeta^{(1)}$ hat in Formel (159) die Ellipsoidabplattung α als Faktor. Daher dürfen die in Formel (153) stehenden trigonometrischen Funktionen der reduzierten Breite des Aufpunktes hier ebenfalls durch die trigonometrischen Funktionen der geographischen Breite dieses Punktes ersetzt werden. Demzufolge lösen die drei Formeln (136), (153) und (159) das gestellte Problem der Bestimmung der Abweichung des Geoids bezüglich des Ellipsoids.

§ 15. Einige zusätzliche Funktionen, die bei der praktischen Berechnung der Undulationen von Bedeutung sind

Wir haben das Problem der Bestimmung der Undulationen des Geoids bezüglich des Ellipsoids eingehend untersucht und den erforderlichen mathematischen Apparat für die Lösung der gestellten Aufgabe ausgearbeitet. Diese Aufgabe haben wir unter Berücksichtigung der Glieder von der Ordnung der Abplattung des Erdellipsoids gelöst. Jetzt muß der sich aus der STOKESschen Formel ergebenden Grundundulation eine Reihe Korrektionsglieder von der Ordnung der Abplattung hinzugefügt werden. Die Untersuchung dieser Ergänzungsglieder ergibt dann die Möglichkeit, die der klassischen Formel anhaftenden Fehler genau abzuschätzen. Die Summe aller Korrektionsglieder von der Größenordnung der Abplattung charakterisiert den Fehler der STOKESschen Formel. Im weiteren Verlauf werden wir diese Frage eingehender erörtern und einige Zahlenergebnisse anführen.

Bei der praktischen Berechnung der Undulationen des Geoids wird man für den Fall breiter Zonen [34, S. 119] zweckmäßiger nicht die Funktionen $F(\psi)$, $F_0(\psi)$, $F_1(\psi)$, $F_2(\psi)$ und $F_3(\psi)$ selbst, für die der analytische Ausdruck im § 13 angeführt ist, sondern ihre Integrale anwenden; es ist also zweckentsprechend, die Ausdrücke zu finden:

$$\Phi(\psi) = \int_0^\psi F(\psi)\, d\psi; \tag{160}$$

$$\Phi_0(\psi) = \int_0^\psi F_0(\psi)\, d\psi; \tag{161}$$

$$\Phi_1(\psi) = \int_0^\psi F_1(\psi)\, d\psi; \tag{162}$$

$$\Phi_2(\psi) = \int_0^\psi F_2(\psi)\, d\psi; \tag{163}$$

$$\Phi_3(\psi) = \int_0^\psi F_3(\psi)\, d\psi. \tag{164}$$

Unter Berücksichtigung der Formel (123) finden wir nach der Integration für die Grundfunktion $\Phi(\psi)$ den Ausdruck [60, S. 141][1])

$$\Phi(\psi) = \frac{1}{2}\left\{4\sin\frac{\psi}{2} + 2\sin^2\frac{\psi}{2} - 6\sin^3\frac{\psi}{2} - \frac{7}{4}\sin^2\psi - \frac{3}{2}\sin^2\psi\ln\left(\sin\frac{\psi}{2} + \sin^2\frac{\psi}{2}\right)\right\}. \tag{165}$$

[1]) Auf der angegebenen Seite ist eine Tafel für die numerischen Werte dieser Funktion von 10° zu 10°. Es sei darauf hingewiesen, daß in dieser Tafel anstelle des für $\psi = 110°$ angeführten Wertes —0,3714 zu lesen ist: — 0,3764.

Für die Funktion $\Phi(\psi)$ wird in der Arbeit von LAMBERT und DARLING [61] eine auf Grund der Formel (165) berechnete eingehende Tafel angeführt. Eben diese Tafel bringen wir in Tab. III (S. 95). Diese Tafel enthält die numerischen Werte der Funktion $\Phi(\psi)$ für jeden Grad des Arguments ψ. Für die Funktion $\Phi(\psi)$, ebenso wie für die Funktion $F(\psi)$, führen wir für die nächste Zone eine eingehendere Tafel (Tab. 1) an, wo die numerischen Werte von $\Phi(\psi)$ im Intervall $0-2°$ für jedes $0{,}^\circ 1$ des Arguments ψ, im Intervall $2-10°$ für jedes $0{,}^\circ 5$ des Arguments ψ gegeben sind. In Tab. III werden außer der Funktion $\Phi(\psi)$ auch die numerischen Werte der Funktionen $\Phi_0(\psi)$, $\Phi_1(\psi)$ und $\Phi_2(\psi)$ gegeben, die wir für jeden Grad des Arguments ψ numerisch unter Verwendung der SIMPSONschen Formel

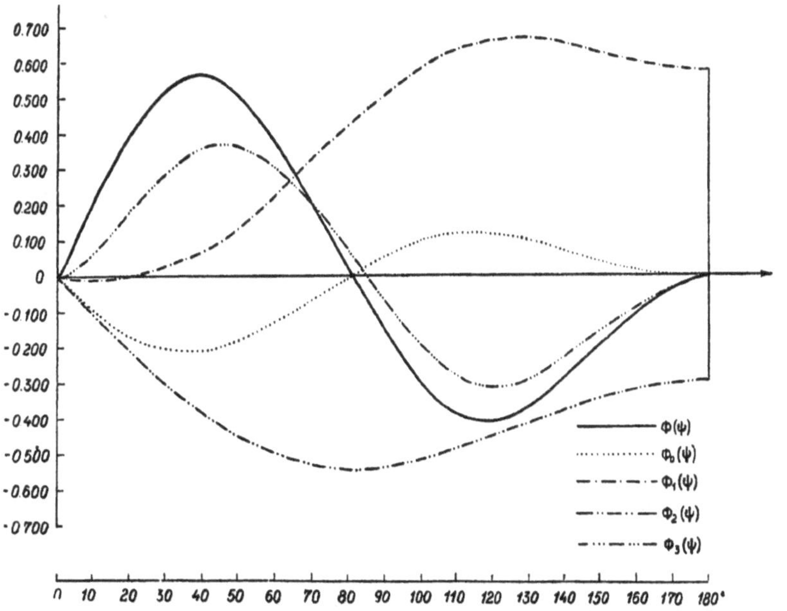

Fig. 5. Graphische Darstellung der Funktionen $\Phi(\psi)$, $\Phi_0(\psi)$, $\Phi_1(\psi)$, $\Phi_2(\psi)$, $\Phi_3(\psi)$.

erhalten haben. Schließlich erlangen wir auf Grund von (127) nach der Integration für die Funktion $\Phi_3(\psi)$ die Formel:

$$\Phi_3(\psi) = 2\sin^2\frac{\psi}{2} - 5\sin^3\frac{\psi}{2} + \frac{1}{8}\sin^2\psi + 3\sin\frac{\psi}{2} + 3\sin^2\frac{\psi}{2}\ln\left(\sin\frac{\psi}{2} + \sin^2\frac{\psi}{2}\right)$$
$$- \frac{5}{4}\sin^2\psi\ln\left(\sin\frac{\psi}{2} + \sin^2\frac{\psi}{2}\right) - 3\ln\left(1 + \sin\frac{\psi}{2}\right). \quad (166)$$

Auf Grund der Formel (166) sind eingehende Tafeln für die Funktionen $\Phi_3(\psi)$ aufgestellt. In derselben Tab. III werden die numerischen Werte dieser Funktion für jeden Grad des Arguments ψ angeführt. Die additive Konstante aller unbestimmten Integrale [Formeln (160)—(164)] ist in der Weise gewählt, daß für $\psi = 0$ auch $\Phi(\psi) = 0$, $\Phi_0(\psi) = 0$, $\Phi_1(\psi) = 0$, $\Phi_2(\psi) = 0$, $\Phi_3(\psi) = 0$ ist. Die graphischen Darstellungen der Funktionen $\Phi(\psi)$, $\Phi_0(\psi)$, $\Phi_1(\psi)$, $\Phi_2(\psi)$ und $\Phi_3(\psi)$ sind in Fig. 5 gegeben.

Die Tafeln I, II und III (S. 90—98) enthalten Zusammenstellungen aller Funktionen, die bei der Bestimmung der Abweichungen des Geoids bezüglich der ellipsoidischen Niveaufläche gebraucht werden. Die Grundfunktionen $F(\psi)$ und $\Phi(\psi)$ sind dort mit vier Dezimalstellen aufgeführt. Für diese Funktionen sind in den Tafeln die ersten Differenzen angegeben. Für alle übrigen Funktionen werden Differenzen nicht gegeben; die numerischen Werte der Funktionen werden nur mit drei Dezimalstellen angeführt, da diese Funktionen in verschiedene Integralausdrücke eingehen, die Größen von der Ordnung der Abplattung des Erdellipsoids als Faktor enthalten.

KAPITEL IV

§ 16. Das ellipsoidische Geoid mit drei ungleichen Achsen

Die vorstehend entwickelte Theorie des regularisierten Geoids wenden wir auf die Bestimmung der Undulationen des Geoids von der Form eines dreiachsigen Ellipsoids an. Als solches nehmen wir das im Zentralen Forschungsinstitut für Geodäsie, Luftbildaufnahme und Kartographie von A. A. Isotow erhaltene dreiachsige Ellipsoid an. Diese Wahl ist durch folgende Überlegungen bedingt. Wie bereits in der Einleitung erwähnt, haben die Untersuchungen der letzten Zeit, die sich auf den modernsten Aufgaben sowohl der Geodäsie und Gravimetrie als auch der Astronomie gründen, gezeigt, daß die Figur des Geoids am nächsten dem dreiachsigen Ellipsoid gleichkommt. Dieses dreiachsige Ellipsoid wird auf Grund der im Zentralen Forschungsinstitut für Geodäsie, Luftbildaufnahme und Kartographie (russ. Abkürzung: ЦНИИГАиК) durchgeführten Forschungen durch die folgenden Größen festgelegt [18, 20]:

Mittlerer Radius des Äquators	6378245 m
Mittlere Abplattung der Meridiane	1:298,3
Abplattung des Äquators	1:30000
Richtung der größten Achse nach	15° E

Somit können wir für die Figur des Geoids das angegebene dreiachsige Ellipsoid des ЦНИИГАиК annehmen. Als Referenzfigur nehmen wir das Ellipsoid von Krassowski [25] an, das durch die Größen festgelegt wird:

Große Halbachse	6378245 m
Abplattung	1:298,3

Das Krassowskische Ellipsoid ist für alle geodätischen Arbeiten der UdSSR als Fundamentalfläche angenommen. Jetzt müssen wir die Gesetze für die Schwerkraftsverteilung an den eben genannten Flächen angeben, damit eine Bestimmung der anomalen Verteilung der Schwerkraft auf der ellipsoidischen Referenzfigur (Krassowskisches Ellipsoid) möglich wird. Die auf diese Weise erhaltenen Anomalien gestatten dann die Bestimmung der Undulationen des ellipsoidischen Geoids (dreiachsiges Ellipsoid des ЦНИИГАиК). Daraufhin führt uns der Vergleich der geometrisch und gravimetrisch berechneten Abweichungen zur Bestimmung des Fehlers der neuen Formeln im Vergleich zur klassischen Formel von Stokes.

§ 17. Die normale Schwerkraftverteilung auf dem ellipsoidischen Geoid mit drei ungleichen Achsen und auf dem Ellipsoid von F. N. Krassowski

Zum Zweck der Ermittlung der normalen Schwerkraft auf dem ellipsoidischen Geoid mit drei ungleichen Achsen wenden wir uns der vom Verfasser entwickelten Theorie des dreiachsigen Niveauellipsoids [11] zu. Die Verteilung der Schwerkraft auf dem angegebenen Geoid läßt sich auf Grund folgender Formeln finden [11][1]):

---

[1]) Alle Größen, die sich auf das dreiachsige Ellipsoid beziehen, wollen wir im folgenden mit dem Index t kennzeichnen. Für das Rotationsellipsoid sollen die entsprechenden Größen nach wie vor durch keinerlei Index bezeichnet bleiben. An dieser Stelle wäre darauf hinzuweisen, daß wir im Buch [11] sowie in der Abhandlung [16]

$$\gamma_t = \gamma_m \{1 + A_t \sin^2 \varphi + B_t \cos^2 \varphi \cos 2\lambda - C_t \sin^2 2\varphi - \sin^2 \varphi \, [D_t \cos^2 \varphi \cos 2\lambda + F_t \sin^2 2\varphi]\}; \quad (167)$$

$$\gamma_e = \gamma_a (1 - G_t \sin^2 \lambda),$$

wo

$$A_t = \beta_t + \frac{1}{2}\beta_t' + \frac{1}{2}\beta_t\beta_t';$$

$$B_t = \frac{1}{2}\beta_t';$$

$$C_t = \frac{1}{8}\alpha_t^2 + \frac{1}{4}\alpha_t\beta_t + \frac{1}{8}\alpha_t\beta_t' - \frac{1}{8}\alpha_t'\beta_t - \frac{1}{8}\alpha_t\alpha_t';$$

$$D_t = \frac{1}{2}\alpha_t\alpha_t' + \frac{1}{2}\alpha_t'\beta_t - \frac{1}{2}\alpha_t\beta_t';$$

$$F_t = \frac{1}{4}\alpha_t^3 + \frac{3}{8}\alpha_t^2\beta_t;$$

$$G_t = \beta_t'.$$

Für das dreiachsige Ellipsoid gilt, wie vom Verfasser festgestellt worden ist, der verallgemeinerte Satz von CLAIRAUT ([11], s. a. [14])

$$\alpha_t + \beta_t = \frac{5}{2} q_t \left(1 - \frac{17}{35}\alpha_t - \frac{1}{245}\alpha_t^2\right) + \frac{5}{7} q_t \alpha_t'; \quad (168)$$

$$\alpha_t' - \beta_t' = \frac{19}{7} q_t \alpha_t'. \quad (169)$$

Die letzte Gleichung wird so formuliert: „Die Abplattung des Äquators minus relativer Überschuß der Schwerkraft am Ende der großen Halbachse der Äquatorellipse im Vergleich zur Schwerkraft am Ende der kleinen Halbachse derselben Ellipse ist gleich 19/7 des Verhältnisses der Zentrifugalkraft zur Schwerkraft am Ende der großen Halbachse multipliziert mit der Äquatorabplattung." Unter Berücksichtigung von (168) und (169) können die Koeffizienten der Formel (167) folgendermaßen ausgedrückt werden:

$$A_t = \frac{5}{2} q_t - \alpha_t - \frac{17}{14} q_t \alpha_t - \frac{1}{98} q_t \alpha_t^2 + \frac{1}{2}\alpha_t' + \frac{17}{28} q_t \alpha_t' - \frac{1}{2}\alpha_t\alpha_t';$$

$$B_t = \frac{1}{2}\alpha_t' - \frac{19}{14} q_t \alpha_t';$$

$$C_t = \frac{5}{8} q_t \alpha_t - \frac{1}{8}\alpha_t^2 - \frac{17}{56} q_t \alpha_t^2 - \frac{5}{16} q_t \alpha_t' + \frac{1}{8}\alpha_t\alpha_t';$$

$$D_t = \frac{5}{4} q_t \alpha_t' - \frac{1}{2}\alpha_t\alpha_t';$$

$$F_t = \frac{15}{16} q_t \alpha_t^2 - \frac{1}{8}\alpha_t^3;$$

$$G_t = \alpha_t' - \frac{19}{7} q_t \alpha_t'.$$

In den Formeln (167)—(169) sind die Bezeichnungen angenommen: γ_t der Normalwert der Schwerkraft auf dem dreiachsigen Niveauellipsoid; γ_m die halbe Summe der Werte der Schwerkraft an den Enden der großen und der kleinen Halbachse der Äquatorellipse, d. h. $\gamma_m = \frac{\gamma_a + \gamma_b}{2}$;

---

etwas andere Bezeichnungen angewandt haben, u. zw.: die sich auf das dreiachsige Ellipsoid beziehenden Größen waren mit keinerlei Index versehen, während die des Rotationsellipsoids den Index m führten.

Die Halbachsen des dreiachsigen Ellipsoids sollen hier wie folgt bezeichnet sein: a_t die große Halbachse der äquatorealen Ellipse; b_t die kleine Halbachse derselben; c_t die polare Halbachse.

γ_e die Schwerkraft am Äquator; q_t das Verhältnis der Zentrifugalkraft zur Schwerkraft am Ende der großen Halbachse des Äquators, d. h. $q_t = \frac{\omega^2 a_t}{\gamma_a}$; α_t die maximale Abplattung des Meridians oder die Abplattung der Meridianellipse, deren große Achse die des Äquators ist, d. h. $\alpha_t = \frac{a_t - c_t}{a_t}$; α_t' die Abplattung des Äquators, d. h. $\alpha_t' = \frac{a_t - b_t}{a_t}$; β_t der relative Überschuß der Schwerkraft am Pol im Vergleich zur Schwerkraft am Ende der großen Halbachse des Äquators, d. h. $\beta_t = \frac{\gamma_c - \gamma_a}{\gamma_a}$; β_t' der relative Überschuß der Schwerkraft am Ende der großen Halbachse der Äquatorellipse im Vergleich zur Schwerkraft am Ende der kleinen Halbachse derselben Ellipse, d. h. $\beta_t' = \frac{\gamma_a - \gamma_b}{\gamma_a}$; λ die geographische Länge, die von dem Meridian der großen Halbachse des Äquators gezählt wird; λ_{Gr} die Länge von Greenwich; φ die geographische Breite des Ortes.

Bezeichnet man die Halbsumme der Äquatorhalbachsen mit a und die mittlere Abplattung mit α, so lassen sich die Halbachsen des dreiachsigen Ellipsoids nach den Formeln

$$a = \frac{a_t + b_t}{2} = 6\,378\,245 \text{ m};$$

$$\alpha_t' = \frac{a_t - b_t}{a_t} = \frac{1}{30000};$$

$$b = a\,(1 - \alpha) = c_t$$

berechnen. Hieraus findet man

$$a_t = \frac{a}{1 - \frac{\alpha_t'}{2}} = 6\,378\,351{,}30;$$

$$b_t = a_t\,(1 - \alpha_t') = 6\,378\,138{,}70;$$

$$c_t = a\,(1 - \alpha) = 6\,356\,863{,}02$$

$$\alpha_t = \frac{a_t - c_t}{a_t} = 0{,}003\,368\,940;$$

$$\alpha_t' = \frac{a_t - b_t}{a_t} = 0{,}000\,033\,333.$$

Auf Grund der von SILVA durchgeführten Untersuchungen nehmen wir an [68, 69]:

$$\gamma_m = \frac{\gamma_a + \gamma_b}{2} = 978{,}049 \text{ gal}.$$

Sodann berechnen wir

$$q = \frac{\omega^2 a}{\gamma} = 0{,}003\,467\,749;$$

$$\beta_t' = \alpha_t' - \frac{19}{7} q \alpha_t' = 0{,}000\,033\,02;$$

$$\gamma_a = \gamma_m \left(1 + \frac{\beta_t'}{2}\right) = 978{,}0651.$$

Mit diesem Wert von γ_a berechnen wir definitiv die Größe $q_t = \frac{\omega^2 a_t}{\gamma_a}$:

$$q_t = 0{,}003\,467\,750.$$

Schließlich finden wir die Koeffizienten der Schwerkraftsverteilung auf dem dreiachsigen Ellipsoid nach den beiden Formelsystemen.

Nach dem ersten System:

$\frac{5}{2} q_t$	$+\,0{,}008\,669\,375$	α_t'	$+\,0{,}000\,033\,333$
$-\;\alpha_t$	$-\,0{,}003\,368\,940$	$-\frac{19}{7} q_t \alpha_t'$	$-\,0{,}000\,000\,314$
$-\frac{17}{14} q_t \alpha_t$	$-\,0{,}000\,014\,186$	β_t'	$+\,0{,}000\,033\,019$
$-\frac{1}{98} q_t \alpha_t^2$	0		
$+\frac{5}{7} q_t \alpha_t'$	$+\,0{,}000\,000\,083$		
β_t	$+\,0{,}005\,286\,332$		

β_t	$+\,0{,}005\,286\,332$	$B_t = \frac{1}{2} \beta_t' =$	$0{,}000\,016\,510$
$\frac{1}{2} \beta_t'$	$+\,0{,}000\,016\,510$		
$\frac{1}{2} \beta_t \beta_t'$	$+\,0{,}000\,000\,087$	$\frac{1}{2} \alpha_t \alpha_t'$	$+\,0{,}000\,000\,056$
A_t	$+\,0{,}005\,302\,929$	$\frac{1}{2} \alpha_t' \beta_t$	$+\,0{,}000\,000\,088$
		$-\frac{1}{2} \alpha_t \beta_t'$	$-\,0{,}000\,000\,056$
		D_t	$0{,}000\,000\,088$

$\frac{1}{8} \alpha_t^2$	$+\,0{,}000\,001\,419$		
$\frac{1}{4} \alpha_t \beta_t$	$+\,0{,}000\,004\,452$		
$\frac{1}{8} \alpha_t \beta_t'$	$+\,0{,}000\,000\,014$		
$-\frac{1}{8} \alpha_t' \beta_t$	$-\,0{,}000\,000\,022$	$\frac{3}{8} \alpha_t^2 \beta_t$	$+\,0{,}000\,000\,022$
$\frac{1}{8} \alpha_t \alpha_t'$	$-\,0{,}000\,000\,014$	$\frac{1}{4} \alpha_t^3$	$+\,0{,}000\,000\,010$
C_t	$+\,0{,}000\,005\,849$	F_t	$+\,0{,}000\,000\,032$

Nach dem zweiten System:

$\frac{5}{2} q_t$	$+\,0{,}008\,669\,375$	$\frac{1}{2} \alpha_t'$	$+\,0{,}000\,016\,667$
$-\;\alpha_t$	$-\,0{,}003\,368\,940$	$-\frac{19}{14} q_t \alpha_t'$	$-\,0{,}000\,000\,157$
$-\frac{17}{14} q_t \alpha_t$	$-\,0{,}000\,014\,186$	B_t	$+\,0{,}000\,016\,510$
$-\frac{1}{98} q_t \alpha_t^2$	0		
$+\frac{1}{2} \alpha_t'$	$+\,0{,}000\,016\,667$		
$+\frac{17}{28} q_t \alpha_t'$	$+\,0{,}000\,000\,070$	$\frac{5}{4} q_t \alpha_t$	$+\,0{,}000\,000\,144$
$-\frac{1}{2} \alpha_t \alpha_t'$	$-\,0{,}000\,000\,056$	$-\frac{1}{2} \alpha_t \alpha_t'$	$-\,0{,}000\,000\,056$
A_t	$+\,0{,}005\,302\,930$	D_t	$+\,0{,}000\,000\,088$

$\frac{5}{8}\, q_t \alpha_t$	$+\,0{,}000\,007\,302$		
$-\frac{1}{8}\, \alpha_t^2$	$-\,0{,}000\,001\,419$	$\frac{15}{16}\, q_t \alpha_t^2$	$+\,0{,}000\,000\,037$
$-\frac{17}{56}\, q_t \alpha_t^2$	$-\,0{,}000\,000\,012$	$-\frac{1}{8}\, \alpha_t^3$	$-\,0{,}000\,000\,005$
$-\frac{5}{16}\, q_t \alpha_t'$	$-\,0{,}000\,000\,036$	F_t	$+\,0{,}000\,000\,032$
$+\frac{1}{8}\, \alpha_t \alpha_t'$	$+\,0{,}000\,000\,014$		
C_t	$+\,0{,}000\,005\,849$		

Die Übereinstimmung der Resultate nach beiden Systemen ist vollkommen. Indem wir die neunte Dezimalstelle fallen lassen, erhalten wir die folgenden Werte der Koeffizienten:

$$\begin{aligned} A_t &= +\,0{,}005\,302\,93; \\ B_t &= +\,0{,}000\,016\,51; \\ C_t &= +\,0{,}000\,005\,85; \\ D_t &= +\,0{,}000\,000\,09; \\ F_t &= +\,0{,}000\,000\,03. \end{aligned}$$

Somit gelangen wir zur folgenden (bis zur dritten Ordnung genauen) Formel für die Schwerkraftsverteilung auf dem ellipsoidischen Geoid mit drei ungleichen Achsen, dessen Elemente durch die Daten des ЦНИИГАиК festgelegt sind:

$$\begin{aligned} \gamma_t = \gamma_m \{1 &+ 0{,}005\,302\,93 \sin^2\varphi + 0{,}000\,016\,51 \cos^2\varphi \cos 2\,(\lambda_{\mathrm{Gr}} - 15^\circ) \\ &- 0{,}000\,005\,85 \sin^2 2\varphi - \sin^2\varphi\,[0{,}000\,000\,09 \cos^2\varphi \cos 2\,(\lambda_{\mathrm{Gr}} - 15^\circ) \\ &+ 0{,}000\,000\,03 \sin^2 2\varphi]\}. \end{aligned} \qquad (170)$$

Unter Berücksichtigung lediglich der Glieder zweiter Ordnung erhalten wir[1])

$$\begin{aligned} \gamma_t = \gamma_m \{1 &+ 0{,}005\,3029 \sin^2\varphi + 0{,}000\,0165 \cos^2\varphi \cos 2\,(\lambda_{\mathrm{Gr}} - 15^\circ) \\ &- 0{,}000\,0059 \sin^2 2\varphi\} \qquad (\gamma_m = 978{,}049). \end{aligned} \qquad (171)$$

Eingehende Tafeln für die Werte der Schwerkraft auf dem dreiachsigen Ellipsoid des ЦНИИГАиК sind in Tab. IV (S. 99) enthalten. Diese Tafel enthält Werte der Schwerkraft für jeden Breitengrad und jede Längenstunde.

Wir wollen noch die mittlere Dichte und die Masse der Erde berechnen. Das läßt sich nach den Formeln [11]

$$f M = \gamma_a a_t^2 \left[1 + \frac{3}{2} q_t - \alpha_t - \frac{15}{14} q_t \alpha_t - \frac{1}{294} q_t \alpha_t^2 + \alpha_t \alpha_t' - \alpha_t' - \frac{5}{14} q_t \alpha_t'\right];$$

$$f \delta = \frac{3\,\gamma_a}{4\,\pi a_t} \left[1 + \frac{3}{2} q_t + \frac{3}{7} q_t \alpha_t + \frac{125}{294} q_t \alpha_t^2 + \frac{8}{7} q_t \alpha_t'\right]. \qquad (172)$$

bewerkstelligen. Hier ist f die Gravitationskonstante; M die Masse der Erde; δ ihre mittlere Dichte; die Größen q_t, α_t, α_t' haben die früheren Werte. Dann erhalten wir nach den Formeln (172) (für $\gamma_m = 978{,}049$) $f M = 3{,}986209 \cdot 10^{20}$; $f\delta = 3{,}679818 \cdot 10^{-7}$. Wenn wir nach Heyl $f = 6{,}670 \cdot 10^{-8}$ CGS annehmen, erhalten wir $M = 5{,}976 \cdot 10^{27}$; $\delta = 5{,}517$ (eine größere Stellenzahl für M und δ zu erstreben hat keinen Sinn, da uns die Gravitationskonstante f mit der Genauigkeit des Produktes $f M$ und $f\delta$ nicht bekannt ist). Der Mittelwert der Schwerkraft kann nach der Formel [11, S. 68]

$$4\,\pi f \delta - 2\,\omega^2 = \bar{\gamma} \frac{S}{V} \qquad (173)$$

[1]) Hier ist zum Unterschied von der in meiner Veröffentlichung [13, Formel (3), S. 191] und meinem Buch [11, S. 108] angeführten Formel der Koeffizient bei $\sin^2 2\varphi$ nicht mit 0,0000058, sondern mit 0,0000059 angenommen, da man aus praktischen Überlegungen zweckmäßiger denselben numerischen Wert dieses Koeffizienten, wie für das Krassowskische Ellipsoid, gebrauchen wird (vgl. [13, Formel (1), S. 187] sowie [4, S. 24]).

Der genaue Wert dieses Koeffizienten ist [vgl. Formel (170)] 0,00000585, so daß dem Wesen nach sowohl der eine als auch der andere Wert angenommen werden darf. Eine Formel für die normale Schwerkraftsverteilung auf dem Krassowskischen Ellipsoid wird sogleich angegeben werden [s. S. 52, Formel (174)].

bestimmt werden; hier ist $\bar{\gamma}$ der Mittelwert der Schwerkraft; S die Oberfläche des dreiachsigen Ellipsoids, V sein Volumen. Die Berechnungen ergeben $\bar{\gamma} = 979{,}781$. Um die Verteilung der Schwerkraft auf dem KRASSOWSKIschen Ellipsoid zu erhalten genügt es, in den Formeln (167)—(169) $\alpha_t' = \beta_t' = 0$ zu setzen, da dieses ein Rotationsellipsoid ist ($a_t = b_t = a$). Man kann sich auch auf die von SOMIGLIANA [71] und CASSINIS [53, 54] entwickelte Theorie stützen. Analoge Rechnungen führen uns zu einer Formel für den Normalwert der Schwerkraft auf dem KRASSOWSKIschen Ellipsoid [13][1]):

$$\gamma = 978{,}049 \{1 + 0{,}0053029 \sin^2 \varphi - 0{,}0000059 \sin^2 2\varphi\}. \tag{174}$$

Die Berechnung von fM, $f\delta$ und $\bar{\gamma}$ führt genau zu den soeben angeführten Resultaten. Es sei darauf verwiesen, daß die Formel von HELMERT vom Jahre 1901 fast dieselbe Form hat [65, S. 237]:

$$\gamma = 978{,}046\,(1 + 0{,}005302 \sin^2 \varphi - 0{,}000007 \sin^2 2\varphi).$$

Aus der angegebenen Formel ergibt sich, daß die Erdabplattung 1/298,3 ist, wir also denselben numerischen Wert der Abplattung erhalten wie für das KRASSOWSKIsche Ellipsoid. Eben dadurch erklärt sich die so nahe Übereinstimmung zwischen der Formel (174) und der von HELMERT vom Jahre 1901. Praktisch darf die Annahme gelten, daß die HELMERTsche Formel mit der Formel (174) übereinstimmt. In der Formel von HELMERT ist die äquatoreale Konstante im Wiener System angegeben worden. Im Potsdamer System ist diese Konstante $\gamma_m = 978{,}030$.

Dieser Wert der äquatorealen Konstante wurde 1908 angenommen und demnach nimmt die HELMERTsche Formel von 1901—1908 die Gestalt an:

$$\gamma = 978{,}030\,(1 + 0{,}005302 \sin^2 \varphi - 0{,}000007 \sin^2 2\varphi).$$

Hinsichtlich der äquatorealen Konstanten wäre zu sagen, daß ihr internationaler Wert gegenwärtig einer Kritik unterzogen worden ist. Aus der von I. A. KASANSKI [22] durchgeführten Analyse wird die Korrektion zum Potsdamer System durch die Zahl $-0{,}0115_5$ gal ausgedrückt. Das führt zu einer Verminderung des absoluten Wertes der äquatorealen Konstante um 12 milligal, d. h. anstelle des internationalen Wertes 978,049 gelangen wir zu dem Wert $\gamma_m = 978{,}037$. Die Annahme eines etwa gleichen Wertes wird auch von CLEMENCE [55] empfohlen, und zwar 978,034[2]) (er empfiehlt, die äquatoreale Konstante um 15 milligal zu vermindern).

Für γ_m haben wir in Formel (174) den internationalen Wert 978,049 eingesetzt[3]). Geht man vom Mittelwert für die Schwerkraft auf der Erdoberfläche $\bar{\gamma}$ aus und setzt dafür 979,7701 [35, S. 48],

[1]) Auf Grund einer Diskussion des Beobachtungsmaterials gelangt A. A. ISOTOW zu den Formeln [20, S. 169 u. 173]:

$$\gamma = 978{,}045\,(1 + 0{,}0053026 \sin^2 \varphi - 0{,}0000059 \sin^2 2\varphi);$$

$$\gamma = 978{,}045\,\{1 + 0{,}0053033 \sin^2 \varphi - 0{,}0000059 \sin^2 2\varphi + 0{,}0000167 \cos^2 \varphi \cos 2\,(\lambda_{\mathrm{Gr}} - 15^\circ)\}.$$

Diese Formeln weisen unbedeutende Abweichungen (in den letzten Dezimalstellen der Koeffizienten) im Vergleich zu den theoretisch [vgl. Formeln (171) und (174)] erhaltenen auf. Der Wert der äquatorealen Konstante unterscheidet sich ebenfalls geringfügig von dem von uns angenommenen Wert 978,049.

Die Untersuchungen von N. F. SHURAWLJOW [9] führen ebenfalls zu Formeln, die den theoretischen (174) sehr ähnlich sind.

$$\underset{\pm 4}{978{,}0484}\,(1 + \underset{\pm 9}{0{,}005303} \sin^2 \varphi - 0{,}000006 \sin^2 2\varphi);$$

$$\underset{\pm 4}{978{,}0488}\,(1 + \underset{\pm 10}{0{,}005299} \sin^2 \varphi - 0{,}000006 \sin^2 2\varphi).$$

Bei der Ableitung der ersten Formel gruppierte er einzelne Beobachtungen zu Breitenzonen von der Breite eines Grades. Für die Mitte jeder Zone, die mehrere Werte besitzt, wurde der Mittelwert der Schwerkraft berechnet. Bei der Ableitung der zweiten Formel wurden die Beobachtungen zu Trapezen von der Basis eines Längengrads und der Höhe eines Breitengrads gruppiert. Für die Zentren solcher Trapeze wurde der Mittelwert der Schwerkraft berechnet.

[2]) In der Veröffentlichung von CLEMENCE [55, S. 175] lesen wir infolge eines Druckfehlers die falsche Zahl 979,034.

[3]) Auf Grund der Untersuchungen von N. F. SHURAWLJOW, der etwa 11000 Beobachtungen ausgewertet hatte (was die Anzahl der von HELMERT [65] verwendeten Schwerewerte um mehr als das Fünffache übertrifft), ergibt sich praktisch derselbe Zahlenwert dieser Konstanten [9, S. 37].

so erhält man für den äquatorealen Wert der Schwerkraft auf dem KRASSOWSKIschen Ellipsoid folgende Größe[1]):

$$\gamma_m = \frac{\bar{\gamma}}{1 + \frac{1}{3}\beta - \frac{8}{15}\beta_1} = \frac{\bar{\gamma}}{1.0017642} = 978{,}045.$$

Hier haben wir mit β und β_1 die Koeffizienten der Formel (174) bezeichnet.

Wir belassen für die äquatoreale Konstante den früheren Wert 978,049. Zugunsten dieser Wahl der äquatorealen Konstante spricht auch die Bestimmung der Polkonstante der Schwerkraft. Denn nach Formel (174) erhalten wir für $\varphi = 90°$ den Wert 983,236. Dieser selbe Wert ergibt sich auf Grund der Beobachtungsdaten [7, S. 56]. In Tab. V (S. 101) geben wir die Werte der Schwerkraft auf dem KRASSOWSKIschen Ellipsoid [Formel (174)] für jeden Breitengrad. Da das KRASSOWSKIsche Ellipsoid jetzt für alle geodätischen Arbeiten der UdSSR als fundamental gilt, wäre es zweckdienlich, eine noch eingehendere Tafel der theoretischen (normalen) Werte der Schwerkraft auf dem KRASSOWSKIschen Ellipsoid zu liefern. Daher bringen wir in Tab. Va (S. 102) die Normalwerte der Schwerkraft auf dem KRASSOWSKIschen Ellipsoid für jede Breitenminute.

Der nach Formel (174) erhaltene Wert der Schwerkraft wird sich um die Konstante 0,019 gal von den aus der HELMERTschen Formel 1901—1908 errechneten Werten unterscheiden. Davon überzeugt man sich leicht durch einen Vergleich unserer Tafeln V und Va mit der im Buche von J. D. BOULANGER, A. A. MICHAILOW und N. N. PARISKI [4, S. 175 u. 176—178] angeführten Tafel. Praktisch darf man annehmen, daß in der letzten Tafel alle Werte um die Konstante 0,019 kleiner als die in unseren Tafeln V und Va angeführten Werte sind. Wir halten es für angebracht, auch Tafeln der Korrektionen zu bringen, die dem Normalwert der Schwerkraft auf dem internationalen Ellipsoid hinzuzufügen sind, um die Werte der Schwerkraft auf dem dreiachsigen Ellipsoid des Zentralen Forschungsinstituts für Geodäsie, Luftbildaufnahme und Kartographie und dem Ellipsoid von KRASSOWSKI zu erhalten [vgl. Tab. VI (S. 120) und Tab. VII (S. 122)].

§ 18. Ein Ausdruck für die Anomalie der Schwerkraft

Wir wollen jetzt einen allgemeinen Ausdruck für die Schwerkraftsanomalie des ellipsoidischen Geoids, von dem am Anfang dieses Kapitels die Rede war, gewinnen. Subtrahieren wir (174) von (171), so erhalten wir folgenden Ausdruck für die Schwerkraftsanomalie:

$$\Delta g = +\, 0{,}01614 \cos^2 \varphi \cos 2\,(\lambda_{\mathrm{Gr}} - 15°) \text{ gal}, \tag{175}$$

oder

$$\Delta g = +\, 16{,}14 \cos^2 \varphi' \cos 2\lambda' \text{ milligal}. \tag{176}$$

Durch Striche bezeichnen wir wie immer die Koordinaten des Laufpunkts. Wir transformieren diesen Ausdruck auf die in Kap. II angenommenen Variablen. Unter Berücksichtigung der Gleichung

$$\cos u = \sqrt{1 + i^2 \sin^2 u} \cos \varphi, \tag{177}$$

finden wir dann

$$\Delta g = +\, 16{,}14 \frac{\cos^2 u'}{1 + i^2 \sin^2 u'} \cos 2\,\lambda'. \tag{178}$$

Die Substitution von (176) durch (178) ist im Grunde eine Übertragung des Anomalienfeldes auf die Kugel in die Punkte mit den Koordinaten u' und λ', wovon bereits im § 14 eingehend die Rede war. Wenn wir das Dreieck MPM' (Fig. 2) betrachten, finden wir

$$\begin{aligned}\cos^2 u' \cos 2\,(\lambda' - \lambda) = {} & \cos^2 u \cos^2 \psi - 2 \sin u \cos u \sin \psi \cos \psi \cos A \\ & + \sin^2 \psi \sin^2 u \cos^2 A - \sin^2 \psi \sin^2 A\,;\end{aligned} \tag{179}$$

$$\cos^2 u' \sin 2\,(\lambda' - \lambda) = 2\,[\cos u \cos \psi \sin \psi \sin A - \sin u \sin^2 \psi \sin A \cos A]; \tag{180}$$

---

[1]) Die hingeschriebene Formel läßt sich sofort aus der Gleichung

$$\bar{\gamma} = \int_0^{\frac{\pi}{2}} \gamma_m \,(1 + \beta \sin^2 \varphi - \beta_1 \sin^2 2\,\varphi) \cos \varphi \, d\varphi$$

erhalten.

$$\cos^2 u' = \cos^2 u \cos^2 \psi - 2 \sin u \cos u \sin \psi \cos \psi \cos A$$
$$+ \sin^2 u \sin^2 \psi \cos^2 A + \sin^2 \psi \sin^2 A; \qquad (181)$$

$$\sin^2 u' = \sin^2 u \cos^2 \psi + 2 \sin u \cos u \sin \psi \cos \psi \cos A + \cos^2 u \sin^2 \psi \cos^2 A. \qquad (182)$$

Des weiteren kann die Gleichung (178) in folgender Gestalt wiedergegeben werden:

$$\Delta g = + \frac{16{,}14}{1 + i^2 \sin^2 u'} [\cos^2 u' \cos 2 (\lambda' - \lambda) \cos 2 \lambda - \cos^2 u' \sin 2 (\lambda' - \lambda) \sin 2 \lambda]. \qquad (183)$$

Hieraus erhalten wir schließlich unter Berücksichtigung der Gleichungen (179) und (180) folgenden Ausdruck für die Anomalie

$$\Delta g = + \frac{16{,}14}{1 + i^2 \sin^2 u'} [(\cos^2 u \cos^2 \psi - 2 \sin u \cos u \sin \psi \cos \psi \cos A$$
$$+ \sin^2 u \sin^2 \psi \cos^2 A - \sin^2 \psi \sin^2 A) \cos 2 \lambda]. \qquad (184)$$

Das zweite, $\sin 2\lambda$ enthaltende Glied auf der rechten Seite von (183) ziehen wir hier nicht in Betracht, da sein Einfluß nach Einsetzung des vollständigen Ausdrucks für Δg in die im Kap. III erhaltene Formel für $\zeta^{(0)}$ (121) und Integration über das Azimut verschwindet.

Um die Undulationen nach der klassischen Formel zu berechnen, betrachten wir das Dreieck PMM' (Fig. 6). Hier haben wir mit φ' die geographische Breite des Laufpunktes bezeichnet, wobei wir die Erde als kugelförmig voraussetzen. Dann ergibt sich für die Schwerkraftsanomalie

$$\Delta g = + 16{,}14 \cos^2 \varphi' \cos 2 \lambda'.$$

Die fundamentale Formelgruppe ergibt (vgl. Fig. 6)

$$\cos \varphi' \sin (\lambda' - \lambda) = \sin A \sin \psi;$$
$$\cos \varphi' \cos (\lambda' - \lambda) = \cos \varphi \cos \psi - \sin \varphi \sin \psi \cos A;$$
$$\sin \varphi' = \sin \varphi \cos \psi + \cos \varphi \sin \psi \cos A.$$

Fig. 6

Hieraus

$$\cos^2 \varphi' \cos 2 (\lambda' - \lambda) = \cos^2 \varphi \cos^2 \psi - 2 \cos \varphi \sin \varphi \sin \psi \cos \psi \cos A$$
$$+ \sin^2 \varphi \sin^2 \psi \cos^2 A - \sin^2 \psi \sin^2 A;$$

$$\cos^2 \varphi' \sin 2 (\lambda' - \lambda) = 2 [\cos \varphi \cos \psi \sin \psi \sin A - \sin \varphi \sin^2 \psi \sin A \cos A],$$

nun ist

$$\cos 2 \lambda' = \cos 2 (\lambda' - \lambda + \lambda) = \cos 2 (\lambda' - \lambda) \cos 2 \lambda - \sin 2 (\lambda' - \lambda) \sin 2 \lambda,$$

demnach

$$\Delta g = + 16{,}14 \cos 2 \lambda [\cos^2 \varphi \cos^2 \psi - 2 \cos \varphi \sin \varphi \sin \psi \cos \psi \cos A$$
$$+ \sin^2 \varphi \sin^2 \psi \cos^2 A - \sin^2 \psi \sin^2 A]. \qquad (185)$$

Der rechten Seite dieser Gleichung ist das Glied

$$+ 16{,}14 \sin 2\lambda [2 (\cos \varphi \cos \psi \sin \psi \sin A - \sin \varphi \sin^2 \psi \sin A \cos A)]$$

hinzuzufügen, was wir jedoch an dieser Stelle nicht tun, da sein Einfluß nach der Integration über das Azimut ebenfalls verschwindet.

§ 19. Berechnung der Undulationen des ellipsoidischen Geoids

Jetzt berechnen wir die Undulationen des von uns betrachteten ellipsoidischen Geoids in bezug auf das Krassowskische Ellipsoid. Im vorigen Paragraphen haben wir einen analytischen Ausdruck für das Feld der Schwerkraftsanomalien erhalten, den wir auf das Ellipsoid von Krassowski anwenden dürfen. Jetzt wollen wir die Abweichungen des ellipsoidischen Geoids ausgehend von der Gesamtheit der Arbeitsformeln des Kap. III zu ermitteln trachten. Ein weiterer Vergleich der erzielten Resultate mit denen, die sich aus der Stokesschen Formel ergeben, und außerdem ein Vergleich der auf gravimetrischem Wege erhaltenen Undulationen mit den wahren Abständen zwischen den vorgegebenen Flächen ergibt die Möglichkeit einer korrekten Abschätzung des

Fehlers, mit dem die Undulationen des Geoids bestimmt sein können. Wir setzen den im vorhergehenden Paragraphen erhaltenen Ausdruck für die Schwerkraftsanomalie in die Arbeitsformeln für die Berechnung der Undulationen des Geoids bezüglich des Ellipsoids, also in die Formeln (136), (153) und (159), ein. Berücksichtigen wir, daß vor der geschweiften Klammer in (136) als Faktor das Quadrat der zweiten Exzentrizität steht, so dürfen wir mit der angenommenen Genauigkeit innerhalb dieser Klammern einfach alle trigonometrischen Funktionen der reduzierten Breite durch die trigonometrischen Funktionen der geographischen Breite des Punktes ersetzen, für den wir die Abweichung des Geoids bezüglich des angenommenen Referenzellipsoids erhalten möchten. Für die Formel (136) darf also geschrieben werden:

$$\zeta^{(0)} = \zeta_0^{(0)} + i^2 \left\{ \frac{1}{2} \zeta_1^{(0)} \sin^2 \varphi + \frac{1}{4} \zeta_2^{(0)} \sin 2\varphi + \frac{1}{2} \zeta_3^{(0)} \cos^2 \varphi + \zeta_4^{(0)} - \zeta_5^{(0)} \cos^2 \varphi \right.$$
$$\left. + \frac{1}{2} \zeta_6^{(0)} \sin 2\varphi - \zeta_7^{(0)} \cos^2 \varphi \right\} + 2q\zeta_8^{(0)}. \qquad (186)$$

Die in (186) eingehenden Größen $\zeta_0^{(0)}$, $\zeta_1^{(0)}$, ..., $\zeta_8^{(0)}$ werden durch die Formeln (137)—(145) bestimmt.

Da nun die Größe $\zeta^{(1)}$ entsprechend Formel (159) die Erdabplattung α als Faktor hat, kann der Formel (153) für $\zeta^{(1)}$ die Gestalt erteilt werden:

$$\zeta^{(1)} = \zeta_0^{(1)} - \zeta_1^{(1)} \sin^2 \varphi - \frac{1}{2} \zeta_2^{(1)} \sin 2\varphi - \zeta_3^{(1)} \cos^2 \varphi. \qquad (187)$$

Hier sind die Größen $\zeta_0^{(1)}$, $\zeta_1^{(1)}$, $\zeta_2^{(1)}$ und $\zeta_3^{(1)}$ durch die Formeln (154)—(157) und (158) bestimmt. Sind die Größen $\zeta^{(0)}$ und $\zeta^{(1)}$gefunden, so wird die gesuchte Abweichung des Geoids ζ nach der Formel (159) berechnet, also

$$\zeta = \zeta^{(0)} + \alpha \zeta^{(1)}. \qquad (188)$$

Die in die Formeln (186)—(188) eingehenden Parameter α, i^2 und q haben für das KRASSOWSKIsche Ellipsoid die Beträge (vgl. [23] und [13]) $\alpha = 0{,}003\,352\,330$; $i^2 = 0{,}006\,738\,525$; $q = 0{,}003\,467\,749$.

In der Formel für die Anomalie (184) darf ohne jegliche Störung der Allgemeingültigkeit der Analyse $\lambda = 0$ gesetzt werden. Dann erhalten wir nach Einsetzen des Ausdrucks für die Anomalie in die Arbeitsformeln die längs der Meridianellipse verlaufenden Abweichungen des Geoids; die große Achse des ersteren stimmt mit der der Äquatorellipse des ellipsoidischen Geoids mit drei ungleichen Achsen überein. Für die anderen Meridiane erhalten die gefundenen Abweichungen den Faktor $\cos 2\lambda$. Im betrachteten ellipsoidischen Geoid ist λ die vom Meridian 15° gezählte östliche Länge von GREENWICH. Alle Berechnungen führen wir für zehn Punkte durch, die längs dieses Meridians in Abständen von je zehn Breitengraden angeordnet sind. Danach können, wie eben erklärt, durch einfache Multiplikation mit $\cos 2\lambda$ die Werte der Abweichungen auch für jeden beliebigen anderen Meridian erhalten werden. Demnach werden wir in die Arbeitsformeln folgenden Ausdruck für die Schwerkraftsanomalien einsetzen:

$$\Delta g = 16{,}14\,(\cos^2 u \cos^2 \psi - 2 \sin u \cos u \sin \psi \cos \psi \cos A$$
$$+ \sin^2 u \sin^2 \psi \cos^2 A - \sin^2 \psi \sin^2 A)\,(1 - i^2 \sin^2 u'), \qquad (189)$$

wo $\sin^2 u'$ durch Formel (182) bestimmt wird. In dieser Form ist die Anomalie Δg nur in die Formel (137) einzusetzen. Bei der Einsetzung der Anomalien in alle übrigen Formeln (138)—(145) dürfen wir uns auf einen vereinfachten Ausdruck beschränken, nämlich

$$\Delta g = 16{,}14\,(\cos^2 u \cos^2 \psi - 2 \sin u \cos u \sin \psi \cos \psi \cos A$$
$$+ \sin^2 u \sin^2 \psi \cos^2 A - \sin^2 \psi \sin^2 A). \qquad (190)$$

Hier haben wir alle Größen vernachlässigt, die i^2 als Faktor haben. Das ist zulässig, da die Formeln (138)—(145) zur Berechnung von Größen dienen, die in den Schlußformeln ebenfalls den Faktor i^2 haben. Wir vernachlässigen also letzten Endes bei unserer Rechnung die Größen von der Ordnung i^4, die wir bei unserer Untersuchung nirgends in Betracht gezogen haben.

Nunmehr führen wir die erforderlichen symbolischen und numerischen Rechnungen durch. Die Rechenresultate sind in Tab. 1—3 (S. 62, 63, 64, 65 und 67) enthalten.

Die Berechnung von $\zeta_0^{(0)}$ [Formel (137)]

Unter Beachtung der Formel (182) bekommen wir nach Einsetzen des Ausdrucks (189) in Formel (137)

$$\zeta_0^{(0)} = 16{,}14\, K \int_0^{\pi}\int_0^{2\pi} (\cos^2 u \cos^2 \psi - 2 \sin u \cos u \sin \psi \cos \psi \cos A$$

$$+ \sin^2 u \sin^2 \psi \cos^2 A - \sin^2 \psi \sin^2 A)\, F(\psi)\, d\psi\, dA$$

$$- 16{,}14\, K \int_0^{\pi}\int_0^{2\pi} i^2 (\sin^2 u \cos^2 \psi + 2 \sin u \cos u \sin \psi \cos \psi \cos A$$

$$+ \cos^2 u \sin^2 \psi \cos^2 A)\, \Delta g\, F(\psi)\, d\psi\, dA.$$

In dieser Formel läßt sich die Anomalie Δg im letzten Glied nach der einfacheren Formel (190) erhalten. Jetzt integrieren wir den ersten Integralausdruck über das Azimut und stellen den zweiten Integralausdruck einfach in einer kürzeren Form dar, wobei wir die Formeln (138)—(140) verwenden. Dann ist

$$\zeta_0^{(0)} = 16{,}14\, K \left\{ 2\pi \cos^2 u \int_0^{\pi} \cos^2 \psi\, F(\psi)\, d\psi + \pi \sin^2 u \int_0^{\pi} \sin^2 \psi\, F(\psi)\, d\psi \right.$$

$$\left. - \pi \int_0^{\pi} \sin^2 \psi\, F(\psi)\, d\psi \right\} - i^2 \left(\zeta_1^{(0)} \sin^2 u + \frac{1}{2} \zeta_2^{(0)} \sin 2u + \zeta_3^{(0)} \cos^2 u \right). \tag{191}$$

Der Kürze wegen bezeichnen wir

$$\mathrm{I} = \int_0^{\pi} \cos^2 \psi\, F(\psi)\, d\psi;$$

$$\mathrm{II} = \int_0^{\pi} \sin^2 \psi\, F(\psi)\, d\psi.$$

Dann ist (191) in der Form darstellbar:

$$\zeta_0^{(0)} = 16{,}14 K\, (2\mathrm{I} - \mathrm{II})\, \pi \cos^2 u - i^2 \left\{ \zeta_1^{(0)} \sin^2 u + \frac{1}{2} \zeta_2^{(0)} \sin 2u + \zeta_3^{(0)} \cos^2 u \right\}. \tag{192}$$

Wir ersetzen hier die trigonometrischen Funktionen der reduzierten Breite durch die Funktionen der geographischen Breite. Nach Formel (177) ist

$$\cos^2 u = C^2(\varphi) \cos^2 \varphi,$$

$$C^2(\varphi) = \frac{1}{1 - e^2 \sin^2 \varphi} = 1 + i^2 \sin^2 u$$

(e und i ist die erste und die zweite Exzentrizität des Ellipsoids).

Die numerischen Werte der Größen $C^2(\varphi)$ für das Krassowskische Ellipsoid sind in Tab. VIII (S. 124) für jeden Breitengrad angegeben. Ebenda sind auch die numerischen Werte der Größe K angeführt.

Sodann können die numerischen Werte der in (192) eingehenden bestimmten Integrale I und II leicht berechnet werden:

$$\mathrm{I} = \frac{2}{3}; \quad \mathrm{II} = -\frac{2}{3}, \quad 2\mathrm{I} - \mathrm{II} = 2.$$

Formel (192) nimmt jetzt die Form an:

$$\zeta_0^{(0)} = \zeta^* - i^2 \zeta^{**}. \tag{193}$$

Hier haben wir der Kürze wegen die Bezeichnungen angenommen

$$\zeta^* = 16{,}14\, K C^2(\varphi)\, 2\pi \cos^2 \varphi$$

und

$$\zeta^{**} = \zeta_1^{(0)} \sin^2 \varphi + \frac{1}{2} \zeta_2^{(0)} \sin 2\varphi + \zeta_3^{(0)} \cos^2 \varphi.$$

Die numerischen Werte von ζ^* lassen sich jetzt für jeden Wert der geographischen Breite angeben. Sie sind in der ersten Zeile der Tab. 1 (S. 62) für jeden zehnten Breitengrad enthalten. In Tab. 1, wie auch in Tab. 2 und 3, sind alle Größen in Metern angegeben.

Was nun das zweite, in (193) eingehende Glied anbelangt, so ist seine Berechnung ausführbar, sobald die Größen $\zeta_1^{(0)}$, $\zeta_2^{(0)}$ und $\zeta_3^{(0)}$ vorliegen, die ebenfalls in die Fundamentalformel (186) eingehen. Zur Berechnung sowohl dieser, als auch der nur in die Fundamentalformel eingehenden Größen $\zeta_4^{(0)}$, $\zeta_5^{(0)}$, $\zeta_6^{(0)}$, $\zeta_7^{(0)}$ und $\zeta_8^{(0)}$ wollen wir nunmehr übergehen. An dieser Stelle sei bemerkt, daß die numerischen Werte der Größe $i^2\,\zeta^{**}$ und der gesuchten Größe $\zeta_0^{(0)}$ in der 2. und 3. Zeile der Tab. 1 gegeben sind. Für alle weiteren Rechnungen bedarf es einer Kenntnis der numerischen Werte einiger bestimmter Integrale vom Typus I und II. Wir führen alle die Integrale an, die bei der Berechnung der von den Formeln (137)—(145) bestimmten Größen vorkommen können:

$$\left.\begin{aligned}
&\mathrm{I} = \int_0^\pi \cos^2\psi\, F(\psi)\, d\psi = \frac{2}{3} = 0{,}6667; && \mathrm{I}_1 = \int_0^\pi \cos^2\psi\, F_1(\psi)\, d\psi = +\,0{,}0957;\\
&\mathrm{II} = \int_0^\pi \sin^2\psi\, F(\psi)\, d\psi = -\frac{2}{3} = -\,0{,}6667; && \mathrm{II}_1 = \int_0^\pi \sin^2\psi\, F_1(\psi)\, d\psi = +\,0{,}4973;\\
&\mathrm{III} = \int_0^\pi \cos^4\psi\, F(\psi)\, d\psi = \frac{68}{105} = 0{,}6476; && \mathrm{I}_2 = \int_0^\pi \sin^2\psi \cos\psi\, F_2(\psi)\, d\psi = -\,0{,}1657;\\
&\mathrm{IV} = \int_0^\pi \sin^2\psi \cos^2\psi\, F(\psi)\, d\psi = \frac{2}{105} = 0{,}0190; && \mathrm{II}_2 = \int_0^\pi \cos^3\psi\, F_2(\psi)\, d\psi = -\,0{,}4269;\\
&\mathrm{V} = \int_0^\pi \sin^4\psi\, F(\psi)\, d\psi = -\frac{72}{105} = -\,0{,}6857; && \mathrm{I}_3 = \int_0^\pi \cos^2\psi\, F_3(\psi)\, d\psi = \frac{7}{15} = 0{,}4667;\\
&\mathrm{I}_0 = \int_0^\pi \cos^2\psi\, F_0(\psi)\, d\psi = -\,0{,}2334; && \mathrm{II}_3 = \int_0^\pi \sin^2\psi\, F_3(\psi)\, d\psi = -\frac{7}{15} = -\,0{,}4667.\\
&\mathrm{II}_0 = \int_0^\pi \sin^2\psi\, F_0(\psi)\, d\psi = +\,0{,}2305;
\end{aligned}\right\} \tag{194}$$

Die Größen I_0, II_0, I_1, II_1, I_2, II_2 haben wir auf numerischem Wege nach der Simpsonschen Formel erhalten; wir haben eingehende Tafeln für die Funktionen $F_0(\psi)$, $F_1(\psi)$ und $F_2(\psi)$ benutzt (vgl. S. 91, Tab. II). Die übrigen Integrale haben wir unter Verwendung analytischer Ausdrücke der Funktionen $F(\psi)$ und $F_3(\psi)$ berechnet [Formeln (123) und (127)].

Die Berechnung von $\zeta_1^{(0)}$ [Formel (138)]

Wir setzen den Ausdruck (190) in Formel (138) ein und erhalten

$$\zeta_1^{(0)} = 16{,}14\, K \int_0^\pi \int_0^{2\pi} (\cos^2\varphi \cos^2\psi - 2 \sin\varphi \cos\varphi \sin\psi \cos\psi \cos A$$
$$+ \sin^2\varphi \sin^2\psi \cos^2 A - \sin^2\psi \sin^2 A)\, F(\psi) \cos^2\psi\, d\psi\, dA.$$

Im Ausdruck für die Anomalie (190) haben wir die trigonometrischen Funktionen der reduzierten Breite einfach durch die Funktionen der geographischen Breite ersetzt. Das ist zulässig, da die Größe $\zeta_1^{(0)}$ als Faktor i^2 in der Fundamentalformel (186) hat. Dieselbe Bemerkung bezieht sich natürlich auch auf alle nachfolgenden Größen, die in die Fundamentalformel (186) eingehen.

Nach der Integration über das Azimut erhalten wir für $\zeta_1^{(0)}$ den Ausdruck

$$\zeta_1^{(0)} = 16{,}14\, K\pi\, (2\,\mathrm{III} - \mathrm{IV}) \cos^2\varphi. \tag{195}$$

Die Größe K wird der Tab. VIII (S. 124) entnommen. Jetzt können wir unter Verwendung der Ausdrücke für III und IV [vgl. Gleichungen (194)] die numerischen Werte für $\zeta_1^{(0)}$ leicht erhalten (vgl. 4. Zeile der Tab. 1). Gemäß Formel (186) sind diese Werte noch mit $^1/_2 \sin^2 \varphi$ zu multiplizieren. Nach der Multiplikation tragen wir die Schlußresultate in die 5. Zeile der Tab. 1 ein, in der also die Größe $^1/_2\, \zeta_1^{(0)} \sin^2 \varphi$ vorliegt.

Die Berechnung von $\zeta_2^{(0)}$ [Formel (139)]

Nach Einsetzen von (190) in (139) bekommen wir

$$\zeta_2^{(0)} = 16{,}14\, K \int\limits_0^\pi \int\limits_0^{2\pi} (\cos^2 \varphi \cos^2 \psi - 2 \sin \varphi \cos \varphi \sin \psi \cos \psi \cos A$$
$$+ \sin^2 \varphi \sin^2 \psi \cos^2 A - \sin^2 \psi \sin^2 A)\, F(\psi) \sin 2\psi \cos A \, d\psi \, dA.$$

Durch Integrieren über A finden wir

$$\zeta_2^{(0)} = 16{,}14\, K \left\{ -2\pi \,\mathrm{IV} \sin 2\varphi \right\}. \tag{196}$$

Durch Verwendung des numerischen Wertes von IV [vgl. (194)] und der Tafel der Koeffizienten K (vgl. Tab. VIII) erhalten wir die Zahlenwerte $\zeta_2^{(0)}$. Das Rechenergebnis nach Formel (196) ist in der 6. Zeile angeführt[1]). In Formel (136) geht die Größe $\zeta_2^{(0)}$ mit dem Koeffizienten $^1/_4 \sin 2\varphi$ ein. Das Produkt $\zeta_2^{(0)}\, ^1/_4 \sin 2\varphi$ enthält die 7. Zeile.

Die Berechnung von $\zeta_3^{(0)}$ [Formel (140)]

Nach den Formeln (140) und (190) ist

$$\zeta_3^{(0)} = 16{,}14\, K \int\limits_0^\pi \int\limits_0^{2\pi} (\cos^2 \varphi \cos^2 \psi - 2 \sin \varphi \cos \varphi \sin \psi \cos \psi \cos A$$
$$+ \sin^2 \varphi \sin^2 \psi \cos^2 A - \sin^2 \psi \sin^2 A)\, F(\psi) \sin^2 \psi \cos^2 A \, d\psi \, dA.$$

Unter Berücksichtigung von (194) finden wir nach Integration über A

$$\zeta_3^{(0)} = 16{,}14\, K \left(\pi \,\mathrm{IV} \cos^2 \varphi + \frac{3}{4} \pi \,\mathrm{V} \sin^2 \varphi - \frac{1}{4} \pi \,\mathrm{V} \right). \tag{197}$$

Die Zahlenwerte von $\zeta_3^{(0)}$ führen wir in der 8. Zeile an, in der 9. bringen wir $^1/_2\, \zeta_3^{(0)} \cos^2 \varphi$. Jetzt können wir das in (193) eingehende zweite Glied ausrechnen, was wir bis zur Berechnung der Größen $\zeta_1^{(0)}$, $\zeta_2^{(0)}$ und $\zeta_3^{(0)}$ aufgeschoben hatten. Hierfür liefern wir in der 10. Zeile die Summe der Zeilen 5, 7 und 9, also die Größe

$$\frac{1}{2} \zeta_1^{(0)} \sin^2 \varphi + \frac{1}{4} \zeta_2^{(0)} \sin 2\varphi + \frac{1}{2} \zeta_3^{(0)} \cos^2 \varphi.$$

Multiplizieren wir jetzt diese Größe mit $2i^2$, so erhalten wir die Größe $i^2 \zeta^{**}$, die also als zweites Glied in die rechte Seite der Gleichung (193) eingeht. Die numerischen Werte der Größe $-i^2 \zeta^{**}$ sind in Zeile 2 angeführt. Summiert man nun die Größen der Zeilen 1 und 2, so ergeben sich gemäß (193) die Zahlenwerte der Größe $\zeta_0^{(0)}$. Diese Größe, die den Grundwert der Undulation darstellt, wird, wie bereits erwähnt, in Zeile 3 angeführt.

Die Berechnung von $\zeta_4^{(0)}$, $\zeta_5^{(0)}$, $\zeta_6^{(0)}$, $\zeta_7^{(0)}$ und $\zeta_8^{(0)}$ [Formeln (141)—(145)]

Nun berechnen wir die Größen $\zeta_4^{(0)}$, $\zeta_5^{(0)}$, $\zeta_6^{(0)}$, $\zeta_7^{(0)}$ und schließlich $\zeta_8^{(0)}$. Einsetzen von (190) in (141) ergibt

$$\zeta_4^{(0)} = 16{,}14\, K \int\limits_0^\pi \int\limits_0^{2\pi} (\cos^2 \varphi \cos^2 \psi - 2 \sin \varphi \cos \varphi \sin \psi \cos \psi \cos A$$
$$+ \sin^2 \varphi \sin^2 \psi \cos^2 A - \sin^2 \psi \sin^2 A)\, F_0(\psi) \, d\psi \, dA.$$

Hieraus finden wir unter Berücksichtigung von (194)

$$\zeta_4^{(0)} = 16{,}14\, K\pi \,(2\,\mathrm{I}_0 - \mathrm{II}_0) \cos^2 \varphi. \tag{198}$$

---

[1]) Hier und weiterhin im § 20 bezieht sich eine Zeilenangabe auf die Tab. 1 (S. 62).

Durch ein analoges Verfahren bekommen wir

$$\zeta_5^{(0)} = 16{,}14\,K\left(\pi\,\mathrm{I}_1\cos^2\varphi + \frac{1}{4}\pi\,\mathrm{II}_1\sin^2\varphi - \frac{3}{4}\pi\mathrm{II}_1\right); \tag{199}$$

$$\zeta_6^{(0)} = -\,16{,}14\,K\,\pi\,\mathrm{I}_2\sin 2\,\varphi; \tag{200}$$

$$\zeta_7^{(0)} = 16{,}14\,K\left(\pi\,\mathrm{II}_2\cos^2\varphi + \frac{3}{4}\pi\,\mathrm{I}_2\sin^2\varphi - \frac{1}{4}\pi\,\mathrm{I}_2\right); \tag{201}$$

$$\zeta_8^{(0)} = 16{,}14\,K\,\pi\,(2\,\mathrm{I}_3 - \mathrm{II}_3)\cos^2\varphi. \tag{202}$$

Die numerischen Werte der Größen $\zeta_4^{(0)}$, $\zeta_5^{(0)}$, $\zeta_6^{(0)}$, $\zeta_7^{(0)}$ und $\zeta_8^{(0)}$ sind in den Zeilen 11, 12, 14, 16 und 21 angegeben. In den Zeilen 13, 15 und 17 werden die Zahlenwerte der Größen $-\zeta_5^{(0)}\cos^2\varphi$, $\frac{1}{2}\zeta_6^{(0)}\sin^2\varphi$ und $-\zeta_7^{(0)}\cos^2\varphi$ gebracht.

In der 18. Zeile wird die Summe der letzten vier Glieder des Ausdrucks angeführt, der in der geschweiften Klammer der Fundamentalformel (186) steht (die Summe der ersten drei Glieder ist in Zeile 10 angegeben). In Zeile 19 stehen die numerischen Werte des gesamten Ausdrucks in der geschweiften Klammer von (186). Sodann bringen wir in Zeile 20 das Produkt dieses Ausdrucks mit i^2, in Zeile 22 das Produkt von $\zeta_8^{(0)}$ mit $2\,q$. Die 23. Zeile gibt die Summe der numerischen Größen der Zeilen 3, 20 und 22 an, enthält also die numerischen Werte der durch die Fundamentalformel (186) bestimmten Größe $\zeta^{(0)}$.

Unsere weitere Aufgabe besteht jetzt in der Berechnung der Größe $\zeta^{(1)}$, die durch Formel (187) bestimmt wird. Hierzu müssen die bereits gefundenen Werte der Größe $\zeta^{(0)}$ benutzt werden, da diese in den Ausdruck (158), letzterer seinerseits in die Schlußformel für $\zeta^{(1)}$ eingeht [vgl. Formel (187)]. Die Rechnung führen wir im nächsten Paragraphen durch, wo wir einen analytischen Ausdruck für den Abstand zwischen der Referenzfigur und dem ellipsoidischen Geoid bringen werden. Das läßt sich leicht bewerkstelligen, da wir die beiden Ellipsoide, die sowohl die Figur des Geoids als auch des Referenzellipsoids darstellen, als vorgegeben betrachten.

§ 20. Die geometrische Darstellung der Undulationen

Wir bringen nun einen Ausdruck für den Abstand zwischen dem Krassowskischen Ellipsoid und dem ellipsoidischen Geoid (dreiachsiges Ellipsoid des ЦНИИГАиК). Die Gleichung dieser Flächen können in der Form dargestellt werden

$$f(x, y, z) = \frac{x^2 + y^2}{a^2} + \frac{z^2}{b^2} - 1 = 0; \tag{203}$$

$$F(x, y, z) = \frac{x^2}{a_t^2} + \frac{y^2}{b_t^2} + \frac{z^2}{c_t^2} - 1 = 0 \quad (b = c_t). \tag{204}$$

Die Normale auf das Rotationsellipsoid im Punkte (x_1, y_1, z_1) wird durch die Gleichung gegeben:

$$\frac{\xi - x_1}{\left(\frac{\partial f}{\partial x}\right)_{x_1}} = \frac{\eta - y_1}{\left(\frac{\partial f}{\partial y}\right)_{y_1}} = \frac{\zeta - z_1}{\left(\frac{\partial f}{\partial z}\right)_{z_1}} = t.$$

Diese Normale durchstößt das dreiachsige Ellipsoid im Punkte (x_2, y_2, z_2). Demzufolge ist

$$x_2 - x_1 = t\left(\frac{\partial f}{\partial x}\right)_{x_1};$$

$$y_2 - y_1 = t\left(\frac{\partial f}{\partial y}\right)_{y_1};$$

$$z_2 - z_1 = t\left(\frac{\partial f}{\partial z}\right)_{z_1}.$$

Die Größe t finden wir aus der Bedingung, daß die Laufkoordinaten ξ, η, ζ der Gleichung (204) genügen. Dann erscheint der Abstand zwischen den Flächen (203) und (204) in der Gestalt

$$N = \frac{d^*}{a^*}\left(\sqrt{b^{*2} - a^*c^*} - b^*\right), \tag{205}$$

wo

$$d^* = \sqrt{\frac{x_1^2}{a^4} + \frac{y_1^2}{a^4} + \frac{z_1^2}{b^4}};$$

$$a^* = \frac{x_1^2}{a^4 a_t^2} + \frac{y_1^2}{a^4 b_t^2} + \frac{z_1^2}{b^4 c_t^2};$$

$$b^* = \frac{x_1^2}{a^2 a_t^2} + \frac{y_1^2}{a^2 b_t^2} + \frac{z_1^2}{b^2 c_t^2};$$

$$c^* = \frac{x_1^2}{a_t^2} + \frac{y_1^2}{b_t^2} + \frac{z_1^2}{c_t^2} - 1.$$

Der Zusammenhang zwischen den rechtwinkligen und den geographischen Koordinaten auf dem Rotationsellipsoid wird durch die Formeln angegeben:

$$x_1 = a\,C(\varphi)\cos\varphi\cos\lambda;$$

$$y_1 = a\,C(\varphi)\cos\varphi\sin\lambda;$$

$$z_1 = a\,S(\varphi)\sin\varphi = a\,(1 - e^2)\,C(\varphi)\sin\varphi.$$

In den Formeln für die rechtwinkligen Koordinaten werden die Größen $C(\varphi)$ und $S(\varphi)$ durch die Formeln bestimmt:

$$C(\varphi) = \frac{1}{\sqrt{1 - e^2\sin^2\varphi}} = \sqrt{1 + i^2\sin^2 u} \quad \text{und} \quad S(\varphi) = \frac{1 - e^2}{\sqrt{1 - e^2\sin^2\varphi}} = \frac{\sqrt{1 + i^2\sin^2 u}}{1 + i^2}. \tag{206}$$

Bei dieser Gelegenheit sei bemerkt, daß der Sinus und der Kosinus der reduzierten Breite mit den trigonometrischen Funktionen der geographischen Breite und den Größen $C(\varphi)$ und $S(\varphi)$ durch die Gleichungen

$$\sin u = \sqrt{1 - e^2}\,C(\varphi)\sin\varphi; \quad \cos u = C(\varphi)\cos\varphi \tag{207}$$

verbunden sind. Für das KRASSOWSKIsche Ellipsoid sind die Größen $C(\varphi)$ und $S(\varphi)$ im „Astronomischen Jahrbuch der UdSSR" angegeben (s. z. B. im Astr. Jahrbuch für das Jahr 1954, S. 430). Die Größe $C(\varphi)$ ist auch in Tab. VIII (S. 124) angeführt. Die Größen a_t, b_t, c_t lassen sich durch a mittels der Formeln

$$a_t = a\left(1 + \frac{\alpha_t'}{2}\right); \quad b_t = a\left(1 - \frac{\alpha_t'}{2}\right); \quad c_t = a\,(1 - \alpha).$$

ausdrücken. Benutzt man diese Gleichungen und beschränkt sich auf Größen von der Ordnung α_t', so ist der endgültige Ausdruck für N [vgl. Formel (205)] nach einigen Umformungen in der Gestalt

$$N = \frac{1}{2}\,a\,\alpha_t'\,C(\varphi)\cos^2\varphi\cos 2\lambda \tag{208}$$

darstellbar. Formel (208) ergibt den Abstand zwischen dem Rotationsellipsoid und dem dreiachsigen Ellipsoid mit der Äquatorabplattung α_t'. Unter Beachtung von (206) können wir Formel (208) in der Gestalt

$$N = \frac{1}{2}\,a\,\alpha_t'\left(1 + \frac{1}{2}\,i^2\sin^2 u'\right)\cos^2\varphi'\cos 2\lambda' \tag{209}$$

schreiben. Hier sind die Koordinaten des Laufpunktes mit Strichen gekennzeichnet. Unsere Aufgabe besteht jetzt in der Berechnung des zweiten Gliedes, das in den Schlußausdruck für die gesuchte Undulation ζ eingeht [Formel (188)]. Hierzu ist die Größe $\zeta^{(1)}$ zu berechnen [Formel (187)]. Wie bereits erwähnt, ist bei dieser Berechnung die bereits bekannte Größe $\zeta^{(0)}$ zu verwerten, da bei der Berechnung von $\zeta^{(1)}$ das durch (158) bestimmte $\Delta g^{(1)}$ in die Formeln eingeht, und zwar

$$\Delta g^{(1)} = \frac{2\,\zeta^{(0)}\,\gamma}{a}.$$

Da der analytische Ausdruck für $\zeta^{(0)}$ sehr kompliziert ist, können wir bei der Berechnung von $\Delta g^{(1)}$ anstelle $\zeta^{(0)}$ den Ausdruck für N benutzen, der für die vorliegende konkrete Aufgabe ebenfalls die Abweichung des Geoids angibt. Außerdem darf beim Einsetzen der Größe γ in die Formel für

$\Delta g^{(1)}$ im vorliegenden Fall ihr im § 17 erhaltener Mittelwert, nämlich $\bar{\gamma} = 979{,}781$ gal, benutzt werden. Läßt man dann die Glieder, die $a_t' i^2$ in Formel (209) enthalten, fallen, so ergibt sich

$$\Delta g^{(1)} = 32{,}66 \cos^2\varphi' \cos 2\lambda' \text{ Milligal.}$$

In Formel (209) haben wir den Faktor $1 + {}^1/_2\, i^2 \sin^2 u'$ bzw. den Faktor $C(\varphi)$ in (208) außer Betracht gelassen. Dieser Faktor kann nur Größen von der Ordnung $i^4\zeta$ hervorbringen, da nach (188) $\zeta^{(1)}$ bei erfolgter Ausrechnung mit der Abplattung des Erdellipsoids zu multiplizieren ist. Für $\Delta g^{(1)}$ haben wir einen analytischen Ausdruck von derselben Form wie für Δg bekommen [vgl. Formel (176)]. Der Unterschied zwischen der erhaltenen Formel für $\Delta g^{(1)}$ und der Formel (176) für Δg besteht lediglich im numerischen Koeffizienten, der für $\Delta g^{(1)}$ denjenigen in der Formel für Δg 2,023 538mal übertrifft. Um die durch (187) bestimmte Größe $\zeta^{(1)}$ zu erhalten, bedarf es also keiner Rechnungen von der Art der im vorigen Paragraphen ausgeführten. Es genügt einfach, die in Formel (186) eingehenden analogen Glieder mit dem soeben gewonnenen Faktor zu multiplizieren und danach ihre algebraische Summe gemäß (187) zu bilden. Man sieht also leicht, daß die Zahlenwerte von $\zeta^{(1)}$ durch Multiplikation der Größen in Zeile 23 mit 2,023 538 und darauffolgender Verminderung um die mit demselben Faktor multiplizierten verdoppelten Werte der Zeile 10 erhalten werden können. Die auf diesem Wege errechneten numerischen Werte für ${}^1/_2\, \zeta^{(1)}$ sind in Zeile 24 enthalten. In der 25. Zeile bringen wir das Produkt $\alpha\zeta^{(1)}$. Schließlich sind in Zeile 26 definitiv die numerischen Werte der gesuchten Abweichung des ellipsoidischen Geoids ζ angegeben, die sich gemäß Formel (188) durch einfache Summation der Zahlenwerte der Zeilen 23 und 25 ergeben. Dem so gewonnenen Wert von ζ haben wir den Index grav. (= gravimetrisch) beigegeben, um zu betonen, daß diese Größe durch Verwendung des Feldes der Schwereanomalien gefunden worden ist. Dieser Wert muß nun mit demjenigen Wert für ζ verglichen werden, der sich aus Formel (208) ergibt. Insofern als dieser sich aus rein geometrischen Überlegungen ergibt, legen wir ihm den Index geom. (= geometrisch) bei. Bei der Berechnung von $\zeta_{\text{grav.}}$ auf Grund der Schwereanomalien blieb in Formel (208) der Faktor $C(\varphi)$ unberücksichtigt, der nur die Glieder von der Ordnung $i^4\zeta$ beeinflußt; daher ist dieser Faktor auch bei der Berechnung der geometrischen Abweichung unseres mathematischen Modells des ellipsoidischen Geoids fortzulassen. Demzufolge ist $\zeta_{\text{geom.}}$ nach einer Formel zu rechnen, die einfacher als (208) ist, nämlich

$$\zeta_{\text{geom.}} = \frac{1}{2}\, a a_t' \cos^2\varphi' \cos 2\lambda'. \tag{210}$$

Die nach (210) gefundenen numerischen Werte von $\zeta_{\text{geom.}}$ sind in Zeile 27 angegeben. In der 28. Zeile ist die Differenz $\Delta\zeta = \zeta_{\text{geom.}} - \zeta_{\text{grav.}}$ angeführt. Zeile 29 enthält die abgerundeten Werte von $\Delta\zeta$ bis zu 1 cm.

In der 30. Zeile finden wir den relativen Fehler, mit dem die Undulationen des Geoids nach der vorliegenden Theorie erhalten werden können. Im Mittel beträgt dieser Fehler für alle berechneten Punkte 0,05%. Folglich läßt sich eine Undulation von 100 m für das regularisierte Geoid im Mittel bis auf 5 cm bestimmen, und dieser Größe wird man die Ordnung $i^4\zeta$ zuzuschreiben haben (die Größe $i^4\zeta$ beträgt mit dem Koeffizient 1 für eine Undulation von 100 m 0,5 cm). Somit erlaubt die von uns gegebene Theorie des regularisierten Geoids, Abweichungen des Geoids vom Ellipsoid bis zur Größenordnung $i^4\zeta$ zu ermitteln.

§ 21. Die Genauigkeit der Undulationsbestimmung

Es wäre von Interesse, das betrachtete konkrete Problem der Undulationsbestimmung für das ellipsoidische Geoid unter Zugrundelegung der klassischen Stokesschen Formel durchzurechnen und mit den Resultaten des vorigen Paragraphen zu vergleichen. Wir setzen den analytischen Ausdruck für die Anomalie (185), den wir im § 18 unter Voraussetzung der Kugelgestalt der Erde erhalten hatten, in die Stokessche Formel ein. Dann haben wir

$$\zeta_s = 16{,}14\, K_s \int_0^{\pi}\int_0^{2\pi} (\cos^2\varphi\cos^2\psi - 2\sin\varphi\cos\varphi\sin\psi\cos\psi\cos A$$
$$+ \sin^2\varphi\sin^2\psi\cos^2 A - \sin^2\psi\sin^2 A)\cos 2\lambda\, F(\psi)\, d\psi\, dA.$$

TAFEL 1

Tafel der Undulationen des ellipsoidischen Geoids

Nr.	Schema	φ	0°	10°	20°
1		ζ^*	105,255	102,081	92,955
2		$-i^2\zeta^{**}$	— 0,068	— 0,072	— 0,084
3	[Formel (137)]	$\zeta_0^{(0)}$	105,187	102,009	92,871
4		$\zeta_1^{(0)}$	67,164	65,124	59,268
5		$\frac{1}{2}\zeta_1^{(0)}\sin^2\varphi$	0	0,983	3,467
6		$\zeta_2^{(0)}$	0	— 0,684	— 1,285
7		$\frac{1}{4}\zeta_2^{(0)}\sin 2\varphi$	0	— 0,058	— 0,206
8		$\zeta_3^{(0)}$.	10,020	9,172	6,732
9		$\frac{1}{2}\zeta_3^{(0)}\cos^2\varphi$	5,010	4,448	2,972
10		(5) + (7) + (9)	5,010	5,373	6,233
11		$\zeta_4^{(0)}$	— 36,698	— 35,583	— 32,383
12		$\zeta_5^{(0)}$	— 14,594	— 14,545	— 14,409
13		$-\zeta_5^{(0)}\cos^2\varphi$	14,594	14,106	12,723
14		$\zeta_6^{(0)}$	0	2,982	5,602
15		$\frac{1}{2}\zeta_6^{(0)}\sin 2\varphi$	0	0,510	1,800
16		$\zeta_7^{(0)}$	— 20,288	— 19,805	— 18,414
17		$-\zeta_7^{(0)}\cos^2\varphi$	20,288	19,207	16,260
18		(11) + (13) + (15) + (17) . . .	— 1,816	— 1,760	— 1,600
19		$\{\ldots\}$	3,194	3,613	4,633
20		$i^2\{\ldots\}$	0,022	0,024	0,031
21		$\zeta_8^{(0)}$	73,678	71,457	65,068
22		$2q\,\zeta_8^{(0)}$.	0,511	0,496	0,451
23	[Formel (186) oder (136)]	$\zeta^{(0)}$	105,720	102,529	93,353
24	[Formel (187) oder (153)]	$\frac{1}{2}\zeta^{(1)}$	96,827	92,863	81,839
25		$a\zeta^{(1)}$.	0,649	0,623	0,549
26	[Formel (188)]	$\zeta_{\text{grav.}}$	106,369	103,152	93,902
27	[Formel (210)]	$\zeta_{\text{geom.}}$	106,304	103,094	93,866
28 [1]		$\Delta\zeta$	— 0,065	— 0,058	— 0,038
29 [1]		$\Delta\zeta$	— 0,06	— 0,06	— 0,04
30		$\frac{\Delta\zeta}{\zeta}$	(0,06%)	(0,06%)	(0,04%)

[1]) Die letzte Rechenstelle läßt sich hier nicht vollkommen zuverlässig angeben. Im Zusammenhang damit

längs des Nullmeridians $\lambda = 0$ ($\lambda_{Greenw.} = 15°$)

30°	40°	50°	60°	70°	80°	90°
78,969	61,800	43,528	26,342	12,330	3,183	0
— 0,095	— 0,097	— 0,085	— 0,063	— 0,032	— 0,009	0
78,874	61,703	43,443	26,279	12,298	3,174	0
50,305	39,326	27,667	16,725	7,822	2,018	0
6,288	8,125	8,117	6,272	3,453	0,979	0
— 1,730	— 1,965	— 1,963	— 1,725	— 1,280	— 0,680	0
— 0,375	— 0,484	— 0,483	— 0,373	— 0,206	— 0,058	0
2,999	— 1,573	— 6,428	—10,986	—14,694	—17,111	—17,951
1,125	— 0,462	— 1,328	— 1,373	— 0,860	— 0,258	0
7,038	7,179	6,306	4,526	2,387	0,663	0
—27,486	—21,487	—15,117	— 9,138	— 4,274	— 1,102	0
—14,199	—13,941	—13,667	—13,412	—13,203	—13,067	—13,020
10,649	8,181	5,647	3,353	1,545	0,395	0
7,542	8,569	8,561	7,522	5,579	2,967	0
3,266	4,219	4,215	3,257	1,793	0,507	0
—16,285	—13,678	—10,910	— 8,312	— 6,196	— 4,819	— 4,340
12,214	8,026	4,508	2,078	0,725	0,146	0
— 1,357	— 1,061	— 0,747	— 0,450	— 0,211	— 0,054	0
5,681	6,118	5,559	4,076	2,176	0,609	0
0,038	0,041	0,037	0,027	0,015	0,004	0
55,278	43,260	30,470	18,439	8,631	2,228	0
0,383	0,300	0,211	0,128	0,060	0,015	0
79,295	62,044	43,691	26,434	12,373	3,193	0
65,986	48,247	31,445	17,251	7,689	1,889	0
0,442	0,323	0,211	0,116	0,052	0,013	0
79,737	62,367	43,902	26,550	12,425	3,206	0
79,728	62,379	43,925	26,576	12,438	3,210	0
— 0,009	+ 0,012	+ 0,023	+ 0,026	+ 0,013	+ 0,004	0
— 0,01	+ 0,01	+ 0,02	+ 0,03	+ 0,01	0,00	0
(0,01%)	(0,02%)	(0,05%)	(0,10%)	(0,10%)	(0,12%)	0

kann hier für Polnähe ein Genauigkeitsverlust bei Subtraktion naher Größen $\zeta_{geom.}$ und $\zeta_{grav.}$ vorkommen.

TAFEL 2

Tafel der nach der STOKESschen Formel berechneten

Nr.	Schema	φ	0°	10°	20°
1	Formel von STOKES	ζ_s	104,952	101,782	92,673
2		$\zeta_{\text{geom.}}$	106,304	103,094	93,866
3		$\Delta\zeta_s$	+ 1,352	+ 1,312	+ 1,193
4			+ 1,35	+ 1,31	+ 1,19
5		$\frac{\Delta\zeta_s}{\zeta}$	(1,27%)	(1,27%)	(1,27%)
6		$C^2(\varphi)\,\zeta_s$	104,952	101,803	92,746
7		$-\,i^2\,\zeta_s^{**}$	—68	—72	—84
8	[Formel (152)]	$\zeta_s^{(0)}$	104,884	101,731	92,662
9		$\frac{\alpha+\beta}{3}\,\zeta_s^{(0)}$	+ ,303	+ ,294	+ ,267
10		$-\,\beta\,\zeta_s^{(0)}\sin^2\varphi$	,000	— ,016	— ,057
11	[Formel (151)]	$\zeta_0^{(0)}$	105,187	102,009	92,872

K_s wird gemäß (149) bestimmt. Für das KRASSOWSKIsche Ellipsoid ist $R = 637\,111{,}00$ m und $\gamma = 979{,}781$ gal, $K_s = 1{,}03\,492$. Nach Integration über das Azimut erhalten wir unter Beachtung der Gleichung (194)

$$\zeta_s = 16{,}14\; K_s \pi\,(2\mathrm{I} - \mathrm{II})\cos^2\varphi\cos 2\lambda. \tag{211}$$

Die Berechnung der Undulationen des ellipsoidischen Geoids, die wir im vorigen Paragraphen ausgeführt haben, galt für die Punkte längs des Meridians, dessen große Achse mit der des Äquators des ellipsoidischen Geoids übereinstimmt. Den Wert der Undulationen für die Punkte auf diesem Meridian bekommen wir, wenn wir in Formel (211) $\lambda = 0$ setzen. Ferner ist nach den ersten beiden Gleichungen (194) $2\mathrm{I} - \mathrm{II} = 2$. Demnach

$$\zeta_s = 16{,}14\; K_s\, 2\,\pi\cos^2\varphi. \tag{212}$$

Die gemäß (212) erhaltenen numerischen Werte von ζ_s setzen wir in die erste Zeile der Tab. 2. In der 2. Zeile dieser Tafel geben wir die nach Formel (210) des vorigen Paragraphen bestimmten $\zeta_{\text{reom.}}$ an. In[1]) Zeile 3 befindet sich die Differenz $\Delta\zeta_s = \zeta_{\text{geom.}} - \zeta_s$. In der 4. Zeile wird diese Differenz bis zu 1 cm angegeben, und in der 5. Zeile bringen wir schließlich den relativen Fehler der nach der STOKESschen Formel berechneten Undulationen. Im Mittel kann dieser Fehler im vorliegenden Fall für alle Punkte mit 1,27% angegeben werden. Demzufolge beträgt die Bestimmungsgenauigkeit für eine Undulation von 100 m, wie die für das betrachtete mathematische Modell durchgeführten Rechnungen gezeigt haben, 127 cm. Dieser Größe wird man die Ordnung $i^2\zeta$ zuzuschreiben haben, da die Größe $i^2\zeta$ mit dem Koeffizienten 1 für die Undulation 100 m den Betrag 72 cm aufweist. Demnach erreicht der Fehler der STOKESschen Formel bei der Berechnung der Geoidundulation, wie bereits von PIZZETTI festgestellt worden ist, größenordnungsmäßig die Erdabplattung.

Außer einer Abschätzung der Größenordnung des Fehlers, mit dem eine Undulation behaftet sein kann, wird man auch die wahre Größe dieses Fehlers erfahren wollen; für diese ist der numerische Koeffizient, mit dem ein Fehler von gegebener Ordnung in das Endergebnis eingeht, ausschlaggebend. Eingehende Rechnungen, die wir für das in direkter Beziehung zur modernen Vorstellung über die Erde stehende mathematische Modell durchgeführt haben, zeigen, daß der Fehler der Undulationsbestimmung nach der STOKESschen Formel, wie leicht ersichtlich, die Größe $2i^2\zeta$ erreichen kann, während der Fehler der Undulationsbestimmung nach der hier erörterten Theorie, wie am Ende des vorigen Paragraphen geklärt, im Mittel die Größe $10i^4\zeta$ erreicht. Somit ergibt

[1]) Hier bezieht sich eine Zeilenangabe auf Tab. 2 (S. 64—65).

Undulationen des ellipsoidischen Geoids

30°	40°	50°	60°	70°	80°	90°
78,714	61,586	43,366	26,238	12,279	3,170	0
79,728	62,379	43,925	26,576	12,438	3,210	0
+ 1,014	+ 0,793	+ 0,559	+ 0,338	+ 0,159	+ 0,040	0
+ 1,01	+ 0,79	+ 0,56	+ 0,34	+ 0,16	+ 0,04	0
(1,27%)	(1,27%)	(1,27%)	(1,28%)	(1,29%)	(1,25%)	0
78,846	61,757	43,537	26,370	12,352	3,191	0
—95	—97	— 85	—63	—32	—9	0
78,751	61,660	43,452	26,307	12,320	3,182	0
+ ,227	+ ,178	+ ,125	+ ,076	+ ,036	+ ,009	0
— ,104	— ,135	— ,135	— ,104	— ,057	— ,016	0
78,874	61,703	43,442	26,279	12,299	3,175	0

sich hier eine Vergrößerung der Genauigkeit nicht um $\frac{1}{i^2}$ mal (150 mal), sondern um 30 mal[1]), da sich der numerische Koeffizient beim Übergang zur nächsten Ordnung natürlicherweise vergrößert hat. Die angeführten Rechnungen haben gezeigt, daß eine etwa fünffache Vergrößerung des Koeffizienten entsteht.

Die Gesamtheit der Formeln, mit deren Hilfe wir die Geoidabweichungen bis zu den Gliedern der Ordnung $i^4\zeta$ bestimmen können, unterscheidet sich von der Stokesschen Formel um 9 Korrektionsglieder von der Ordnung der Abplattung [vgl. Formeln (186) und (188)]. Diese Glieder charakterisieren den Fehler der Stokesschen Formel und führen in ihrer Gesamtheit für den betrachteten, der Erde recht nahen Fall, zu dem Fehler der zu bestimmenden Größe $2i^2\zeta$ $(4\zeta\alpha)$.

Bei unserer Lösung haben wir alle Glieder von der Ordnung $i^2\zeta$ beibehalten, die der Ordnung $i^4\zeta$ dagegen fortgelassen. Man wird naturgemäß erwarten, daß die endgültige Lösung an Gliedern der Ordnung $i^4\zeta$ erheblich reicher als $i^2\zeta$ sein wird. Folglich geht der Fehler von der Ordnung $i^4\zeta$ in das Endergebnis mit einem größeren numerischen Koeffizienten ein, und die wahre Größe des Fehlers, mit dem die Geoidundulationen nach unserer Theorie berechnet werden, läßt sich, wie unsere Untersuchungen gezeigt haben, mit der Größe $10\,i^4\zeta$ $(40\zeta\alpha^2)$ festsetzen[2]).

In Tab. 2 sind noch einige Zahlenwerte der Undulationen gebracht, die sich nach den Formeln (151) und (152) ergeben.

Seinerzeit haben wir erklärt, wodurch sich Formel (152) von der Stokesschen Formel unterscheidet. Dieser Unterschied besteht lediglich darin, daß bei der Berechnung der Undulation nach (152) in die Koordinate jedes Laufpunktes (es handelt sich um die geographische Breite, auf die sich die Anomalie bezieht) vorher eine Korrektion gemäß Formel (146) eingeführt wird. Für das jetzt betrachtete mathematische Modell läßt sich die Operation analytisch ausführen, da hier ein Ausdruck für Δg als Funktion der reduzierten Breite einfach angegeben werden kann [vgl. Formeln (178) oder (189)]. Setzen wir nun den Ausdruck (189) in Formel (152) ein, so erhalten wir, wie leicht

[1]) Ein Vergleich der in Prozent ausgedrückten mittleren relativen Fehler führt ebenfalls zu einer Vergrößerung der Genauigkeit um etwa 30 mal.

[2]) Vergleicht man die wahren Fehler der Ordnung $\zeta\alpha$ und $\zeta\alpha^2$, so vergrößert sich der numerische Koeffizient im vorliegenden Fall, wie man sieht, beim Übergang zur nächsthöheren Ordnung um das Zehnfache; folglich wird die Gesamtvergrößerung der Genauigkeit nicht $\frac{1}{\alpha}$ mal (300 mal) sein, was, wie eben dargelegt, auch gar nicht der Fall sein kann, sondern, wie bereits hingewiesen, 30 mal. In beiden Fällen wird die wahre Größe eines Fehlers gegebener Ordnung natürlicherweise durch einen von 1 verschiedenen Koeffizienten charakterisiert.

ersichtlich, für die Undulation $\zeta_s^{(0)}$ eine ebensolche Formel wie (193) lediglich mit dem Unterschied, daß in ihr die Größe K durch K_s ersetzt sein wird. Folglich gelangen wir für $\zeta_s^{(0)}$ zu dem Ausdruck

$$\zeta_s^{(0)} = \zeta_s^* - i^2 \zeta_s^{**}. \tag{213}$$

Hier wird ζ_s^* durch die Formel

$$\zeta_s^* = 16{,}14\, K_s C^2(\varphi)\, 2\,\pi \cos^2\varphi = C^2(\varphi)\zeta_s \tag{214}$$

bestimmt.

Die Größe $i^2\zeta_s^{**}$ darf einfach gleich $i^2\,\zeta^{**}$ gesetzt werden, deren numerische Werte in der 2. Zeile von Tab. 1 angeführt sind. Die numerischen Werte von ζ_s^*, die nach Formel (214) erhalten wurden, bringen wir in der 6. Zeile von Tab. 2. In die nächste, 7. Zeile dieser Tafel übertragen wir die Zahlenwerte der Zeile 2 von Tab. 1, die demnach die Größen $-i^2\zeta_s^{**}$ enthalten wird. In der 8. Zeile der Tab. 2 werden die numerischen Werte der durch (152) bestimmten Größe $\zeta_s^{(0)}$ angeführt. Nach Formel (213) lassen sich die numerischen Werte von $\zeta_s^{(0)}$ durch einfache Summation der Daten der 6. und 7. Zeile derselben Tafel gewinnen.

Jetzt kann die Größe $\zeta_0^{(0)}$, die wir im vorhergehenden Paragraphen nach Formel (137) berechnet hatten, auch auf Grund der Formel (151) erhalten werden. Denn wenn wir die Produkte $\frac{\alpha+\beta}{3}\,\zeta_s^{(0)}$ und $-\beta\,\zeta_s^{(0)}\sin^2\varphi$ bilden und sie zu $\zeta_s^{(0)}$ addieren, so stellt die Gesamtsumme die Größe $\zeta_0^{(0)}$ dar. Die Größe β hat für das KRASSOWSKIsche Ellipsoid den Wert [vgl. Formel (174)] 0,0053029, den numerischen Wert von α haben wir bereits am Anfang des § 19 gegeben. Folglich ist $\frac{\alpha+\beta}{3} = 0{,}0028851$. Die numerischen Werte der erwähnten Produkte sind in den Zeilen 9 und 10 der Tab. 2 angeführt. Die numerischen Werte der Größe $\zeta_0^{(0)}$ sind in der 11. Zeile enthalten. Wie man sieht, stimmen diese Werte mit denen in Tab. 1 (s. Zeile 3) für $\zeta_0^{(0)}$ angeführten genau überein. Es liegen lediglich durchaus natürliche Abweichungen in der letzten Stelle vor.

Die Resultate der Rechnungen, die wir für die Punkte des Nullmeridians ($\lambda = 0$) angeführt haben, übertragen wir in die Tafel 3, in der die folgenden drei Größen untergebracht werden sollen: 1. $\zeta_{\text{geom.}}$, d. h. der wahre Abstand zwischen dem betrachteten ellipsoidischen Geoid und der ellipsoidischen Referenzfigur; 2. $\Delta\zeta_s$, d. h. die Differenz zwischen diesem Abstand und der nach der STOKESschen Formel gewonnenen Undulation des ellipsoidischen Geoids; 3. $\Delta\zeta$, d. h. die Differenz zwischen $\zeta_{\text{geom.}}$ und der nach der vorliegenden Theorie erzielten Undulation des Geoids. Diese Größen bringen wir für je 10° Breite und 15° (1^{h}) Länge in der im Text angegebenen Reihenfolge. Für die von Null verschiedenen Längen lassen sich die numerischen Werte dieser Größen leicht auf Grund der Werte für den Nullmeridian durch einfache Multiplikation mit dem Faktor $\cos 2\lambda$ errechnen, was, wie bereits erwähnt, aus der Formel für die Schwerkraftsanomalie (184) folgt.

Bei der absoluten Berechnung der Undulationen ist auch die Veränderung des Potentialwertes beim Übergang von der Referenzfläche zum Geoid zu berücksichtigen. Aber dieser Einfluß verschwindet im vorliegenden Fall, womit wir uns im nächsten Kapitel eingehend zu befassen haben werden. Daher sind die in Tab. 3 gegebenen Undulationen absolute Werte. Tafel 3 zeigt anschaulich, daß die Genauigkeit der Berechnung der Geoidundulationen bei Verwendung der hier untersuchten Theorie im Vergleich zur klassischen STOKESschen Theorie um mehrere Dutzend Male vergrößert wird.

Auf Grund einer strengen Theorie des regularisierten Geoids ist es uns gelungen, für praktische Rechnungen vollkommen brauchbare Formeln abzuleiten, die die Erhebung des regularisierten Geoids in bezug auf die ellipsoidische Niveaufläche liefern. Diese Formeln berücksichtigen sowohl den Effekt der ellipsoidischen Gestalt der Erde, als auch ihre Rotation, was bei der Ableitung der klassischen STOKESschen Formel unberücksichtigt blieb. Auf diese Weise ist die bislang so schwierige und unklare Frage über die Genauigkeit, mit der sich die Undulationen des Geoids nach der STOKESschen Formel erreichen lassen, zu einer vollständig bestimmten Lösung gekommen.

Schließlich wäre darauf hinzuweisen, daß eine korrekte Anwendung der von uns gefundenen Formeln einen geringen Unterschied der mittleren Abplattung des Geoids von der Abplattung des Referenzellipsoids erfordert. Aber dieser Umstand ist in der Wirklichkeit immer der Fall.

TAFEL 3

Tafel der Undulationen des ellipsoidischen Geoids mit drei ungleichen Achsen in bezug auf das Krassowskische Ellipsoid

λ / φ	0° (180°)	15° (195°)	30° (210°)	45° (225°)	60° (240°)	75° (255°)	90° (270°)	λ / φ
0°	+106,30 + 1,35 — 0,06	+92,06 + 1,17 — 0,05	+53,15 + 0,68 — 0,03	0,00	—53,15 — 0,68 + 0,03	—92,06 — 1,17 + 0,05	—106,30 — 1,35 + 0,06	0°
10°	+103,09 + 1,31 — 0,06	+89,28 + 1,13 — 0,05	+51,54 + 0,66 — 0,03	0,00	—51,54 + 0,66 + 0,03	—89,28 — 1,13 + 0,05	—103,09 — 1,31 + 0,06	10°
20°	+ 93,87 + 1,19 — 0,04	+81,29 + 1,03 — 0,03	+46,94 + 0,60 — 0,02	0,00	—46,94 — 0,60 + 0,02	—81,29 — 1,03 + 0,03	— 93,87 — 1,19 + 0,04	20°
30°	+ 79,73 + 1,01 — 0,01	+69,05 + 0,87 — 0,01	+39,86 + 0,50 0,00	0,00	—39,86 — 0,50 0,00	—69,05 — 0,87 + 0,01	— 79,73 — 1,01 + 0,01	30°
40°	+ 62,38 + 0,79 + 0,01	+54,02 + 0,68 + 0,01	+31,19 + 0,40 0,00	0,00	—31,19 — 0,40 0,00	—54,02 — 0,68 — 0,01	— 62,38 — 0,79 — 0,01	40°
50°	+ 43,92 + 0,56 + 0,02	+38,03 + 0,48 + 0,02	+21,96 + 0,28 + 0,01	0,00	—21,96 — 0,28 — 0,01	—38,03 — 0,48 — 0,02	— 43,92 — 0,56 — 0,02	50°
60°	+ 26,58 + 0,34 + 0,03	+23,02 + 0,29 + 0,02	+13,29 + 0,17 + 0,01	0,00	—13,29 — 0,17 — 0,01	—23,02 — 0,29 — 0,02	— 26,58 — 0,34 — 0,03	60°
70°	+ 12,44 + 0,16 + 0,01	+10,77 + 0,14 + 0,01	+ 6,22 + 0,08 0,00	0,00	— 6,22 — 0,08 0,00	—10,77 — 0,14 — 0,01	— 12,44 — 0,16 — 0,01	70°
80°	+ 3,21 + 0,04 0,00	+ 2,78 + 0,03 0,00	+ 1,60 + 0,02 0,00	0,00	— 1,60 — 0,02 0,00	— 2,78 — 0,03 0,00	— 3,21 — 0,04 0,00	80°
90°	0,00	0,00	0,00	0,00	0,00	0,00	0,00	90°
φ / λ	180° (360°)	165° (345°)	150° (330°)	135° (315°)	120° (300°)	105° (285°)	90° (270°)	φ / λ

KAPITEL V

§ 22. Absolute Undulationen

Der Abstand zwischen der Referenzfläche und dem regularisierten Geoid wird, wie bereits gesagt, durch die BRUNSsche Formel (7) bestimmt. Dabei wird die Gleichheit der Potentiale des Geoids und der Referenzfigur vorausgesetzt. (Im § 5 haben wir $W_0 - U_0 = 0$, also $W_0 = U_0$ gesetzt.) Formel (7) läßt sich etwas verallgemeinern, wenn man die Veränderung der Konstanten beim Übergang von der Referenzfläche zum Geoid berücksichtigt. In diesem Fall erhalten wir anstelle (7) die folgende Formel [17]:

$$\zeta = \frac{T - \delta C}{\gamma} \tag{215}$$

$$(U = U_0 = C;\ W = U + T = W_0 = C + \delta C).$$

Somit erhält ζ die fast konstante Korrektion $-\frac{\delta C}{\gamma}$ [32]. Dieser Umstand ist bei der Berechnung der absoluten Werte der Geoidabweichungen (Undulationen) zu beachten [6, 32]. Für das von uns untersuchte ellipsoidische Geoid läßt sich die Konstante, auf die das Schwerkraftspotential auf der Oberfläche des dreiachsigen Ellipsoids gebracht wird, nach der Formel berechnen [11, S. 25][1])

$$C = fMS_0 + \frac{\omega^2}{6}(2\varrho - \eta^2), \tag{216}$$

hier ist: f die Konstante der Anziehung; M die Masse der Erde; S_0 die LAMÉsche Funktion zweiter Gattung von der Ordnung Null; ω die Winkelgeschwindigkeit der Erdrotation; ϱ eine elliptische Koordinate; η die Charakteristik der Triaxialität des Ellipsoids. Die letzte ist in unserer Beziehungsweise gleich [11, S. 15]

$$\eta = \frac{e_t'}{e_t},$$

wo e_t' die Exzentrizität der Äquatorellipse, e_t die der Meridianellipse ist, wobei die Meridianellipse als große Achse die des Äquators hat. Die LAMÉsche Funktion S_0 wird durch die Formel

$$S_0 = \int_{\varrho}^{\infty} \frac{d\varrho}{\sqrt{(\varrho^2 - 1)(\varrho^2 - \eta^2)}}$$

definiert. Diese Funktion läßt sich in der Gestalt folgender Reihe darstellen:

$$\varrho S_0 = 1 + \frac{1}{\varrho^2}\left(\frac{1}{6} + \frac{1}{6}\eta^2\right) + \frac{1}{\varrho^4}\left(\frac{3}{40} + \frac{1}{20}\eta^2 + \frac{3}{40}\eta^4\right) + \dots$$

Berücksichtigt man diese Gleichung und ist dessen eingedenk, daß die lineare Exzentrizität der durch die große Achse des Äquators gehenden Meridianellipse als Einheit gelten soll [11, S. 11], so kann man für die Konstante C den Ausdruck schreiben:

$$C = \frac{fM}{a_t}\left[1 + \frac{1}{6}e_t^2 + \frac{3}{40}e_t^4 + e_t'^2\left(\frac{1}{6} + \frac{1}{20}e^2\right) + \dots\right] + \frac{\omega^2}{6}(a_t^2 + b_t^2).$$

---

1) Den Index Null bei der Koordinate ϱ lassen wir der Kürze wegen weg.

Bzw., wenn man von den Exzentrizitäten zu den entsprechenden Abplattungen übergeht,

$$C = \frac{fM}{a_t}\left[1 + \frac{1}{3}\alpha_t + \frac{2}{15}\alpha_t^2 + \frac{2}{35}\alpha_t^3 + \frac{1}{3}\alpha_t' + \frac{1}{5}\alpha_t\alpha_t'\right] + \frac{\omega^2 a_t^2}{3}(1 - \alpha_t'). \tag{217}$$

Für das Rotationsellipsoid ($\alpha_t' = 0$) haben wir[1])

$$C = \frac{fM}{a}\left[1 + \frac{1}{3}\alpha + \frac{2}{15}\alpha^2 + \frac{2}{35}\alpha^3 + \ldots\right] + \frac{\omega^2 a^2}{3}. \tag{218}$$

Die Differenz der nach den Formeln (217) und (218) erhaltenen Konstanten verschwindet für das betrachtete ellipsoidische Geoid und das KRASSOWSKIsche Ellipsoid. Denn wir haben im § 17 die Gleichheit der Größen fM für beide Flächen gezeigt (s. a. [11, S. 96]). Demzufolge haben wir

$$\delta C = fM\left\{\frac{1}{a_t}\left[1 + \frac{1}{3}\alpha_t + \frac{2}{15}\alpha_t^2 + \frac{2}{35}\alpha_t^3 + \frac{1}{3}\alpha_t' + \frac{1}{5}\alpha_t\alpha_t'\right]\right.$$
$$\left. - \frac{1}{a}\left[1 + \frac{1}{3}\alpha + \frac{2}{15}\alpha^2 + \frac{2}{35}\alpha^3\right]\right\} + \frac{\omega^2}{3}\{a_t^2(1 - \alpha') - a^2\}. \tag{219}$$

Zwischen den Größen a, α, a_t und α_t' besteht folgender Zusammenhang:

$$a = a_t\left(1 - \frac{\alpha_t'}{2}\right); \quad \alpha = \alpha_t - \frac{1}{2}\alpha_t' + \frac{1}{2}\alpha_t\alpha_t'.$$

Beachtet man jetzt die Gleichungen und beschränkt sich auf den Genauigkeitsgrad der Formeln (217) und (218), so ergibt sich das Verschwinden beider Ausdrücke in den Klammern der Formel (219). Demnach ist

$$\delta C = 0.$$

Folglich haben die am Schluß des Kap. IV angeführten Undulationen für das betrachtete ellipsoidische Geoid eine absolute Bedeutung.

§ 23. Relative Undulationen

Die Bestimmung der absoluten Werte der Undulationen ist dem Wesen nach eine Bestimmung nicht nur der Form, sondern auch der Dimensionen der Erde. Mit anderen Worten — die Ermittelung der absoluten Undulationen gibt uns die Möglichkeit, einen neuen Wert der großen Halbachse des Ellipsoids zu finden. Praktisch ist jedoch solch eine Aufgabe nicht zu verwirklichen, da die Berechnung des Wertes der großen Halbachse allein auf Grund der gravimetrischen Daten keine Möglichkeit zur Einhaltung der erforderlichen Genauigkeit solch einer Bestimmung bietet. Wir wollen uns mit der vorliegenden Frage etwas eingehender befassen. Hierzu betrachten wir ein gewisses Modell. Es bleibe das Ellipsoid von KRASSOWSKI nach wie vor als Referenzfigur bestehen; als Geoid untersuchen wir nun eine die Referenzfigur vollständig umfassende ellipsoidische Figur. Der Bestimmtheit wegen kann zu diesem Zweck das internationale Ellipsoid angesetzt werden. Für solch ein Geoid werden die Bedingungen [34, S. 116]

$$\int \zeta\, d\sigma = 0 \text{ und } \int \Delta g\, d\sigma = 0$$

nun nicht mehr erfüllt. Deshalb erhalten alle Abweichungen des Geoids (Undulationen) eine konstante Korrektion. Um unsere Diskussionen nicht zu erschweren, wollen wir bei der Untersuchung dieser Frage im Rahmen der klassischen Theorie bleiben. Die klassische Formel von STOKES setzt bei ihrer Ableitung die Gleichheit der Potentiale der Referenzfigur und des Geoids voraus. Ihr gegenüber kann die Formel von PIZZETTI gestellt werden, bei deren Herleitung diese Voraussetzung nicht besteht. Die Formel von PIZZETTI lautet [45, S. 84]

$$\zeta = \frac{R^3}{4\pi fM}\int \Delta g\left[S(\psi) - \frac{1}{2}\right]d\sigma. \tag{220}$$

---

1) Diese Formel findet man in der Arbeit von I. D. SHONGOLOWITSCH [7, S. 53, Formel (1)].

Vernachlässigt man die Abplattung und die Rotation der Erde, so darf $fM = \bar{\gamma} R^2$ gesetzt werden. Demnach ist

$$\zeta = \frac{R}{4\pi\bar{\gamma}} \int \Delta g \left[S(\psi) - \frac{1}{2} \right] d\sigma. \tag{221}$$

Die Differenz zwischen (221) und der STOKESschen Formel liefert die konstante Korrektion in den Abweichungen des Geoids [6]

$$\zeta_p - \zeta_s = - \frac{R}{8\pi\bar{\gamma}} \int \Delta g \, d\sigma, \tag{222}$$

wo ζ_p der Ausdruck der Undulation nach der PIZZETTIschen, ζ_s — nach der STOKESschen Formel ist. Nach (222) erhalten wir gerade die konstante Korrektion zu den Undulationen, die sich aus (215) ergibt, nämlich

$$\frac{\delta C}{\gamma} = \frac{R}{8\pi\bar{\gamma}} \int \Delta g \, d\sigma. \tag{223}$$

Jetzt berechnen wir die Abweichungen des internationalen Ellipsoids vom KRASSOWSKIschen unter Voraussetzung der Gleichheit der Massen der Referenzfigur (KRASSOWSKIsches Ellipsoid) und des „Geoids" (internationales Ellipsoid). Für die Einhaltung der angegebenen Massengleichheit muß der entsprechende Wert der Äquatorkonstante für ein Ellipsoid mit den Elementen des internationalen Ellipsoids gefunden werden. Ausgehend von der ersten Formel (172) finden wir, daß für $\alpha_t' = 0$:

$$\gamma_e = 978{,}019 \text{ gal.}$$

Demnach lautet die Formel des internationalen Ellipsoids

$$\gamma_{\text{Int.}} = 978{,}019 \left\{1 + 0{,}0052884 \sin^2 \varphi - 0{,}0000059 \sin^2 2\varphi\right\}.$$

Die Verteilung der Schwerkraft auf dem KRASSOWSKIschen Ellipsoid ergibt Formel (174):

$$\gamma_{\text{Kras.}} = 978{,}049 \left\{1 + 0{,}0053029 \sin^2 \varphi - 0{,}0000059 \sin^2 2\varphi\right\}.$$

Wir erhalten also für die Schwerkraftsanomalie

$$\Delta g = \gamma_{\text{Int.}} - \gamma_{\text{Kras.}} = - 0{,}03000 - 0{,}01434 \sin^2\varphi = - 0{,}04434 + 0{,}01434 \cos^2 \varphi.$$

Wir vernachlässigen den konstanten Teil in der Anomalie, dessen Einfluß gemäß (215) berücksichtigt werden soll, und erhalten, indem wir zu Milligal als Maßeinheit für die Schwerkraft übergehen:

$$\Delta g = 14{,}34 \cos^2\varphi' \text{ Milligal.}$$

Der Strich bezeichnet wie üblich die Koordinate des Laufpunkts. Führt man jetzt die zu § 21 analogen Rechnungen durch, so ergibt sich folgende Formel für die Abweichungen des Geoids (Undulationen):

$$\zeta_s = 14{,}34 \, K_s \left[2\pi \, \text{II} + \pi \, (2\,\text{I} - \text{II}) \cos^2 \varphi\right],$$

wo

$$K_s = \frac{R}{2\pi\bar{\gamma}} = 1{,}03492,$$

$$\text{I} = \int_0^\pi \cos^2 \psi \, F(\psi) \, d\psi = \frac{2}{3}; \qquad \text{II} = \int_0^\pi \sin^2 \psi \, F(\psi) \, d\psi = -\frac{2}{3}.$$

Hieraus erhalten wir die Undulationswerte für den Äquator ($\varphi = 0°$) und für den Pol ($\varphi = 90°$):

$$\zeta_s^e = +31{,}08 \text{ m}; \quad \zeta_s^p = -62{,}17 \text{ m}.$$

Des weiteren berechnen wir den Mittelwert der Schwerkraft auf beiden Flächen nach der Näherungsformel[1])

$$\bar{\gamma} = \gamma_e \left(1 + \frac{1}{3}\beta\right).$$

[1]) Für die Berechnung des Mittelwertes der Schwerkraft ist von I. D. SHONGOLOWITSCH eine genauere Formel angegeben worden [6], die die ellipsoidische Gestalt der Erde berücksichtigt, u. zw.:

$$\bar{\gamma} = \gamma_e \left(1 + \frac{1}{3}\beta + \frac{16}{45}\alpha\beta - \frac{8}{15}\beta_1\right) \qquad \left(\beta_1 = \frac{1}{8}\alpha^2 + \frac{1}{4}\alpha\beta\right).$$

Diese entspricht der strengeren Formel (173).

Hieraus erhalten wir

$$\bar{\gamma}_{\text{Kras.}} = 979{,}778 \text{ gal}; \quad \bar{\gamma}_{\text{Int.}} = 979{,}743 \text{ gal}.$$

Folglich

$$\Delta g_m = \bar{\gamma}_{\text{Kras.}} - \bar{\gamma}_{\text{Int.}} = 0{,}035 \text{ gal}.$$

Mit diesem Wert erhalten wir nach den Formeln (215) und (223)

$$-\frac{\delta C}{\bar{\gamma}} = \frac{R \Delta g_m}{2\bar{\gamma}} = 113{,}8 \text{ m} \qquad (R = 6\,371\,110 \text{ m}).$$

Demnach lauten die absoluten Abweichungen des Geoids am Äquator und am Pol[1])

$$\zeta^e = 113{,}8 + 31{,}1 = 144{,}9 \text{ m}; \quad \zeta^p = 113{,}8 - 62{,}2 = 51{,}6 \text{ m}.$$

Für die betrachteten Ellipsoide bekommen wir die folgenden Beträge für die Halbachsen:

$$a_{\text{Kras.}} = 6\,378\,245{,}0 \text{ m}; \quad a_{\text{Int.}} = 6\,378\,388{,}0 \text{ m};$$

$$b_{\text{Kras.}} = 6\,356\,863{,}0 \text{ m}; \quad b_{\text{Int.}} = 6\,356\,912{,}0 \text{ m}.$$

Daraus nun

$$\zeta^e = a_{\text{Int}} - a_{\text{Kras.}} = 143{,}0 \text{ m};$$

$$\zeta^p = b_{\text{Int.}} - b_{\text{Kras.}} = 49{,}0 \text{ m}; \ (\zeta^e - \zeta^p = 94{,}0 \text{ m}).$$

Wie man sieht, beträgt der Unterschied in den absoluten Beträgen von ζ lediglich 2 m. Die relativen Werte (der Undulationen) weisen dagegen Abweichungen von 0,7 m auf. In der Tat ist

$$\zeta^e - \zeta^p = +31{,}1 + 62{,}2 = 93{,}3 \text{ m}.$$

Damit führen uns die Berechnungen der absoluten Abweichungen des Geoids am Äquator und am Pol zu folgenden Werten für die Halbachsen des angesetzten Ellipsoids:

$$a = 6\,378\,245{,}0 + 144{,}9 = 6\,378\,389{,}9 \text{ m};$$

$$b = 6\,356\,863{,}0 + 51{,}6 = 6\,356\,914{,}6 \text{ m}.$$

Demzufolge können wir aussagen, daß die Figur des Geoids der des internationalen Ellipsoids entspricht, das im vorliegenden Beispiel gerade als ellipsoidisches Geoid betrachtet worden ist. Auf diese Weise steht die Frage über die Ermittelung der absoluten Abweichungen des Geoids mit der Bestimmung der neuen Dimensionen des Ellipsoids in natürlichem Kontakt. Solch eine Bestimmung tritt jedoch weit über den Rahmen der rein gravimetrischen Erdfigurforschungen hinaus und erfordert einen komplizierten Komplex der gesamten geodätischen Arbeiten[2]). Mit anderen Worten,

---

[1]) Führt man die Berechnung des Mittelwertes der Schwerkraft nach den in der Veröffentlichung von I. D. Shongolowitsch [6] angegebenen genaueren Formeln durch, so werden die Werte der absoluten Abweichungen des Geoids den wahren Entfernungen zwischen den betrachteten Ellipsoiden näherkommen. In der Tat findet man für $\Delta g_m = 0{,}0343$ gal

$$\frac{R \Delta g_m}{2\bar{\gamma}} = 111{,}5 \text{ m}, \qquad (\bar{\gamma} = 979{,}781).$$

Dieselbe Größe erhalten wir unter Zugrundelegung der Formel (218). Dann haben wir

$$C_{\text{Int.}} - C_{\text{Kras.}} = -109{,}295 \cdot 10^5 \text{ cm}^2/\text{sec}^2.$$

Nimmt man jetzt auch in Formel (215) den Mittelwert für die Schwerkraft mit 979,781 (s. a. S. 52) an, so findet man

$$-\frac{\delta C}{\gamma} = 111{,}55 \text{ m}.$$

Den berechneten Undulationen kommen in diesem Fall die folgenden numerischen Werte zu:

$$\zeta^e = 111{,}6 + 31{,}1 = 142{,}7 \text{ m}; \quad \zeta^p = 111{,}6 - 62{,}2 = 49{,}4 \text{ m}.$$

Eine Abweichung von den in der Veröffentlichung von I. D. Shongolowitsch angeführten Daten besteht lediglich in der letzten Rechenstelle [6, S. 277].

[2]) Gegenwärtig werden bereits Wege einer gemeinsamen Bearbeitung des gravimetrischen und des geodätischen Beobachtungsmaterials für die Erforschung des Schwerefeldes der Erde und ihrer Figur vorgezeichnet. Dieser Frage ist eine Abhandlung des korr. Mitgl. der Ak. d. Wiss. der UdSSR M. S. Molodenski gewidmet, der in der „Sammlung wissenschaftlich-technischer und industrieller Abhandlungen der Hauptverwaltung für Geodäsie und Karthographie beim Ministerrat der UdSSR" (Liefg. 30, Moskau, 1950) veröffentlicht ist. Siehe auch: M. S. Molodenski, Methode der gemeinsamen Bearbeitung der gravimetrischen und der geodätischen Beobachtungen zur Erforschung des Schwerefeldes der Erde und ihrer Figur (Труды центр. научно-иссл. инст. геодез., аэросьемки и картограф., вып. 86, M., 1951).

die STOKESsche Formel gibt uns die Möglichkeit, nur die relativen Abweichungen des Geoids, also nur die Gestalt der Erde und ihre Art, zu bestimmen.

Auf Grund unserer Berechnungen der Geoidabweichungen nach der STOKESschen Formel haben wir

$$\zeta_s^e - \zeta_s^p = 93{,}3 \text{ m},$$

erhalten, d. h. die Erhebung des Geoids am Äquator übertrifft die am Pol um 93,3 m. Das ist also das Resultat, das uns in diesem Fall die STOKESsche Formel liefern kann. In Wirklichkeit beträgt dieser Überschuß für das untersuchte Modell, wie wir gesehen haben,

$$\zeta^e - \zeta^p = 143{,}0 - 49{,}0 = 94{,}0 \text{ m}.$$

Der Fehler, der im vorliegenden Falle 0,7 m beträgt, ist, wie zu erwarten war, eine Größe von der Ordnung $\alpha\,\zeta$. Demzufolge ist die Ermittelung der absoluten Abweichungen des Geoids nach der STOKESschen Formel sowohl von praktischer als auch von theoretischer Seite unmöglich. Die STOKESsche Formel, wie man sie auch betrachten mag, ermöglicht eine Bestimmung nur der relativen Abweichungen, denn die Ermittelung der absoluten Abweichungen des Geoids besteht, wie gezeigt worden ist, dem Wesen nach in der Bestimmung der neuen Dimensionen des Erdellipsoids, dessen beste Elemente auf Grund des gesamten Komplexes der geodätischen Messungen abzuleiten sind.

In der UdSSR ist jetzt als geodätische Fundamentalfläche für alle geodätischen Arbeiten das Ellipsoid von KRASSOWSKI angenommen, dessen Elemente wir bereits angegeben haben. Die Abweichungen des Geoids, die sich in bezug auf das KRASSOWSKIsche Ellipsoid ergeben, sind, sobald dieses als Ausgangsfläche gelten soll, nunmehr von absolutem Charakter, da wir bei der Untersuchung der Geoidfigur die Dimensionen der bereits festgesetzten Referenzfläche nicht verändern dürfen. Somit können alle unsere numerischen und tabellarischen Daten bei der Lösung verschiedenartiger praktischer und theoretischer Aufgaben unserer sowjetischen geodätischen Wissenschaft zur Anwendung kommen.

§ 24. Über die Bestimmung der Undulationen des Geoids in bezug auf das dreiachsige Ellipsoid

Es wurde bereits gesagt, daß die die Erdgestalt betreffenden Forschungen der jüngsten Zeit gezeigt haben, daß die Figur des Geoids am besten durch das dreiachsige Ellipsoid charakterisiert wird. Wir verweilen daher noch bei der Frage über die Möglichkeit einer Verwendung desselben als Referenzfigur. Die Theorie der Bestimmung der Figur des regularisierten Geoids bezüglich des Rotationsellipsoids haben wir eingehend untersucht. Für das dreiachsige Ellipsoid haben wir nur einige allgemeine Ausdrücke untersucht. Da aber in der Natur nur Spuren einer Triaxialität der Erde vorkommen [49, S. 7], könnte man erwarten, daß die betrachtete Theorie für die Bestimmung der Undulationen des Geoids in bezug auf das Rotationsellipsoid auch bei Undulationsbestimmungen bezüglich des als Referenzfigur angenommenen dreiachsigen Ellipsoids zur Anwendung kommen kann. Wir haben auch tatsächlich gesehen, daß die für die Kugel aufgestellte Theorie bei ihrer Anwendung zur Berechnung der Undulationen des Geoids bezüglich des Ellipsoids Fehler von der Ordnung α hervorruft (α die Erdabplattung). Diese Größe darf als Parameter angesehen werden, der den Unterschied des Rotationsellipsoids von der Kugel charakterisiert.

Daher wäre zu erwarten, daß die soeben aufgebaute Theorie — die strenggenommen nur für die Berechnung der Undulationen des Geoids in bezug auf das Rotationsellipsoid brauchbar ist — bei ihrer Anwendung auf die Berechnung der Undulationen in bezug auf das dreiachsige Ellipsoid Fehler von der Ordnung α' hervorrufen wird (α' Abplattung des Äquators — ein Parameter, der den Unterschied des dreiachsigen Ellipsoids vom Rotationsellipsoid charakterisiert). Demnach wird die Anwendung der von uns zur Bestimmung der Abweichungen des Geoids von einem, als Referenzfigur angesetzten dreiachsigen Ellipsoid aufgebauten Theorie, Fehler von der Ordnung α' hervorrufen — ähnlich dem, wie die die Kugel als Referenzfigur anwendende STOKESsche Theorie bei ihrem Einsatz für eine ellipsoidische Fläche Fehler von der Ordnung α zur Folge hat. Weil die

Abplattung des Äquators α' in bezug auf die des Meridians eine Größe zweiter Ordnung ist, wird die obenerwähnte Anwendung der Theorie auf das dreiachsige Ellipsoid keinerlei zusätzliche Fehler hervorrufen. Diese Bemerkung gestattet, bei den mit der Geoidfigur zusammenhängenden weiteren Untersuchungen als Referenzfigur ein dreiachsiges Ellipsoid — etwa das dreiachsige Ellipsoid des ЦНИИГАиК — zu gebrauchen. Die sich ergebenden Undulationen werden dann verringert sein, da die durch die Triaxialität der Erde hervorgerufene Welle des Geoids in der Referenzfigur bereits enthalten ist. Eine derartige Stellung des Problems könnte man sich in Analogie zur Mondtheorie von HILL vorstellen, die bei der Ableitung der Variationsbahn einen Teil der Störungen bereits berücksichtigt. Es war üblich, die Ellipse als die Kurve anzusetzen, für welche die Entwicklung der Störungsfunktion durchzuführen ist, bis dann HILL als Zwischenbahn die Variationsbahn vorschlug, welche die wichtigsten Ungleichungen enthält und daher der wirklichen Mondbewegung besser entspricht.

Die Anwendung des dreiachsigen Ellipsoids als Referenzfigur soll nur als ein praktischer Vorschlag angesehen werden, der unter Erhaltung desselben relativen Fehlers der Undulationenbestimmung die wahre Größe dieses Fehlers etwas zu verkleinern gestattet, insofern als die Beträge der Undulationen im Grunde — zwar recht wenig — aber doch verringert werden. Um die Berechnung der Undulationen des Geoids bezüglich des dreiachsigen Referenzellipsoids auszuführen, wird man die Schwerkraftanomalien benötigen, für deren Errechnung die dem dreiachsigen Niveauellipsoid entsprechende Normalformel mit Längenglied maßgebend ist. Nehmen wir als solch eine Niveaufläche das dreiachsige Niveauellipsoid des ЦНИИГАиК an, so werden wir mit Hilfe der von uns aufgestellten eingehenden Tafeln der Schwerkraftsverteilung auf dem dreiachsigen Ellipsoid des ЦНИИГАиК die erforderlichen Umrechnungen der Schwerkraftsanomalien in bezug auf diese Fläche leicht ausführen können [vgl. Tab. IV (S. 99)]. Desgleichen haben wir Tafeln gegeben, die zur Bestimmung der Korrektionen der für das internationale Ellipsoid berechneten Schwerkraftsanomalien dienen, um die Anomalien auf das dreiachsige Ellipsoid des ЦНИИГАиК reduzieren zu können [vgl. Tab. VI (S. 120) und Tab. VII (S. 122)].

Ein weiteres Anwachsen der experimentellen Untersuchungen könnte natürlich zur Notwendigkeit einer Änderung der für unsere Tafeln angesetzten Äquatorkonstanten γ_m führen. Es sei darauf hingewiesen, daß wenn diese Veränderung 10 Milligal nicht übertrifft, die entsprechenden Tafelwerte die konstante Korrektion $\Delta\gamma_m$ erhalten. Für $\Delta\gamma_m > 10$ Milligal lassen sich die Korrektionen für alle Tafeln nach der Formel

$$\Delta\gamma_m\,(1 + 0{,}0053 \sin^2 \varphi)$$

ermitteln. Man sieht also, daß die auf den Seiten 99—123 gebrachten Tafeln für die Schwerkraftsverteilung auf dem dreiachsigen Niveauellipsoid des ЦНИИГАиК auf dem KRASSOWSKIschen Ellipsoid sowie die Tafeln, mit deren Hilfe die Korrektionen der Schwerkraftsanomalie, berechnet bezüglich des internationalen Ellipsoids, zwecks ihrer Reduktion auf das dreiachsige Ellipsoid des ЦНИИГАиК und auf das KRASSOWSKIsche Ellipsoid erhalten werden können, eine bedeutende Erleichterung bei der praktischen Berechnung der Anomalien in bezug auf die drei erwähnten Ausgangsflächen darstellen.

§ 25. Die Differenzen der Hauptträgheitsmomente der dreiachsigen Erde [16]

In Untersuchungen, die mit dem Studium der Erdfigur zusammenhängen, kann die Kenntnis der Differenz der Hauptträgheitsmomente für die Masse der Erde erforderlich werden [8, 16, 45]. Daher sollen hier genaue Ausdrücke für diese Differenzen angegeben werden unter der Voraussetzung, daß die Niveauoberfläche der Erde ein dreiachsiges Ellipsoid ist, weil diese Fläche die wirkliche Oberfläche der Erde am besten annähert. In unserem, dem dreiachsigen Niveauellipsoid gewidmeten Buche [11] ist diese Frage leider nicht betrachtet worden. Ihre Untersuchung an dieser Stelle erscheint daher zweckdienlich.

Wir betrachten das Potential irgendeines Körpers in einem gewissen Punkte [49]

$$V = \int\limits_T \frac{\varkappa'\, d\tau'}{\Delta}, \tag{224}$$

hier ist T ein massenerfülltes Volumen; $\varkappa' = \varkappa(x', y', z')$ die Dichte der Massen; Δ der Abstand des Punktes $P(x, y, z)$ vom Punkte $P(x', y', z')$, in dem sich das Element $d\tau'$ befindet. Sodann bezeichnen wir die Trägheitsmomente bezüglich der Hauptachsen wie folgt[1]):

$$\left.\begin{aligned} A &= \int_T (y'^2 + z'^2)\varkappa'\, d\tau'; \\ B &= \int_T (x'^2 + z'^2)\varkappa'\, d\tau'; \\ C &= \int_T (x'^2 + y'^2)\varkappa'\, d\tau'. \end{aligned}\right\} \tag{225}$$

Wir können dann für das Potential V folgenden Ausdruck schreiben, wobei die Anziehungskonstante als Einheit gilt:

$$V = \frac{M}{r} + \frac{1}{2r^5}[x^2(B + C - 2A) + y^2(A + C - 2B) + z^2(A + B - 2C)] + R_3, \tag{226}$$

hier ist M die Masse der Erde, r der Radiusvektor des Punktes und R_3 das Restglied. Wenn wir mit V_x, V_y und V_z die Werte des Potentials in den Punkten bezeichnen, die auf den Koordinatenachsen in der Entfernung $+x$, $+y$, $+z$ vom Anfang liegen, so ergibt sich

$$\left.\begin{aligned} V_x &= \frac{M}{x} + \frac{1}{2x^3}(B + C - 2A) + \ldots; \\ V_y &= \frac{M}{y} + \frac{1}{2y^3}(A + C - 2B) + \ldots; \\ V_z &= \frac{M}{z} + \frac{1}{2z^3}(A + B - 2C) + \ldots \end{aligned}\right\} \tag{227}$$

Hieraus finden wir leicht

$$\left.\begin{aligned} \frac{1}{2}(B + C - 2A) &= \lim_{x\to\infty} x^2(xV_x - M); \\ \frac{1}{2}(A + C - 2B) &= \lim_{y\to\infty} y^2(yV_y - M); \\ \frac{1}{2}(A + B - 2C) &= \lim_{z\to\infty} z^2(zV_z - M). \end{aligned}\right\} \tag{228}$$

Das Potential des dreiachsigen Niveauellipsoids wird in LAMÉschen Funktionen durch die Formel [11, S. 22]

$$V = MS_0(\varrho) + A_7S_7(\varrho)M_7(\mu)N_7(\nu) + A_8S_8(\varrho)M_8(\mu)N_8(\nu), \tag{229}$$

bestimmt, wo ϱ, μ, ν elliptische Koordinaten sind. Die LAMÉschen Funktionen erster und zweiter Gattung $R(\varrho)$ und $S(\varrho)$ werden durch die Formeln bestimmt:

$$R_7 = \varrho^2 - a_1; \qquad S_7 = 5R_7 \int_\varrho^\infty \frac{d\varrho}{R_7^2\sqrt{(\varrho^2 - 1)(\varrho^2 - \eta^2)}};$$

$$R_8 = \varrho^2 - a_2; \qquad S_8 = 5R_8 \int_\varrho^\infty \frac{d\varrho}{R_8^2\sqrt{(\varrho^2 - 1)(\varrho^2 - \eta^2)}};$$

$$S_0 = \int_\varrho^\infty \frac{d\varrho}{\sqrt{(\varrho^2 - 1)(\varrho^2 - \eta^2)}}.$$

---

[1]) Soll X die Rotationsachse sein, so ist $A > B > C$.

Die Funktionen M_7, M_8 und N_7, N_8 werden durch die Formeln ausgedrückt:

$$M_7 = \mu^2 - \alpha_1; \qquad N_7 = \nu^2 - \alpha_1;$$

$$M_8 = \mu^2 - \alpha_2; \qquad N_8 = \nu^2 - \alpha_2.$$

Die Größen α_1 und α_2 sind die Wurzeln der Gleichung [11, S. 19]

$$3\,\alpha^2 - 2\,(1 + \eta^2)\,\alpha + \eta^2 = 0. \tag{230}$$

Der Parameter des Ellipsoids η wird, wie wir gesehen haben, durch die Gleichung

$$\eta = \frac{e_t'}{e_t}$$

gegeben, wo e_t die Exzentrizität der Meridianellipse ist, deren große Halbachse mit der des Äquators übereinstimmt; e_t' die Exzentrizität der Äquatorellipse ist. Als Längeneinheit dient die lineare Exzentrizität der erwähnten Meridianellipse. Die Koeffizienten A_7 und A_8 werden durch die Gleichungen [11, S. 26]

$$\left.\begin{aligned} A_7 &= \frac{\omega^2}{6\,(\alpha_1 - \alpha_2)\,S_7^0}\left[\frac{R_7^0}{1 - \alpha_1} + 2\right]; \\ A_8 &= \frac{\omega^2}{6\,(\alpha_2 - \alpha_1)\,S_8^0}\left[\frac{R_8^0}{1 - \alpha_2} + 2\right] \end{aligned}\right\} \tag{231}$$

bestimmt, wo ω die Winkelgeschwindigkeit der Rotation ist. In den Formeln (231) besagt der obere Index Null, daß sich die Funktionen R und S auf das gegebene Ellipsoid $\varrho = \varrho_0$ beziehen, dessen Gleichung in der Gestalt[1])

$$\frac{x^2}{\varrho_0^2 - 1} + \frac{y^2}{\varrho_0^2 - \eta^2} + \frac{z^2}{\varrho_0^2} = 1 \tag{232}$$

wiedergegeben werden kann. Die elliptischen Koordinaten der Punkte $(x, 0, 0)$, $(0, y, 0)$ und $(0, 0, z)$ lauten $(\varrho, \eta, 0)$, $(\varrho, 1, 0)$ und $(\varrho, 1, \eta)$. Die rechtwinkligen Koordinaten dieser Punkte werden durch die elliptischen wie folgt ausgedrückt:

$$x = \sqrt{\varrho^2 - 1}; \qquad y = 0; \qquad z = 0;$$

$$x = 0; \qquad y = \sqrt{\varrho^2 - \eta^2}; \qquad z = 0;$$

$$x = 0; \qquad y = 0; \qquad z = \varrho.$$

An dieser Stelle sei bemerkt, daß die elliptische Koordinate ϱ für $x, y, z \to \infty$ ebenfalls nach Unendlich strebt. Jetzt können wir für V_x, V_y und V_z folgende Ausdrücke schreiben:

$$\left.\begin{aligned} V_x &= MS_0\,(\varrho) + A_7 S_7\,(\varrho)\,M_7\,(\eta)\,N_7\,(0) + A_8 S_8\,(\varrho)\,M_8\,(\eta)\,N_8\,(0); \\ V_y &= MS_0\,(\varrho) + A_7 S_7\,(\varrho)\,M_7\,(1)\,N_7\,(0) + A_8 S_8\,(\varrho)\,M_8\,(1)\,N_8\,(0); \\ V_z &= MS_0\,(\varrho) + A_7 S_7\,(\varrho)\,M_7\,(1)\,N_7\,(\eta) + A_8 S_8\,(\varrho)\,M_8\,(1)\,N_8\,(\eta). \end{aligned}\right\} \tag{233}$$

Folglich ist auf Grund (228)

$$\left.\begin{aligned} \frac{1}{2}(B + C - 2\,A) &= \lim_{\varrho \to \infty}(\varrho^2 - 1)\left\{\sqrt{\varrho^2 - 1}\;V_x - M\right\}; \\ \frac{1}{2}(A + C - 2\,B) &= \lim_{\varrho \to \infty}(\varrho^2 - \eta^2)\left\{\sqrt{\varrho^2 - \eta^2}\;V_y - M\right\}; \\ \frac{1}{2}(A + B - 2\,C) &= \lim_{\varrho \to \infty}\varrho^2\,(\varrho\,V_z - M). \end{aligned}\right\} \tag{234}$$

Die auf der rechten Seite der Gleichungen (234) stehenden Größen V_x, V_y, V_z werden durch (233) bestimmt.

---

[1]) Die Halbachsen des Ellipsoids sind $c_t = \sqrt{\varrho_0^2 - 1}$; $b_t = \sqrt{\varrho_0^2 - \eta^2}$; $a_t = \varrho_0$.

Unter Verwendung der Entwicklungen

$$S_0 = \frac{1}{\varrho} + \left(\frac{1}{2} + \frac{1}{2}\eta^2\right)\frac{1}{3\varrho^3} + \ldots;$$

$$\sqrt{\varrho^2 - 1} = \varrho\left\{1 - \frac{1}{2}\frac{1}{\varrho^2} + \ldots\right\};$$

$$\sqrt{\varrho^2 - \eta^2} = \varrho\left\{1 - \frac{1}{2}\frac{\eta^2}{\varrho^2} + \ldots\right\}$$

finden wir nach einigen Umformungen[1]) für das vorgegebene Ellipsoid $\varrho = \varrho_0$:

$$\left.\begin{aligned} \frac{1}{2}(B + C - 2A) &= -\frac{M}{3}\left(1 - \frac{1}{2}\eta^2\right) + \frac{\omega^2}{6}\left\{P_7 F_7(\varrho_0, \eta) + P_8 F_8(\varrho_0, \eta);\right\}; \\ \frac{1}{2}(A + C - 2B) &= \frac{M}{3}\left(\frac{1}{2} - \eta^2\right) + \frac{\omega^2}{6}\left\{Q_7 F_7(\varrho_0, \eta) + Q_8 F_8(\varrho_0, \eta)\right\}; \\ \frac{1}{2}(A + B - 2C) &= \frac{M}{3}\left(\frac{1}{2} + \frac{1}{2}\eta^2\right) + \frac{\omega^2}{6}\left\{T_7 F_7(\varrho_0, \eta) + T_8 F_8(\varrho_0, \eta)\right\}. \end{aligned}\right\} \quad (235)$$

In den Formeln (235) haben wir

$$P_7 = \frac{\alpha_1(\alpha_1 - \eta^2)}{\alpha_1 - \alpha_2}, \qquad P_8 = \frac{\alpha_2(\alpha_2 - \eta^2)}{\alpha_2 - \alpha_1};$$

$$Q_7 = \frac{\alpha_1(\alpha_1 - 1)}{\alpha_1 - \alpha_2}, \qquad Q_8 = \frac{\alpha_2(\alpha_2 - 1)}{\alpha_2 - \alpha_1};$$

$$T_7 = \frac{(\alpha_1 - 1)(\alpha_1 - \eta^2)}{\alpha_1 - \alpha_2}, \qquad T_8 = \frac{(\alpha_2 - 1)(\alpha_2 - \eta^2)}{\alpha_2 - \alpha_1};$$

$$F_7(\varrho_0, \eta) = \frac{1}{1 - \alpha_1}\frac{R_7^0}{S_7^0} + \frac{2}{S_7^0}, \qquad F_8(\varrho_0, \eta) = \frac{1}{1 - \alpha_2}\frac{R_8^0}{S_8^0} + \frac{2}{S_8^0}$$

gesetzt.

Die Formeln (235) stellen geschlossene Ausdrücke für die Entwicklungskoeffizienten des Potentials dar:

$$\frac{1}{2}(B + C - 2A), \quad \frac{1}{2}(A + C - 2B) \text{ und } \frac{1}{2}(A + B - 2C).$$

Diesen Formeln haben wir in dem der betrachteten Frage gewidmeten Artikel [16] eine für Rechnungen zweckmäßigere Form verliehen, bei der die in geschweiften Klammern stehenden Ausdrücke von (235) in Reihen entwickelt sind. Nach diesen Gleichungen kann man auch geschlossene Ausdrücke für die gesuchten Differenzen der Trägheitsmomente leicht ermitteln[2]). Auf diese Weise hat man

$$\left.\begin{aligned} C - A &= -\frac{M}{3} + \frac{\omega^2}{9}\{H_7 F_7(\varrho, \eta) + H_8 F_8(\varrho, \eta)\}; \\ A - B &= \frac{M}{3}(1 - \eta^2) + \frac{\omega^2}{9}\{-K_7 F_7(\varrho, \eta) - K_8 F_8(\varrho, \eta)\}; \\ B - C &= \frac{M}{3}\eta^2 + \frac{\omega^2}{9}\{L_7 F_7(\varrho, \eta) + L_8 F_8(\varrho, \eta)\}. \end{aligned}\right\} \quad (236)$$

---

[1]) Bei der Ableitung der Formeln (235) (S. 76) ist zu berücksichtigen, daß die Entwicklung von S_7 und S_8 mit $\frac{1}{\varrho^3}$ [1, S. 151] beginnt, auf Grund dessen man leicht

$$\lim_{\varrho\to\infty}(\varrho^2 - 1)\sqrt{\varrho^2 - 1}\, S_7(\varrho) = 1; \qquad \lim_{\varrho\to\infty}(\varrho^2 - 1)\sqrt{\varrho^2 - 1}\, S_8(\varrho) = 1;$$

$$\lim_{\varrho\to\infty}(\varrho^2 - \eta^2)\sqrt{\varrho^2 - \eta^2}\, S_7(\varrho) = 1; \qquad \lim_{\varrho\to\infty}(\varrho^2 - \eta^2)\sqrt{\varrho^2 - \eta^2}\, S_8(\varrho) = 1;$$

$$\lim_{\varrho\to\infty}\varrho^3 S_7(\varrho) = 1; \qquad \lim_{\varrho\leftarrow\infty}\varrho^3 S_8(\varrho) = 1$$

bekommt.

[2]) Die Größen $C - A$, $A - B$ und $B - C$ sind Stokessche Konstanten [6, S. 375]. Den Index Null in (236) haben wir der Kürze wegen fortgelassen.

H_7, H_8, K_7, K_8 und L_7, L_8 stellen in den Formeln (236) dieselben Koeffizienten dar, die in die Ausdrücke [11, S. 57, Form. (94) u. (95)] eingehen, die in geschlossener Form den CLAIRAUTschen Satz für das dreichachsige Niveauellipsoid darstellen, also

$$H_7 = \frac{\alpha_1 - \eta^2}{\alpha_1 - \alpha_2}, \qquad H_8 = \frac{\alpha_2 - \eta^2}{\alpha_2 - \alpha_1};$$

$$K_7 = \frac{\alpha_1 (1 - \eta^2)}{\alpha_1 - \alpha_2}, \qquad K_8 = \frac{\alpha_2 (1 - \eta^2)}{\alpha_2 - \alpha_1};$$

$$L_7 = \frac{(1 - \alpha_1)\,\eta^2}{\alpha_1 - \alpha_2}, \qquad L_8 = \frac{(1 - \alpha_2)\,\eta^2}{\alpha_2 - \alpha_1}.$$

Da die Summe der Ausdrücke (236) gleich Null ist, ist $H_7 + L_7 = K_7$ und $H_8 + L_8 = K_8$. Für den Fall des Rotationsellipsoids ist $B = C = P$, $A = R$, $\eta = 0$, $\alpha_2 = 0$ und $\alpha_1 = \frac{2}{3}$ [11, S. 42]. Die dritte Gleichung verschwindet, die beiden ersten werden auf die Form gebracht:

$$R - P = \frac{M}{3} - \frac{\omega^2}{3} \cdot \frac{\varrho^2}{S_7}. \tag{237}$$

Formel (237) stellt einen geschlossenen Ausdruck für die Differenz der Hauptträgheitsmomente des Niveaurotationsellipsoids dar. Sie entspricht der Formel von PIZZETTI [45, S. 76]. Denn für den Fall der Rotation wird S_7 durch Elementarfunktionen ausgedrückt. Wird die neue Variable $i = \frac{1}{\sqrt{\varrho^2 - 1}}$ eingeführt, so ergibt sich nach der Integration

$$S_7 = \frac{15}{4} \frac{(3 + i^2)\operatorname{arc\,tg} i - 3i}{i^2}. \tag{238}$$

Die Größe i ist die zweite Exzentrizität des Rotationsellipsoids. Durch Einsetzen von (238) in (237) und Berücksichtigung, daß die Anziehungskonstante als Einheit, die lineare Exzentrizität der Meridianellipse als Längeneinheit galten, findet man[1])

$$R - P = \frac{M b^2 i^2}{3} \left[1 - \frac{4}{15} \cdot \frac{\omega^2 a^2 b\, i^3}{f M \{(3 + i^2)\operatorname{arc\,tg} i - 3\,i\}}\right]. \tag{239}$$

Diese Formel stimmt mit der erwähnten PIZZETTIschen Formel überein. Durch Reihenentwicklung des zweiten Gliedes in den eckigen Klammern bringen wir (239) auf die Form

$$R - P = \frac{M b^2 i^2}{3} - \frac{\omega^2 a^2 b^3}{3 f} \left\{1 + \frac{6}{7} i^2 + \frac{1}{49} i^4 + \dots\right\} \tag{240}$$

oder

$$R - P = \frac{M b^2 i^2}{3} - \frac{\omega^2 b^5}{3 f} \left\{1 + \frac{13}{7} i^2 + \frac{43}{49} i^4 + \dots\right\}. \tag{241}$$

Jetzt stellen wir die Ausdrücke in geschweiften Klammern der Gleichungen (236) in Reihenentwicklung dar. Die Funktionen $F_7(\varrho, \eta)$ und $F_8(\varrho, \eta)$ sind folgendermaßen darstellbar:

$$\left.\begin{aligned} F_7(\varrho, \eta) &= \varrho^5 \left\{b_0^{(7)} + b_2^{(7)} \frac{1}{\varrho^2} + b_4^{(7)} \frac{1}{\varrho^4} + \dots\right\}; \\ F_8(\varrho, \eta) &= \varrho^5 \left\{b_0^{(8)} + b_2^{(8)} \frac{1}{\varrho^2} + b_4^{(8)} \frac{1}{\varrho^4} + \dots\right\}, \end{aligned}\right| \tag{242}$$

---

[1]) Betreffs der angenommenen Dimensionseinheiten vgl. [1, S. 21]. Die als Einheit geltende lineare Exzentrizität wird durch

$$ae = bi = 1$$

ausgedrückt, wo a die Äquatorhalbachse des Rotationsellipsoids, b seine Polarhalbachse, e und i die erste und die zweite Exzentrizität ist. An dieser Stelle sei bemerkt, daß, wenn die Längeneinheit bi-mal kleiner angenommen wird, die Masseneinheit sich um $b^3 i^3$-mal verkleinert. Außerdem ist zu berücksichtigen, daß die Dimension des Trägheitsmomentes Masse mal Längenquadrat lautet.

wo

$$b_0^{(7)} = \frac{1}{1-\alpha_1}, \qquad b_0^{(8)} = \frac{1}{1-\alpha_2};$$

$$b_2^{(7)} = 2 - \frac{d_2^{(7)}}{1-\alpha_1}, \qquad b_2^{(8)} = 2 - \frac{d_2^{(8)}}{1-\alpha_2};$$

$$b_4^{(7)} = 2\,\alpha_1 - d_2^{(7)} - \frac{d'^{(7)}_4}{1-\alpha_1}, \qquad b_4^{(8)} = 2\,\alpha_2 - 2\,d_2^{(8)} - \frac{d'^{(8)}_4}{1-\alpha_2}.$$

Die Größen $d_2^{(7)}$ und $d'^{(7)}_4$ werden nach den Gleichungen

$$\left.\begin{aligned} d_2^{(7)} &= \frac{5}{7}\left(\frac{1}{2} + \frac{1}{2}\eta^2 + 2\alpha_1\right); \\ d_4^{(7)} &= \frac{5}{9}\left[\frac{3}{8} + \frac{1}{4}\eta^2 + \frac{3}{8}\eta^4 + \alpha_1(1+\eta^2) + 3\,\alpha_1^2\right]; \\ d'^{(7)}_4 &= d_4^{(7)} - [d_2^{(7)}]^2 \end{aligned}\right\} \tag{243}$$

bestimmt [11, S. 61, Form. (105)]. Die Größen $d_2^{(8)}$ und $d'^{(8)}_4$ erhält man auf Grund analoger Beziehungen durch die Substitution α_2 für α_1 in ihnen. Jetzt können die Formeln (236) in der Form geschrieben werden:

$$\left.\begin{aligned} C - A &= -\frac{M}{3} + \frac{\omega^2\varrho^5}{9}\left\{h_0 + h_2\frac{1}{\varrho^2} + h_4\frac{1}{\varrho^4} + \ldots\right\}; \\ A - B &= \frac{M}{3}(1-\eta^2) + \frac{\omega^2\varrho^5}{9}\left\{-k_0 - k_2\frac{1}{\varrho^2} - k_4\frac{1}{\varrho^4} - \ldots\right\}; \\ B - C &= \frac{M}{3}\eta^2 + \frac{\omega^2\varrho^5}{9}\left\{l_0 + l_2\frac{1}{\varrho^2} + l_4\frac{1}{\varrho^4} + \ldots\right\}, \end{aligned}\right\} \tag{244}$$

wo

$$h_0 = H_7 b_0^{(7)} + H_8 b_0^{(8)}; \quad h_2 = H_7 b_2^{(7)} + H_8 b_2^{(8)}; \quad h_4 = H_7 b_4^{(7)} + H_8 b_4^{(8)};$$

$$k_0 = K_7 b_0^{(7)} + K_8 b_0^{(8)}; \quad k_2 = K_7 b_2^{(7)} + K_8 b_2^{(8)}; \quad k_4 = K_7 b_4^{(7)} + K_8 b_4^{(8)};$$

$$l_0 = L_7 b_0^{(7)} + L_8 b_0^{(8)}; \quad l_2 = L_7 b_2^{(7)} + L_8 b_2^{(8)}; \quad l_4 = L_7 b_4^{(7)} + L_8 b_4^{(8)}.$$

Als Kontrolle kann man die Formeln verwenden:

$$h_0 + l_0 = k_0; \; h_2 + l_2 = k_2; \; h_4 + l_4 = k_4.$$

Als erstes finden wir $h_0 = 3$, $k_0 = 3$ und $l_0 = 0$. Ferner erhalten wir, wenn wir die Entwicklungen von α_1 und α_2 nach Potenzen von η^2 benutzen [11, S. 19]:

$$h_2 = -3\left(\frac{9}{14} + \frac{5}{14}\eta^2\right); \qquad h_4 = -3 \cdot \frac{13}{392} + \text{Glieder mit } \eta^2 \text{ und höher}$$

$$k_2 = -3\left(\frac{9}{14} + \frac{3}{2}\eta^2\right); \qquad k_4 = -3\frac{13}{392} + \text{Glieder mit } \eta^2 \text{ und höher}$$

$$l_2 = -\frac{24}{7}\eta^2; \qquad l_4 = 0 \text{ (Glieder von der Ordn. } \eta^2 \text{ und höher sind vernachlässigt).}$$

Bei der Ermittelung der Größen h_4, k_4 und l_4 haben wir die Glieder mit η^2 fortgelassen, da diese Größen $\frac{1}{\varrho^4}$ als Faktor haben; folglich vernachlässigen wir in den geschweiften Klammern der Gleichungen (244) Größen von der Ordnung $\eta^2\,\frac{1}{\varrho^4}$ oder, was dasselbe ist, $e_t'\,e_t^2$, also nur Größen sechster Ordnung in bezug auf die Exzentrizität des Erdellipsoids (e_t' ist als Größe zweiter Ordnung bezüglich der Exzentrizität e_t zu betrachten). Setzen wir die gefundenen Ausdrücke in (244) ein, so erhalten wir

$$\left.\begin{aligned} C - A &= -\frac{M}{3} + \frac{\omega^2\varrho^5}{3}\left\{1 - \left(\frac{9}{14} + \frac{5}{14}\eta^2\right)\frac{1}{\varrho^2} - \frac{13}{392}\cdot\frac{1}{\varrho^4} - \ldots\right\}; \\ A - B &= \frac{M}{3}(1-\eta^2) + \frac{\omega^2\varrho^5}{3}\left\{-1 + \left(\frac{9}{14} + \frac{3}{2}\eta^2\right)\frac{1}{\varrho^2} + \frac{13}{392}\cdot\frac{1}{\varrho^4} + \ldots\right\}; \\ B - C &= \frac{M}{3}\eta^2 - \frac{8\,\omega^2\varrho^5}{21}\cdot\frac{\eta^2}{\varrho^2}. \end{aligned}\right\} \tag{245}$$

Wenn wir die allgemein übliche Dimension wiederherstellen und berücksichtigen, daß für das durch (232) bestimmte Ellipsoid (a_t, b_t, c_t) die Beziehungen (der Index Null ist der Kürze wegen fortgelassen)

$$e_t^2 = \frac{a_t^2 - c_t^2}{a_t^2} = \frac{1}{\varrho_0^2}; \qquad e_t'^2 = \frac{a_t^2 - b_t^2}{a_t^2} = \frac{\eta^2}{\varrho_0^2};$$

$$a_t e_t = \sqrt{a_t^2 - c_t^2} = 1; \qquad a_t e_t' = \sqrt{a_t^2 - b_t^2} = \eta,$$

gelten, so erhalten wir

$$\left.\begin{aligned} C - A &= -\frac{M a_t^2}{3} e_t^2 + \frac{\omega^2 a_t^5}{3f}\left\{F(e_t^2) - \frac{5}{14} e_t'^2\right\}; \\ A - B &= \frac{M a_t^2}{3}(e_t^2 - e_t'^2) + \frac{\omega^2 a_t^5}{3f}\left\{- F(e_t^2) + \frac{3}{2} e_t'^2\right\}; \\ B - C &= \frac{M a_t^2}{3} e_t'^2 - \frac{8\,\omega^2 a_t^5}{21\,f} e_t'^2, \end{aligned}\right\} \tag{246}$$

wo

$$F(e_t^2) = 1 - \frac{9}{14} e_t^2 - \frac{13}{392} e_t^4 \ldots$$

Für das Rotationsellipsoid ist $e_t = e$ und $e_t' = 0$, folglich

$$R - P = \frac{M a^2}{3} e^2 - \frac{\omega^2 a^5}{3f} F(e^2). \tag{247}$$

Geht man zu den entsprechenden Abplattungen des dreichachsigen Ellipsoids $\alpha_t = \frac{a_t - c_t}{a_t}$, $\alpha_t' = \frac{a_t - b_t}{a_t}$ über, so nehmen die Formeln (246) die Gestalt an[1])

$$\left.\begin{aligned} C - A &= -\frac{M a_t^2}{3}(2\alpha_t - \alpha_t^2) + \frac{\omega^2 a_t^5}{3f}\left\{G(\alpha_t) - \frac{5}{7}\alpha_t'\right\}; \\ A - B &= \frac{M a_t^2}{3}(2\alpha_t - \alpha_t^2 - 2\alpha_t') + \frac{\omega^2 a_t^5}{3f}\{- G(\alpha_t) + 3\alpha_t'\}; \\ B - C &= \frac{M a_t^2}{3} 2\alpha_t' - \frac{16\,\omega^2 a_t^5}{21\,f}\alpha_t'. \end{aligned}\right\} \tag{248}$$

Die dritte von diesen läßt sich auf die Form bringen

$$\frac{3}{2}\cdot\frac{B - C}{M a_t^2} = \alpha_t'\left\{1 - \frac{8}{7}\varkappa\right\}. \tag{248'}$$

Hier haben wir mit $\varkappa$ die Größe $\frac{\omega^2 a_t^3}{fM}$ von der Ordnung der Abplattung bezeichnet. Vernachlässigt man das $\alpha_t'\varkappa$ enthaltende Glied dritter Ordnung bezüglich der Abplattung, so ergibt sich der Zusammenhang zwischen der Differenz der Hauptträgheitsmomente der Erde und der Abplattung des Äquators:

$$\alpha_t' = \frac{3}{2}\,\frac{B - C}{M a_t^2}. \tag{248''}$$

In unserer Bezeichnungsweise stimmt diese Formel mit der von A. A. Isotow [20, S. 41] überein. Für das Rotationsellipsoid verschwinden die dritte der Gleichungen (248), die beiden ersten nehmen die Gestalt an:

$$R - P = \frac{M a^2}{3}(2\alpha - \alpha^2) - \frac{\omega^2 a^5}{3f} G(\alpha). \tag{249}$$

In den Formeln (248) und (249) werden die Funktionen $G(\alpha_t)$ und $G(\alpha)$ durch eine Reihe von der Form

$$G(\alpha) = 1 - \frac{9}{7}\alpha + \frac{25}{49}\alpha^2 + \ldots \tag{250}$$

vorgegeben.

---

[1]) Bei der Ableitung dieser Formeln kann die mittlere Meridianabplattung benutzt werden [8, S. 383].

So sind also die Formeln beschaffen, die uns die Differenzen der Trägheitsmomente des dreiachsigen Niveauellipsoids und des Niveaurotationsellipsoids liefern. Nun berechnen wir die Differenzen der Trägheitsmomente für die durch die Angaben des ЦНИИГАиК bestimmte dreiachsige Erde. Außerdem führen wir die Berechnung der Differenz der Trägheitsmomente für den Fall des Rotationsellipsoids durch, wobei wir die Daten für das Krassowskische Ellipsoid benutzen.

Für das dreiachsige Ellipsoid des ЦНИИГАиК ist [13]

$$a_t = 637\,835\,130 \text{ cm}; \; \alpha_t = 0{,}003\,368\,940; \; \alpha_t' = 0{,}000\,033\,333.$$

Für das Krassowskische Ellipsoid ist [23]

$$a = 637\,824\,500 \text{ cm}; \; \alpha = 0{,}003\,352\,330.$$

Die Größen $f\,M$ und M haben für beide Ellipsoide gleiche Werte [11, S. 96], nämlich

$$f\,M = 3{,}986\,209 \cdot 10^{20}; \quad M = 5{,}7963 \cdot 10^{27}\,\text{g}.$$

Nach (248) finden wir[1])

$$\frac{\omega^2 a_t^3}{f\,M} = 0{,}003\,461\,562; \quad G(\alpha_t) = 0{,}995\,674\,297$$

und

$$\frac{C-A}{M a_t^2} = -\,0{,}001\,093\,341; \quad \frac{A-B}{M a_t^2} = 0{,}001\,071\,207; \quad \frac{B-C}{M a_t^2} = 0{,}000\,022\,134. \tag{251}$$

Die numerischen Werte dieser Parameter ergeben sich bis zu Größen dritter Ordnung der Abplattung α_t^3, da die Größe $\frac{\omega^2 a_t^3}{f\,M}$ als erster Ordnung bezüglich der Abplattung des Erdellipsoids zu betrachten ist. Die Koeffizienten bei $\frac{M a_t^2}{3}$ in den Formeln (248) sind genau. Die gesuchten Differenzen der Trägheitsmomente des dreiachsigen Ellipsoids des ЦНИИГАиК unter der Voraussetzung, daß seine Oberfläche eine Niveaufläche ist, werden durch die Zahlen festgelegt:

$$\left.\begin{aligned} C - A &= -\,265{,}83 \cdot 10^{40}\,\text{g}\cdot\text{cm}^2;\\ A - B &= 260{,}45 \cdot 10^{40}\,\text{g}\cdot\text{cm}^2;\\ B - C &= 5{,}38 \cdot 10^{40}\,\text{g}\cdot\text{cm}^2. \end{aligned}\right\} \tag{252}$$

Diese Größen sind mit einer geringeren Genauigkeit angegeben, da uns die Größe M nicht mit derselben Genauigkeit bekannt ist wie das in die rechte Seite der Formeln für die Parameter $\frac{C-A}{Ma_t^2}$, $\frac{A-B}{Ma_t^2}$ und $\frac{B-C}{Ma_t^2}$ eingehende Produkt $f\,M$. Für das Rotationsellipsoid finden wir nach Formel (249)

$$\frac{\omega^2 a^3}{f\,M} = 0{,}003\,461\,390; \quad G(\alpha) = 0{,}995\,695\,595;$$

$$\frac{R-P}{M a^2} = 0{,}001\,082\,310; \tag{253}$$

$$R - P = 263{,}14 \cdot 10^{40}\,\text{g}\cdot\text{cm}^2 \tag{254}$$

Man sieht unschwer, daß der numerische Wert der Größe $(R - P)$ das arithmetische Mittel der Größen $(A - C)$ und $(A - B)$ ist.

Aus den Formeln (248) lassen sich leicht Formeln für $\frac{1}{2}(B + C - 2\,A)$, $\frac{1}{2}(A + C - 2\,B)$ und $\frac{1}{2}(A + B - 2\,C)$ ableiten. Diese Formeln könnte man auch unmittelbar auf Grund von (235) erhalten, von denen wir bei der Ableitung der Formeln für die gesuchten Differenzen der Trägheitsmomente der dreiachsigen Erde ausgehen.

---

[1]) Ausführlichere Rechnungen sind in meinem Artikel [16] angeführt, der derselben Frage gewidmet ist.

$$\left.\begin{aligned}
\frac{1}{2}(C+B-2A) &= -\frac{Ma_t^2}{3}(2\alpha_t - \alpha_t^2 - \alpha_t') + \frac{\omega^2 a^5}{3f}\left\{G(\alpha_t) - \frac{13}{7}\alpha_t'\right\};\\
\frac{1}{2}(A+C-2B) &= \frac{Ma_t^2}{3}\left(\alpha_t - \frac{1}{2}\alpha_t^2 - 2\alpha_t'\right) + \frac{\omega^2 a^5}{6f}\left\{-G(\alpha_t) + \frac{37}{7}\alpha_t'\right\};\\
\frac{1}{2}(B+A-2C) &= \frac{Ma_t^2}{3}\left(\alpha_t - \frac{1}{2}\alpha_t^2 + \alpha_t'\right) + \frac{\omega^2 a^5}{6f}\left\{-G(\alpha_t) - \frac{11}{7}\alpha_t'\right\}.
\end{aligned}\right\} \quad (255)$$

Rechnungen nach diesen Formeln ergeben

$$\left.\begin{aligned}
\frac{1}{2}\,\frac{C+B-2A}{Ma_t^2} &= -\,0{,}001\,082\,274;\\
\frac{1}{2}\,\frac{A+C-2B}{Ma_t^2} &= \,0{,}000\,524\,536;\\
\frac{1}{2}\,\frac{B+A-2C}{Ma_t^2} &= \,0{,}000\,557\,738.
\end{aligned}\right\} \quad (256)$$

Auf Grund von Mondbeobachtungen läßt sich der numerische Wert des Parameters bestimmen [2, S. 444] $\mu = \frac{3}{2}\cdot\frac{A - \frac{B+C}{2}}{Ma^2}$. Nach der ersten Formel (256) ist $\frac{1}{2}\,\frac{C+B-2A}{Ma_t^2} = -\,0{,}001082274$. Woraus wir unter Beachtung der Gleichung $a_t^2 = a^2(1+\alpha')$ erhalten: $\frac{\frac{C+B}{2} - A}{Ma^2} = -\,0{,}001\,082\,310$. Folglich ist $\mu = 0{,}001\,623\,465$. Derselbe numerische Wert des Parameters ergibt sich, wenn man von der Formel $\mu = \frac{3}{2}\,\frac{R-P}{Ma^2}$ ausgeht. Mondbeobachtungen führen nach den Untersuchungen von K. L. Bajew (s. a. [49, S. 272]) zu folgendem Wert dieses Parameters: $\mu = 0{,}0016391 \pm 0{,}0000071$, wodurch man zu einem im Vergleich zum Krassowskischen Ellipsoid etwas größeren Wert für die Abplattung gelangt.

Weil die Erdfigur gegenwärtig am besten durch das dreiachsige Ellipsoid charakterisiert wird, können die erhaltenen Formeln sowohl in praktischen als auch in theoretischen Fragen, die mit der Bestimmung der Erdfigur zusammenhängen, zur Anwendung kommen.

§ 26. Die wirkliche Erde

Die untersuchte Theorie des regularisierten Geoids gibt die Möglichkeit, die Abweichung des Geoids von einem gewissen Referenzellipsoid mit einer, wie wir eingehend gezeigt haben, größeren Genauigkeit zu bestimmen, als es die klassische Theorie von Stokes vermag.

Für die Bestimmung der Abweichungen des regularisierten Geoids in bezug auf eine ellipsoidische Fläche ist die von Stokes entwickelte Theorie vom formalen Standpunkte nicht anwendbar. Solch eine Anwendung bringt in die Lösung des Problems die Fehler hinein, die im vorigen Kapitel eingehend beleuchtet sind. Natürlich sind die beiden hier angegebenen Theorien dadurch charakteristisch, daß anstelle der wirklichen Erde eine Erde (Geoid) betrachtet wird, bei der alle außerhalb des Geoids liegenden Massen auf diese oder jene Weise ins Innere des Geoids oder nach seiner Oberfläche verlagert sind. Mit anderen Worten, es ist die Regularisierung der Erde durchgeführt. Folglich ist die regularisierte Erde das Ausgangsobjekt. Bei solch einer Problemstellung darf die Annahme gelten, auf die M. S. Molodenski [40] hinweist, daß hier die Methode der Reduktion vorliegt und der Zusammenhang der reduzierten Schwerkraftswerte mit der Form des Geoids der Untersuchung unterliegt.

Wir können hier keine Beschreibung der verschiedenen Methoden der Schwerkraftsreduktionen bringen und diese kritisieren, da diese Frage, wie bereits in der Einleitung erwähnt, nicht zum gestellten Problem gehört.

Es ist klar, daß die Methode der Reduktion der Schwerkraft auf das Meeresniveau sowohl unsere Lösung als auch die sich aus der klassischen Stokesschen Formel ergebende Lösung um ein und dieselbe Größe verfälschen wird. Demzufolge zeigt der hier von uns durchgeführte Vergleich der Formeln, daß die auf Grund der Entwicklung der Theorie der Ellipsoide erzielte relative Verbesserung der STOKESschen Formel keinesfalls von der Reduktionsmethode abhängig sein wird.

Was die Gleichungen, die die Figur der nichtregularisierten Erde bestimmen (N. D. MOISSEJEW, N. R. MALKIN und M. S. MOLODENSKI), anbetrifft, so werden sie, wie bereits in der Einleitung erwähnt, dank der in der jüngsten Zeit von M. S. MOLODENSKI durchgeführten Forschungen, nach dieser oder jener Methode der Regularisierung der Erde interpretiert. Hier sei bemerkt, daß solche Gleichungen ihre Aufstellung dem Streben nach einer Verbesserung der STOKESschen Formel verdanken [40]. Eine von M. S. MOLODENSKI durchgeführte sorgfältige Untersuchung dieser Formeln führte ihn jedoch zu einer Schlußfolgerung, die auf die schwachen Seiten der Untersuchungsmethode der nichtregularisierten Erde hinweist. Dadurch gelangt die genaue Theorie der regularisierten Erde gegenwärtig zu noch größerer Bedeutung.

Zum Schluß vergleichen wir unsere Folgerungen mit den Untersuchungen M. S. MOLODENSKIS, deren Ziel die Bestimmung der Figur des nichtregularisierten Geoids und der Figur der physischen Erdoberfläche ist. Der Autor dieser Forschungen geht von unmittelbaren Schwerkraftsbeobachtungen aus, die an der physischen Erdoberfläche ausgeführt worden sind. In seiner Arbeit [40] ist eine Integralgleichung angeführt, mit deren Hilfe (nach Ermittelung ihrer Lösung) sich die Figur der wirklichen Erde bestimmen läßt. Diese Gleichung lautet [40, S. 45, Gleichung 3,51]

$$\gamma\zeta = \frac{1}{2\pi}\iint \frac{1}{r}\left(g - \bar{\gamma} - \bar{\zeta}\frac{\partial\bar{\gamma}}{\partial\nu} + \frac{R}{h} D\,(N, \gamma)\right)\sec^2(n, \nu)\, h_1\, h_2\, dq_1\, dq_2$$
$$+ \frac{1}{2\pi}\iint \bar{\gamma}\bar{\zeta}\left(\frac{\partial\frac{1}{r}}{\partial\nu}\sec^2(n, \nu) - 2\,D\left(\bar{q}, \frac{1}{r}\right) - \frac{1}{r}\Delta\bar{q}\right) h_1\, h_2\, dq_1\, dq_2. \tag{257}$$

Hier ist ζ der Abstand der physischen Erdoberfläche [deren Gleichung $q = \bar{q}'(q_1, q_2)$ lautet] von einer Fläche, die durch $q = \bar{q}(q_1, q_2)$ bestimmt wird; die Funktion $\bar{q}$ wird aus der Bedingung

$$U(\bar{q}, q_1^0, q_2^0) = \overline{\overline{W}}(q_1, q_2) = \overline{\overline{W}}(\bar{q}', q_1, q_2) \tag{258}$$

erhalten. U ist das normale Potential; W das Schwerkraftspotential; q, q_1, q_2 die elliptischen Koordinaten des Punktes; mit dem Zeichen q_1^0 und q_2^0 sind die astronomischen oder die geodätischen krummlinigen Koordinaten bezeichnet; n ist die Normale auf die Erdoberfläche; ν die Normale auf die Fläche $q = \text{const}$; h, h_1, h_2 sind die LAMÉschen Koeffizienten; $D(F, f)$ ist ein Differentialoperator, der durch die Gleichung

$$D(F, f) = \frac{h}{h_1^2}\cdot\frac{\partial F}{\partial q_1}\cdot\frac{\partial f}{\partial q_1} + \frac{h}{h_2^2}\cdot\frac{\partial F}{\partial q_2}\cdot\frac{\partial f}{\partial q_2} \tag{259}$$

bestimmt wird.

Die Striche zeigen an, daß sich eine gegebene Größe auf die Erdoberfläche bezieht; mit einem Querstrich werden die von den Integrationsvariablen abhängigen Funktionen bezeichnet.

Die Oberfläche der wirklichen Erde wird durch die Gleichung

$$q = \bar{q}'(q_1, q_2) \tag{260}$$

bestimmt, wo $\bar{q}'$ eine unbekannte Funktion von q_1 und q_2 ist. Die Funktion $\bar{q}'$ hängt mit $\bar{q}$ durch die Gleichung

$$\bar{q}' = \bar{q} + \frac{\zeta}{h'} \tag{261}$$

zusammen, wo ζ also die unbekannte, auf Grund (257) zu bestimmende Funktion ist[1]). An dieser Stelle sei darauf hingewiesen, daß dem Problem der Bestimmung der Geoidfigur durch Auswertung unmittelbarer (nicht reduzierter) Schwerkraftsbeobachtungen auch die Arbeit von N. R. MALKIN [30] gewidmet ist.

Wird — wie das in der vorliegenden Arbeit der Fall ist — das Problem der Figurbestimmung des regularisierten Geoids in bezug auf das Ellipsoid gestellt, so erfährt die Gleichung von MOLODENSKI (257) wesentliche Vereinfachungen.

---

[1]) Wegen der angenommenen Bezeichnungen vgl. die in der Arbeit von M. S. MOLODENSKI [40, S. 33] angeführte eingehende Tabelle.

Nun gehen wir zu der in unserer Arbeit angenommenen Bezeichnungsweise über. Die elliptischen Koordinaten des Punktes mögen ϱ, μ, ν heißen. Dann werden die LAMÉschen Koeffizienten H_1, H_2 H_3 (bei M. S. MOLODENSKI h, h_1, h_2) durch die Gleichungen

$$\left.\begin{aligned} H_1^2 &= \frac{(\varrho^2-\mu^2)(\varrho^2-\nu^2)}{(\varrho^2-\eta^2)(\varrho^2-1)}; \\ H_2^2 &= \frac{(\varrho^2-\mu^2)(\mu^2-\nu^2)}{(\mu^2-\eta^2)(1-\mu^2)}; \\ H_3^2 &= \frac{(\varrho^2-\nu^2)(\mu^2-\nu^2)}{(\eta^2-\nu^2)(1-\nu^2)} \end{aligned}\right\} \tag{262}$$

bestimmt. Die Ableitung der Koordinate ϱ nach der Normalen auf das Ellipsoid ist

$$\frac{d\varrho}{dn} = \frac{1}{H_1} = l R_1 R_2,$$

wo

$$l = \frac{1}{\sqrt{(\varrho^2-\mu^2)(\varrho^2-\nu^2)}}.$$

Das Flächenelement des Ellipsoids $d\omega$ wird durch die Gleichung

$$d\omega = H_2 H_3 \, d\mu \, d\nu = \frac{1}{l} \frac{(\mu^2-\nu^2)\, d\mu \, d\nu}{\sqrt{(1-\mu^2)(\mu^2-\eta^2)(1-\nu^2)(\eta^2-\nu^2)}} \tag{263}$$

vorgegeben; andererseits ist

$$d\omega = h_1 h_2 \, dq_1 \, dq_2.$$

Da die Bestimmung von ζ im betrachteten Falle von dem Ellipsoid $E_0 (\varrho = \varrho_0)$ ausgeht, nimmt die Gleichung (261) dabei die Form

$$\varrho = \varrho_0 + \frac{\zeta}{H_1} \tag{264}$$

an, wo ζ auf der Normalen auf das Ellipsoid gezählt wird. Die Normale n darf hierbei als mit der Normalen ν auf die Koordinatenlinie $\varrho = \varrho_0$ const zusammenfallend betrachtet werden. Folglich hat in (257) sec $(n, \nu) = 1$ zu gelten. Für die Koordinate $\bar{q}$ darf im vorliegenden Fall $\varrho_0 =$ const lauten. Demzufolge verschwinden die $D\left(\bar{q}, \frac{1}{r}\right)$, $D(N, \gamma)$ und $\frac{1}{r} \Delta \bar{q}$[1]).

Auf diese Weise gelangen wir von der Gleichung (257) zur folgenden Integralgleichung, die das regularisierte Geoid in bezug auf das Ellipsoid bestimmt:

$$\gamma\zeta = \frac{1}{2\pi} \int_{E_0} \frac{1}{r}\left(\bar{g} - \bar{\gamma} - \bar{\zeta}\frac{\partial \bar{\gamma}}{\partial n}\right) d\omega + \frac{1}{2\pi} \int_{E_0} \bar{\gamma}\bar{\zeta} \left(\frac{\partial \frac{1}{r}}{\partial n}\right) d\omega. \tag{265}$$

Diese Gleichung ist auch unmittelbar zu erhalten, wenn man die GREENsche Formel für das Störungspotential $T = \zeta\gamma$ benutzt und Gleichung (8) berücksichtigt. Als Lösung der Integralgleichung (265) kann die im Kap. II dieser Arbeit angeführte gelten, wobei von der Grenzbedingung (10) und der LAPLACEschen Differentialgleichung — der das Störungspotential genügen muß — ausgegangen wird.

Die Lösung der Integralgleichung (257) beabsichtigt M. S. MOLODENSKI durch eine numerische Methode — etwa durch sukzessive Approximationen — zu finden[2]). Eine gute erste Näherung liefert — wie der Autor angibt — die STOKESsche Formel. Die Theorie des regularisierten Geoids, die wir hier eingehend entwickelt haben, gibt uns bereits die zweite Annäherung des komplizierten naturwissenschaftlichen Problems, das die Bestimmung der Figur der Erde darstellt.

---

[1]) Die Größe N verschwindet, wenn die Referenzfläche mit dem geodätischen Referenzellipsoid übereinstimmt.

[2]) Der Untersuchung dieser Gleichung und danach der Erörterung der Frage über das zweckmäßigste Verfahren ihrer Lösung hat M. S. MOLODENSKI seine nachfolgenden Arbeiten [41,43] gewidmet. In ihnen sowie in der der Erdfigurerforschung nach geometrischen Methoden gewidmeten Arbeit [42] beabsichtigt M. S. MOLODENSKI die Untersuchung des Geoids von LISTING — dessen Bestimmung eine geologische Erforschung aller Kontinente erfordert [41, S. 194] — zu verlassen und zur unmittelbaren Erforschung der wahren Erdoberfläche überzugehen.

Schluß

Wir haben hier die Theorie des regularisierten Geoids eingehend entwickelt, mit deren Hilfe die Figur des Geoids in bezug auf das Ellipsoid mit einer für den modernen Stand der höheren Geodäsie erforderlichen Genauigkeit erhalten werden kann.

Zum Schluß wollen wir die von uns entwickelten Formeln einander gegenüberstellen und allgemeine Schlußfolgerungen bringen.

Die angenommene Bezeichnungsweise und die Grundformeln

ζ der Abstand des regularisierten Geoids von der ellipsoidischen Referenzfläche;

a die große Halbachse des Erdrotationsellipsoids;

b seine kleine Halbachse;

α die Abplattung der Erde, d. h. $\alpha = \frac{a-b}{a}$;

e die erste Exzentrizität des Ellipsoids, d. h. $e = \frac{\sqrt{a^2-b^2}}{a}$;

i die zweite Exzentrizität des Rotationsellipsoids, d. h. $i = \frac{\sqrt{a^2-b^2}}{b}$;

ω die Winkelgeschwindigkeit der Erdrotation;

γ der Normalwert der Schwerkraft an der ellipsoidischen Oberfläche;

Δg die Anomalie der Schwerkraft;

γ_m der Mittelwert der Schwerkraft am Äquator;

q das Verhältnis der Zentrifugalkraft zur Schwerkraft am Äquator, d. h. $q = \frac{\omega^2 a}{\gamma_m}$;

ψ der Abstand des untersuchten Punktes vom veränderlichen (Laufpunkt);

A das Azimut der Richtung nach dem veränderlichen Punkt;

φ die geographische Breite des untersuchten Punktes[1]);

u die reduzierte Breite dieses Punktes;

$\lambda_{Gr.}$ die Länge von GREENWICH.

Die Funktionen, die bei der Bestimmung der Abweichungen des Geoids in bezug auf die ellipsoidische Niveaufläche benutzt werden

$$F(\psi) = \sin\psi\left\{\frac{1}{2}\operatorname{cosec}\frac{\psi}{2} + \frac{1}{2} - 3\sin\frac{\psi}{2} + \frac{5}{2}\cos\psi - \frac{3}{2}\cos\psi\ln\left(\sin\frac{\psi}{2} + \sin^2\frac{\psi}{2}\right)\right\};$$

$$F_0(\psi) = \sin\psi\left\{\frac{4}{15} - \frac{1}{4}\operatorname{cosec}\frac{\psi}{2} + \frac{12}{25}\sin\frac{\psi}{2} + \frac{253}{250}\cos\psi + \frac{3}{10}\ln\left(\sin\frac{\psi}{2} + \sin^2\frac{\psi}{2}\right)\right.$$
$$\left. + \frac{11}{50}\cos\psi\ln\left(\sin\frac{\psi}{2} + \sin^2\frac{\psi}{2}\right) + \frac{1}{50}K(\psi) - \frac{1}{25}E(\psi)\right\};$$

[1]) Die geographische und die reduzierte Breite des veränderlichen Punktes (Laufpunktes) sind durch Striche bezeichnet.

$$F_1(\psi) = \sin\psi\left\{\frac{4}{5}\sin\frac{\psi}{2} + \frac{101}{125}\cos\psi + \frac{1}{50}\operatorname{cosec}^2\frac{\psi}{2} - \frac{17}{100}\,\frac{1}{1+\sin\frac{\psi}{2}} + \frac{19}{50}\cos\psi\ln\left(\sin\frac{\psi}{2} + \sin^2\frac{\psi}{2}\right)\right.$$
$$\left. + \frac{1}{50}\left(\sec^2\frac{\psi}{2} + 1\right)K(\psi) - \frac{1}{25}(2\operatorname{cosec}^2\psi + 1)\,E(\psi)\right\};$$

$$F_2(\psi) = \frac{107}{250}\sin\psi - \frac{21}{25}\cos\frac{\psi}{2} + \frac{3}{10}\operatorname{ctg}\frac{\psi}{2} - \frac{17}{50}\operatorname{ctg}\frac{\psi}{2}\,\frac{1}{1+\sin\frac{\psi}{2}} + \frac{19}{50}\sin\psi\ln\left(\sin\frac{\psi}{2} + \sin^2\frac{\psi}{2}\right)$$
$$+ \frac{1}{25}\operatorname{tg}\frac{\psi}{2}K(\psi) + \frac{2}{25}\operatorname{ctg}\psi\,E(\psi);$$

$$F_3(\psi) = \sin\psi\left\{\frac{5}{2} - 5\sin\frac{\psi}{2} - \cos\psi + \frac{3}{2}\ln\left(\sin\frac{\psi}{2} + \sin^2\frac{\psi}{2}\right) - \frac{5}{2}\cos\psi\ln\left(\sin\frac{\psi}{2} + \sin^2\frac{\psi}{2}\right)\right\}.$$

In diesen Formeln sind $K(\psi)$ und $E(\psi)$ totale elliptische Integrale erster und zweiter Gattung, d. h.

$$K(\psi) = \int\limits_0^{\frac{\pi}{2}} \frac{d\varphi}{\sqrt{1 - \cos^2\frac{\psi}{2}\sin^2\varphi}} \quad \text{und} \quad E(\psi) = \int\limits_0^{\frac{\pi}{2}} \sqrt{1 - \cos^2\frac{\psi}{2}\sin^2\varphi}\,d\varphi.$$

Die Formeln, mit deren Hilfe die Abweichung des Geoids in bezug auf die ellipsoidische Niveaufläche bestimmt werden kann

$$\zeta = \zeta^{(0)} + \alpha\zeta^{(1)}. \tag{I}$$

Die Größe $\zeta^{(0)}$ wird gemäß Formel

$$\zeta^{(0)} = \zeta_0^{(0)} + i^2\left\{\frac{1}{2}\zeta_1^{(0)}\sin^2\varphi + \frac{1}{4}\zeta_2^{(0)}\sin 2\varphi + \frac{1}{2}\zeta_3^{(0)}\cos^2\varphi + \zeta_4^{(0)} - \zeta_5^{(0)}\cos^2\varphi\right.$$
$$\left. + \frac{1}{2}\zeta_6^{(0)}\sin 2\varphi - \zeta_7^{(0)}\cos^2\varphi\right\} + 2q\zeta_8^{(0)} \tag{II}$$

bestimmt, wo

$$\zeta_0^{(0)} = \frac{a}{2\pi\gamma}\int\limits_0^{\pi}\int\limits_0^{2\pi} \Delta g\,F(\psi)\,d\psi\,dA; \tag{II$_0$}$$

$$\zeta_1^{(0)} = \frac{a}{2\pi\gamma}\int\limits_0^{\pi}\int\limits_0^{2\pi} \Delta g\,F(\psi)\cos^2\psi\,d\psi\,dA; \tag{II$_1$}$$

$$\zeta_2^{(0)} = \frac{a}{2\pi\gamma}\int\limits_0^{\pi}\int\limits_0^{2\pi} \Delta g\,F(\psi)\sin 2\psi\cos A\,d\psi\,dA; \tag{II$_2$}$$

$$\zeta_3^{(0)} = \frac{a}{2\pi\gamma}\int\limits_0^{\pi}\int\limits_0^{2\pi} \Delta g\,F(\psi)\sin^2\psi\cos^2 A\,d\psi\,dA; \tag{II$_3$}$$

$$\zeta_4^{(0)} = \frac{a}{2\pi\gamma}\int\limits_0^{\pi}\int\limits_0^{2\pi} \Delta g\,F_0(\psi)\,d\psi\,dA; \tag{II$_4$}$$

$$\zeta_5^{(0)} = \frac{a}{2\pi\gamma}\int\limits_0^{\pi}\int\limits_0^{2\pi} \Delta g\,F_1(\psi)\sin^2 A\,d\psi\,dA; \tag{II$_5$}$$

$$\zeta_6^{(0)} = \frac{a}{2\pi\gamma}\int\limits_0^{\pi}\int\limits_0^{2\pi} \Delta g\,F_2(\psi)\sin\psi\cos A\,d\psi\,dA; \tag{II$_6$}$$

$$\zeta_7^{(0)} = \frac{a}{2\pi\gamma}\int_0^{\pi}\int_0^{2\pi} \Delta g\, F_2(\psi) \cos\psi \cos^2 A\, d\psi\, dA; \qquad (\mathrm{II}_7)$$

$$\zeta_8^{(0)} = \frac{a}{2\pi\gamma}\int_0^{\pi}\int_0^{2\pi} \Delta g\, F_3(\psi)\, d\psi\, dA. \qquad (\mathrm{II}_8)$$

Alle analytischen Ausdrücke für die in diese Formeln eingehenden Funktionen sind soeben angegeben worden.

Die Größe $\zeta^{(1)}$ wird nach folgender Formel bestimmt:

$$\zeta^{(1)} = \zeta_0^{(1)} - \zeta_1^{(1)} \sin^2\varphi - \frac{1}{2}\zeta_2^{(1)} \sin 2\varphi - \zeta_3^{(1)} \cos^2\varphi, \qquad (\mathrm{III})$$

wo

$$\zeta_0^{(1)} = \frac{a}{2\pi\gamma}\int_0^{\pi}\int_0^{2\pi} \Delta g^{(1)} F(\psi)\, d\psi\, dA; \qquad (\mathrm{III}_0)$$

$$\zeta_1^{(1)} = \frac{a}{2\pi\gamma}\int_0^{\pi}\int_0^{2\pi} \Delta g^{(1)} F(\psi) \cos^2\psi\, d\psi\, dA; \qquad (\mathrm{III}_1)$$

$$\zeta_2^{(1)} = \frac{a}{2\pi\gamma}\int_0^{\pi}\int_0^{2\pi} \Delta g^{(1)} F(\psi) \sin 2\psi \cos A\, d\psi\, dA; \qquad (\mathrm{III}_2)$$

$$\zeta_3^{(1)} = \frac{a}{2\pi\gamma}\int_0^{\pi}\int_0^{2\pi} \Delta g^{(1)} F(\psi) \sin^2\psi \cos^2 A\, d\psi\, dA, \qquad (\mathrm{III}_3)$$

d. h. die Größen $\zeta_0^{(1)}$, $\zeta_1^{(1)}$, $\zeta_2^{(1)}$ und $\zeta_3^{(1)}$ werden nach Formeln bestimmt, die zu (II_0), (II_1), (II_2) und (II_3) analog sind, in denen die Anomalie Δg durch die Größe $\Delta g^{(1)}$ ersetzt ist.

Diese Größe erhält man, sobald $\zeta^{(0)}$ nach Formel (II) vorliegt. Die Größe $\Delta g^{(1)}$ wird durch die Gleichung bestimmt:

$$\Delta g^{(1)} = \frac{2\,\zeta^{(0)}\,\gamma}{a}. \qquad (\mathrm{IV})$$

Bemerkung. Bei der Bestimmung von $\zeta_0^{(0)}$ nach Formel (II_0) muß die Anomalie Δg auf eine Kugel vom Radius a in Punkte übertragen werden, deren Koordinaten durch die reduzierte Breite und Länge bestimmt werden. Hierzu ist der geographischen Breite jedes Punktes vorher die Korrektion $u - \varphi$ (oder $u' - \varphi'$) beizugeben, die der Tab. VIII (S. 124) entnommen werden kann.

Vermittels der Gesamtheit der Formeln (I)—(III) findet man die Abweichung des Geoids in bezug auf die ellipsoidische Niveaufläche mit einer Genauigkeit bis zu Größen zweiter Ordnung bezüglich der Abplattung des Erdellipsoids.

Elemente des dreiachsigen Ellipsoids des ЦНИИГАиК
(s. S. 47, 49)

Große Halbachse der Äquatorellipse	6378351,30 m
maximale Abplattung des Meridians oder die Abplattung der Meridianellipse, deren große Achse die des Äquators ist . .	0,003368940
Abplattung des Äquators	0,000033333
Länge des Meridians, auf dem das Ende der großen Halbachse des Äquators liegt	15° östlich von Greenwich.

Eine Formel, die die Verteilung der Schwerkraft auf dem dreiachsigen Ellipsoid des ЦНИИГАиК angibt

$$\gamma = \gamma_m\,[1 + 0{,}0053029 \sin^2\varphi + 0{,}0000165 \cos^2\varphi \cos 2(\lambda_{\mathrm{Gr.}} - 15^\circ) - 0{,}0000059 \sin^2 2\varphi] \qquad (\mathrm{V})$$

$$(\gamma_m = 978{,}049)$$

Formeln, nach denen die Differenzen der Hauptträgheitsmomente für die dreiachsige Erde gefunden werden können

$$\left.\begin{aligned} C - A &= -\frac{M a_t^2}{3} e_t^2 + \frac{\omega^2 a_t^5}{3f}\left\{F(e_t^2 - \frac{5}{14} e_t'^2\right\}; \\ A - B &= \frac{M a^2}{3}(e_t^2 - e_t'^2) + \frac{\omega^2 a_t^5}{3f}\left\{-F(e_t^2) + \frac{3}{2} e_t'^2\right\}; \\ B - C &= \frac{M a^2}{3} e_t'^2 + \frac{8\,\omega^2 a_t^5}{21 f} e_t'^2; \\ F(e_t^2) &= 1 - \frac{9}{14} e_t^2 - \frac{13}{392} e_t^4 \ldots \end{aligned}\right| \qquad \text{(VI)}$$

In diesen Formeln ist f die Konstante der Anziehung; M die Masse der Erde; e_t die erste Exzentrizität des dreiachsigen Ellipsoids (a_t, b_t, c_t), d. h.

$$e_t = \frac{\sqrt{a_t^2 - c_t^2}}{a_t};$$

e_t' ist die Exzentrizität des Äquators, d. h.

$$e_t' = \frac{\sqrt{a_t^2 - b_t^2}}{a_t};$$

A, B und C sind Trägheitsmomente des dreiachsigen Niveauellipsoids bezüglich der Achsen X (Rotationachse), Y und Z. Für diese Bezeichnungsweise ist $A > B > C$. Der Übergang zu den entsprechenden Abplattungen α_t und α_t' gestattet, die Formeln (VI) in der Gestalt

$$\left.\begin{aligned} C - A &= -\frac{M a_t^2}{3}(2\alpha_t - \alpha_t^2) + \frac{\omega^2 a_t^5}{3f}\left\{G(\alpha_t) - \frac{5}{7}\alpha_t'\right\}; \\ A - B &= \frac{M a_t^2}{3}(2\alpha_t - \alpha_t^2 - 2\alpha_t') + \frac{\omega^2 a_t^5}{3f}\{-G(\alpha_t) + 3\alpha_t'\}; \\ B - C &= \frac{M a_t^2}{3} 2\alpha_t' - \frac{16\,\omega^2 a_t^5}{21 f}\alpha_t'; \\ G(\alpha_t) &= 1 - \frac{9}{7}\alpha_t + \frac{25}{49}\alpha_t^2 + \ldots \end{aligned}\right| \qquad \text{(VII)}$$

darzustellen. Der Zusammenhang zwischen der Differenz der Hauptträgheitsmomente der Erde mit der Abplattung des Äquators wird durch die Formel bestimmt:

$$\frac{3}{2}\frac{B - C}{M a^2} = \alpha_t'\left(1 - \frac{8}{7}\varkappa\right), \qquad \text{(VII a)}$$

wo $\varkappa$ die Größe $\dfrac{\omega^2 a_t^3}{f M}$ von der Ordnung der Meridianabplattung ist.

Elemente des Ellipsoids von F. N. Krassowski

Große Halbachse	6378245,00
Abplattung	0,003352330

Formel der normalen Verteilung der Schwerkraft auf dem Ellipsoid von F. N. Krassowski

$$\gamma = \gamma_m\,(1 + 0{,}0053029 \sin^2\varphi - 0{,}0000059 \sin^2 2\varphi) \qquad (\gamma_m = 978{,}049). \qquad \text{(VIII)}$$

Die Differenz der Hauptträgheitsmomente des Niveaurotationsellipsoids wird durch die Formeln gegeben:

$$R - P = \frac{M a^2}{3} e^2 - \frac{\omega^2 a^5}{3f} F(e^2), \qquad \text{(IX)}$$

oder

$$R - P = \frac{Ma^2}{3}(2\alpha - \alpha^2) - \frac{\omega^2 a^5}{3f} G(\alpha). \qquad \text{(X)}$$

In diesen Formeln ist R das Trägheitsmoment bezüglich der Polachse und P das bezüglich der Äquatorachse ($R > P$). $F(e^2)$ und $G(\alpha)$ sind Funktionen, die Analoga der in (VI) und (VII) auftretenden, darstellen.

Allgemeine Schlußfolgerungen

Die von Stokes vor 100 Jahren entwickelte klassische Theorie der Bestimmung der Figur des Geoids ermöglicht die Bestimmung der gesuchten Figur in bezug auf die als Referenzfigur angenommene Kugel. Die deutlich ausgeprägte ellipsoidische Gestalt der Erde bringt jedoch bei Anwendung der klassischen Stokesschen Theorie Fehler hinein, zu deren Beseitigung oder Verminderung eine Theorie benutzt werden muß, die die Figur des Geoids in bezug auf eine ellipsoidische Fläche zu bestimmen gestattet.

Die Entwicklung einer Theorie, in der das Geoid gravitationsmäßig mit dem Ellipsoid als Referenzfigur verbunden ist, gibt zunächst einmal die Möglichkeit einer endgültigen Lösung der Frage über die Genauigkeit, mit der die gesuchte Abweichung des Geoids bezüglich der Referenzfigur bestimmt wird, und gestattet darüber hinaus, diese Genauigkeit erheblich zu vergrößern.

Bis zur Gegenwart ist die Frage über die Genauigkeit der Bestimmung der Abweichung des Geoids nach der klassischen Formel von Stokes zu keiner endgültigen Lösung gekommen. Die übliche, sich auf den Forschungen von Pizzetti gründende Anschauung lief darauf hinaus, daß der Fehler der von Stokes aufgestellten Formel bei ihrer Anwendung auf das Referenzellipsoid von der Ordnung des Produktes der Abweichung des Geoids vom Ellipsoid und der Abplattung des Ellipsoids ist. Eine solche Abschätzung der Ordnung ergab jedoch noch keine Lösung der Frage über die Genauigkeit der berechneten Abweichung, denn es war unbekannt, mit welchem numerischen Koeffizienten ein Fehler dieser Ordnung in das Schlußresultat eingeht.

Eine vollständige Umarbeitung der Theorie von Stokes für den Fall des Vergleichs des Geoids mit dem Niveauellipsoid wird dann gelingen, wenn man Reihenentwicklungen des Störungspotentials und des vorgegebenen Feldes der Schwerkraftsanomalien nach Laméschen Funktionen verwertet. Eine nachfolgende Berücksichtigung der Ausartung der Laméschen Funktionen für den Fall des Rotationsellipsoids in elementare Kugelfunktionen gibt die Möglichkeit, die gesuchte Abweichung als eine Summe über die Kugeloberfläche genommener bestimmter Integrale darzustellen.

Die Anwendung der erhaltenen Formeln auf die Berechnung der Abweichungen eines ellipsoidischen Geoids in bezug auf das Referenzellipsoid, für die das dreiachsige Ellipsoid des ЦНИИГАиК und das für alle geodätischen Arbeiten der UdSSR gültige Ellipsoid von F. N. Krassowski eingesetzt worden sind, hat gezeigt, daß sich der Fehler der neuen Formeln im Vergleich zur klassischen Formel von Stokes erheblich verkleinert. Im Zusammenhang damit, daß eine ganze Reihe Untersuchungen, die sich mit der Figur des Geoids befassen, die Frage über die Genauigkeit einer derartigen Untersuchung ungeklärt ließ, ist zu sagen, daß mit Hilfe der hier erhaltenen Ergebnisse eine strengere Beantwortung der Frage über die Genauigkeit möglich ist, mit der sich die Undulationen des Geoids in bezug auf die ellipsoidische Niveaufläche bestimmen lassen.

Ein Wesenszug der betrachteten Theorie liegt darin, daß anstelle der wirklichen Erde die regularisierte (das Geoid) untersucht wird, bei der alle außerhalb des Geoids liegenden Massen nach diesem oder jenem Verfahren ins Innere des Geoids oder nach seiner Oberfläche verlegt sind.

Bei solch einer Problemstellung gehört die Diskussion der vorgeschlagenen Methoden der Reduktion nicht zur Aufgabe der durchgeführten Untersuchung, die ihrem Wesen nach den Zusammenhang der bereits reduzierten Werte der Schwerkraft mit der Figur des Geoids feststellt.

Jede beliebige Methode der Reduktion der Schwerkraft auf das Meeresniveau verfälscht sowohl unsere Lösung als auch die aus der klassischen Stokesschen Theorie folgende um ein und dieselbe Größe. Daher wird die durch die Ellipsoidtheorie erreichte relative Verbesserung der Stokesschen Formel von der Reduktionsmethode nicht mehr abhängig sein.

Die Untersuchungen der jüngsten Zeit, die sich auf die Daten der modernen Gradmessungen der UdSSR, USA und Westeuropas, der gravimetrischen Messungen der Welt und der Beobachtungen der Polhöhenschwankungen stützen, haben gezeigt, daß die Figur des Geoids am besten durch das dreiachsige Ellipsoid charakterisiert wird. Die Anwendung der von uns aufgestellten Theorie für die Bestimmung der Abweichungen des Geoids von einem gewissen, als Referenzfigur angenommenen und sich vom Rotationsellipsoid schwach unterscheidenden dreiachsigen Ellipsoid, wird keinerlei zusätzliche Fehler hervorrufen. Daher wird man bei weiteren Forschungen, die mit der Bestimmung der Figur des Geoids zusammenhängen, als Referenzfigur auch ein dreiachsiges Ellipsoid, etwa das dreiachsige Ellipsoid des ЦНИИГАиК, anwenden dürfen. Die beigefügten eingehenden Tafeln sind dazu bestimmt, die Aufgabe der Bestimmung der Figur des Geoids in bezug auf dieses Ellipsoid zu erleichtern. Insofern als die Frage über die ellipsoidische Gestalt der Erde gegenwärtig keinerlei Zweifeln unterliegt, kann die untersuchte Theorie in verschiedenen, mit der Bestimmung der Erdfigur zusammenhängenden Forschungen zur Anwendung kommen.

HILFSTAFELN

TAFEL I

Die Grundfunktionen $F(\psi)$ und $\Phi(\psi)$ für die Zone 0—10°

$$F(\psi) = \sin\psi \left\{\frac{1}{2}\operatorname{cosec}\frac{\psi}{2} + \frac{1}{2} - 3\sin\frac{\psi}{2} + \frac{5}{2}\cos\psi - \right.$$

$$\left. - \frac{3}{2}\cos\psi \ln\left(\sin\frac{\psi}{2} + \sin^2\frac{\psi}{2}\right)\right\}$$

$$\Phi(\psi) = \frac{1}{2}\left\{4\sin\frac{\psi}{2} + 2\sin^2\frac{\psi}{2} - 6\sin^3\frac{\psi}{2} - \frac{7}{4}\sin^2\psi - \right.$$

$$\left. - \frac{3}{2}\sin^2\psi \ln\left(\sin\frac{\psi}{2} + \sin^2\frac{\psi}{2}\right)\right\}$$

φ	$F(\psi)$	$\Phi(\psi)$
°		
0,0	$+1{,}0000_{+149}$	$0{,}0000_{+18}$
0,1	$+1{,}0149_{+113}$	$+0{,}0018_{+17}$
0,2	$+1{,}0262_{+100}$	$+0{,}0035_{+18}$
0,3	$+1{,}0362_{+90}$	$+0{,}0053_{+18}$
0,4	$+1{,}0452_{+83}$	$+0{,}0071_{+19}$
0,5	$+1{,}0535_{+78}$	$+0{,}0090_{+18}$
0,6	$+1{,}0613_{+73}$	$+0{,}0108_{+19}$
0,7	$+1{,}0686_{+70}$	$+0{,}0127_{+19}$
0,8	$+1{,}0756_{+66}$	$+0{,}0146_{+18}$
0,9	$+1{,}0822_{+63}$	$+0{,}0164_{+19}$
1,0	$+1{,}0885_{+60}$	$+0{,}0183_{+19}$
1,1	$+1{,}0945_{+58}$	$+0{,}0202_{+19}$
1,2	$+1{,}1003_{+55}$	$+0{,}0221_{+19}$
1,3	$+1{,}1058_{+53}$	$+0{,}0240_{+20}$
1,4	$+1{,}1111_{+51}$	$+0{,}0260_{+19}$
1,5	$+1{,}1162_{+50}$	$+0{,}0279_{+20}$
1,6	$+1{,}1212_{+47}$	$+0{,}0299_{+19}$
1,7	$+1{,}1259_{+46}$	$+0{,}0318_{+20}$
1,8	$+1{,}1305_{+44}$	$+0{,}0338_{+20}$
1,9	$+1.1349_{+43}$	$+0{,}0358_{+20}$
2,0	$+1{,}1392$	$+0{,}0378$

φ	$F(\psi)$	$\Phi(\psi)$
°		
2,0	$+1{,}1392_{+192}$	$+0{,}0378_{+100}$
2,5	$+1{,}1584_{+162}$	$+0{,}0478_{+102}$
3,0	$+1{,}1746_{+137}$	$+0{,}0580_{+103}$
3,5	$+1{,}1883_{+113}$	$+0{,}0683_{+104}$
4,0	$+1{,}1996_{+94}$	$+0{,}0787_{+105}$
4,5	$+1{,}2090_{+75}$	$+0{,}0892_{+106}$
5,0	$+1{,}2165_{+59}$	$+0{,}0998_{+107}$
5,5	$+1{,}2224_{+43}$	$+0{,}1105_{+107}$
6,0	$+1{,}2267_{+27}$	$+0{,}1212_{+107}$
6,5	$+1{,}2294_{+15}$	$+0{,}1319_{+107}$
7,0	$+1{,}2309_{+2}$	$+0{,}1426_{+108}$
7,5	$+1{,}2311_{-11}$	$+0{,}1534_{+107}$
8,0	$+1{,}2300_{-23}$	$+0{,}1641_{+107}$
8,5	$+1{,}2277_{-33}$	$+0{,}1748_{+107}$
9,0	$+1{,}2244_{-44}$	$+0{,}1855_{+107}$
9,5	$+1{,}2200_{-54}$	$+0{,}1962_{+106}$
10,0	$+1{,}2146$	$+0{,}2068$

TAFEL II

Die Funktionen $F(\psi)$, $F_0(\psi)$, $F_1(\psi)$, $F_2(\psi)$ und $F_3(\psi)$ für jeden Grad des Arguments ψ

ψ	$F(\psi)$	$F_0(\psi)$	$F_1(\psi)$	$F_2(\psi)$	$F_3(\psi)$
0°	+1,0000 $_{+885}$	−0,500	0,000	−0,500	0,000
1	+1,0885 $_{+507}$	−0,520	−0,018	−0,525	+0,108
2	+1,1392 $_{+354}$	−0,526	−0,027	−0,538	+0,190
3	+1,1746 $_{+250}$	−0,527	−0,032	−0,551	+0,260
4	+1,1996 $_{+169}$	−0,526	−0,036	−0,561	+0,324
5	+1,2165 $_{+102}$	−0,522	−0,036	−0,569	+0,379
6	+1,2267 $_{+42}$	−0,516	−0,035	−0,576	+0,429
7	+1,2309 $_{-9}$	−0,508	−0,033	−0,581	+0,474
8	+1,2300 $_{-56}$	−0,499	−0,030	−0,584	+0,514
9	+1,2244 $_{-98}$	−0,488	−0,025	−0,588	+0,549
10	+1,2146 $_{-138}$	−0,476	−0,020	−0,591	+0,581
11	+1,2008 $_{-174}$	−0,464	−0,013	−0,592	+0,608
12	+1,1834 $_{-207}$	−0,450	−0,006	−0,593	+0,632
13	+1,1627 $_{-239}$	−0,436	+0,002	−0,593	+0,652
14	+1,1388 $_{-268}$	−0,420	+0,011	−0,593	+0,668
15	+1,1120 $_{-294}$	−0,404	+0,020	−0,592	+0,681
16	+1,0826 $_{-320}$	−0,387	+0,031	−0,590	+0,691
17	+1,0506 $_{-344}$	−0,370	+0,042	−0,588	+0,698
18	+1,0162 $_{-366}$	−0,352	+0,053	−0,585	+0,701
19	+0,9796 $_{-386}$	−0,334	+0,064	−0,582	+0,701
20	+0,9410 $_{-405}$	−0,316	+0,076	−0,578	+0,699
21	+0,9005 $_{-423}$	−0,297	+0,089	−0,574	+0,694
22	+0,8582 $_{-439}$	−0,278	+0,102	−0,570	+0,685
23	+0,8143 $_{-453}$	−0,258	+0,115	−0,565	+0,676
24	+0,7690 $_{-466}$	−0,238	+0,129	−0,559	+0,663
25	+0,7224 $_{-479}$	−0,219	+0,143	−0,554	+0,648
26	+0,6745 $_{-480}$	−0,199	+0,157	−0,548	+0,631
27	+0,6256 $_{-499}$	−0,178	+0,171	−0,541	+0,612
28	+0,5757 $_{-507}$	−0,158	+0,185	−0,534	+0,591
29	+0,5250 $_{-514}$	−0,138	+0,200	−0,527	+0,568
30	+0,4736 $_{-520}$	−0,118	+0,214	−0,520	+0,543
31	+0,4216 $_{-525}$	−0,098	+0,228	−0,513	+0,515
32	+0,3691 $_{-528}$	−0,078	+0,243	−0,504	+0,488
33	+0,3163 $_{-531}$	−0,059	+0,258	−0,497	+0,460
34	+0,2632 $_{-532}$	−0,039	+0,273	−0,488	+0,429
35	+0,2100 $_{-532}$	−0,019	+0,287	−0,480	+0,397
36	+0,1568 $_{-531}$	0,000	+0,301	−0,470	+0,364
37	+0,1037 $_{-530}$	+0,019	+0,316	−0,461	+0,330
38	+0,0507 $_{-527}$	+0,038	+0,330	−0,452	+0,295
39	−0,0020 $_{-523}$	+0,056	+0,344	−0,443	+0,259
40	−0,0543 $_{-518}$	+0,074	+0,357	−0,433	+0,223
41	−0,1061 $_{-513}$	+0,092	+0,371	−0,424	+0,186
42	−0,1574 $_{-506}$	+0,110	+0,384	−0,413	+0,149
43	−0,2080 $_{-499}$	+0,126	+0,397	−0,403	+0,111
44	−0,2579 $_{-491}$	+0,143	+0,409	−0,393	+0,074
45	−0,3070	+0,159	+0,422	−0,383	+0,035

Tafel II (*Fortsetzung*)

ψ	$F(\psi)$	$F_0(\psi)$	$F_1(\psi)$	$F_2(\psi)$	$F_3(\psi)$
45°	—0,3070 $_{-481}$	+0,159	+0,422	—0,383	+0,035
46	—0,3551 $_{-472}$	+0,175	+0,434	—0,372	—0,003
47	—0,4023 $_{-461}$	+0,190	+0,445	—0,362	—0,041
48	—0,4484 $_{-450}$	+0,205	+0,456	—0,351	—0,079
49	—0,4934 $_{-437}$	+0,219	+0,467	—0,340	—0,117
50	—0,5371 $_{-425}$	+0,232	+0,477	—0,330	—0,154
51	—0,5796 $_{-412}$	+0,246	+0,487	—0,318	—0,191
52	—0,6208 $_{-398}$	+0,258	+0,497	—0,308	—0,228
53	—0,6606 $_{-383}$	+0,270	+0,505	—0,296	—0,264
54	—0,6989 $_{-368}$	+0,282	+0,514	—0,286	—0,300
55	—0,7357 $_{-353}$	+0,292	+0,522	—0,274	—0,335
56	—0,7710 $_{-337}$	+0,303	+0,529	—0,263	—0,368
57	—0,8047 $_{-320}$	+0,312	+0,536	—0,252	—0,402
58	—0,8367 $_{-304}$	+0,321	+0,542	—0,241	—0,434
59	—0,8671 $_{-286}$	+0,330	+0,548	—0,230	—0,465
60	—0,8957 $_{-269}$	+0,337	+0,554	—0,219	—0,496
61	—0,9226 $_{-251}$	+0,344	+0,558	—0,208	—0,525
62	—0,9477 $_{-232}$	+0,351	+0,562	—0,196	—0,553
63	—0,9709 $_{-215}$	+0,357	+0,566	—0,185	—0,579
64	—0,9924 $_{-196}$	+0,362	+0,569	—0,174	—0,605
65	—1,0120 $_{-178}$	+0,366	+0,571	—0,163	—0,629
66	—1,0298 $_{-159}$	+0,370	+0,573	—0,152	—0,652
67	—1,0457 $_{-140}$	+0,374	+0,575	—0,141	—0,673
68	—1,0597 $_{-121}$	+0,376	+0,575	—0,130	—0,693
69	—1,0718 $_{-102}$	+0,378	+0,575	—0,120	—0,712
70	—1,0820 $_{-84}$	+0,380	+0,575	—0,109	—0,729
71	—1,0904 $_{-64}$	+0,381	+0,573	—0,098	—0,745
72	—1,0968 $_{-46}$	+0,381	+0,572	—0,088	—0,759
73	—1,1014 $_{-26}$	+0,380	+0,570	—0,078	—0,772
74	—1,1040 $_{-9}$	+0,379	+0,567	—0,067	—0,783
75	—1,1049 $_{+10}$	+0,378	+0,564	—0,057	—0,792
76	—1,1039 $_{+28}$	+0,376	+0,560	—0,046	—0,800
77	—1,1011 $_{+46}$	+0,373	+0,556	—0,037	—0,807
78	—1,0965 $_{+63}$	+0,370	+0,551	—0,027	—0,812
79	—1,0902 $_{+81}$	+0,366	+0,546	—0,017	—0,815
80	—1,0821 $_{+98}$	+0,361	+0,540	—0,007	—0,817
81	—1,0723 $_{+114}$	+0,356	+0,533	+0,002	—0,817
82	—1,0609 $_{+131}$	+0,351	+0,526	+0,012	—0,816
83	—1,0478 $_{+147}$	+0,345	+0,518	+0,021	—0,813
84	—1,0331 $_{+162}$	+0,339	+0,511	+0,030	—0,809
85	—1,0169 $_{+177}$	+0,332	+0,503	+0,039	—0,804
86	—0,9992 $_{+192}$	+0,325	+0,494	+0,047	—0,796
87	—0,9800 $_{+206}$	+0,317	+0,485	+0,056	—0,787
88	—0,9594 $_{+220}$	+0,309	+0,476	+0,064	—0,778
89	—0,9374 $_{+232}$	+0,301	+0,466	+0,073	—0,766
90	—0,9142	+0,292	+0,455	+0,081	—0,753

Tafel II (*Fortsetzung*)

ψ	$F(\psi)$	$F_0(\psi)$	$F_1(\psi)$	$F_2(\psi)$	$F_3(\psi)$
90°	$-0{,}9142_{+245}$	+0,292	+0,455	+0,081	−0,753
91	$-0{,}8897_{+257}$	+0,283	+0,445	+0,088	−0,739
92	$-0{,}8640_{+268}$	+0,273	+0,434	+0,096	−0,724
93	$-0{,}8372_{+279}$	+0,264	+0,423	+0,104	−0,708
94	$-0{,}8093_{+289}$	0,254	+0,411	+0,111	−0,690
95	$-0{,}7804_{+298}$	+0,243	+0,399	+0,118	−0,671
96	$-0{,}7506_{+307}$	+0,233	+0,387	+0,125	−0,652
97	$-0{,}7199_{+316}$	+0,222	+0,375	+0,131	−0,630
98	$-0{,}6883_{+323}$	+0,211	+0,362	+0,138	−0,609
99	$-0{,}6560_{+330}$	+0,200	+0,350	+0,144	−0,587
100	$-0{,}6230_{+336}$	+0,188	+0,337	+0,150	−0,563
101	$-0{,}5894_{+342}$	+0,177	+0,324	+0,156	−0,539
102	$-0{,}5552_{+347}$	+0,165	+0,311	+0,162	−0,514
103	$-0{,}5205_{+351}$	+0,154	+0,297	+0,167	−0,488
104	$-0{,}4854_{+354}$	+0,142	+0,284	+0,172	−0,462
105	$-0{,}4500_{+357}$	+0,130	+0,271	+0,178	−0,435
106	$-0{,}4143_{+359}$	+0,118	+0,258	+0,182	−0,409
107	$-0{,}3784_{+361}$	+0,106	+0,244	+0,187	−0,380
108	$-0{,}3423_{+361}$	+0,094	+0,230	+0,191	−0,353
109	$-0{,}3062_{+362}$	+0,083	+0,217	+0,195	−0,324
110	$-0{,}2700_{+360}$	+0,071	+0,203	+0,199	−0,295
111	$-0{,}2340_{+360}$	+0,059	+0,190	+0,203	−0,267
112	$-0{,}1980_{+358}$	+0,048	+0,177	+0,206	−0,238
113	$-0{,}1622_{+354}$	+0,036	+0,163	+0,210	−0,208
114	$-0{,}1268_{+352}$	+0,025	+0,150	+0,212	−0,180
115	$-0{,}0916_{+348}$	+0,014	+0,137	+0,215	−0,151
116	$-0{,}0568_{+343}$	+0,002	+0,124	+0,218	−0,122
117	$-0{,}0225_{+339}$	−0,008	+0,112	+0,220	−0,093
118	$+0{,}0114_{+332}$	−0,019	+0,099	+0,222	−0,064
119	$+0{,}0446_{+327}$	−0,030	+0,087	+0,224	−0,037
120	$+0{,}0773_{+320}$	−0,040	+0,075	+0,226	−0,009
121	$+0{,}1093_{+312}$	−0,050	+0,063	+0,227	+0,019
122	$+0{,}1405_{+304}$	−0,060	+0,052	+0,228	+0,045
123	$+0{,}1709_{+296}$	−0,070	+0,040	+0,229	+0,072
124	$+0{,}2005_{+287}$	−0,078	+0,029	+0,230	+0,097
125	$+0{,}2292_{+277}$	−0,087	+0,018	+0,231	+0,123
126	$+0{,}2569_{+268}$	−0,096	+0,008	+0,231	+0,147
127	$+0{,}2837_{+257}$	−0,104	−0,002	+0,231	+0,171
128	$+0{,}3094_{+247}$	−0,112	−0,012	+0,231	+0,194
129	$+0{,}3341_{+236}$	−0,119	−0,021	+0,230	+0,216
130	$+0{,}3577_{+224}$	−0,126	−0,030	+0,230	+0,238
131	$+0{,}3801_{+213}$	−0,133	−0,039	+0,229	+0,258
132	$+0{,}4014_{+200}$	−0,139	−0,047	+0,228	+0,278
133	$+0{,}4214_{+188}$	−0,145	−0,055	+0,227	+0,296
134	$+0{,}4402_{+176}$	−0,151	−0,062	+0,225	+0,314
135	$+0{,}4578$	−0,156	−0,069	+0,224	+0,330

Tafel II (*Fortsetzung*)

ψ	$F(\psi)$	$F_0(\psi)$	$F_1(\psi)$	$F_2(\psi)$	$F_3(\psi)$
135°	$+0{,}4578_{+162}$	—0,156	—0,069	+0,224	+0,330
136	$+0{,}4740_{+150}$	—0,161	—0,076	+0,222	+0,346
137	$+0{,}4890_{+136}$	—0,165	—0,082	+0,220	+0,360
138	$+0{,}5026_{+123}$	—0,169	—0,089	+0,218	+0,374
139	$+0{,}5149_{+109}$	—0,173	—0,094	+0,215	+0,386
140	$+0{,}5258_{+95}$	—0,176	—0,099	+0,212	+0,397
141	$+0{,}5353_{+82}$	—0,178	—0,103	+0,210	+0,407
142	$+0{,}5435_{+67}$	—0,181	—0,107	+0,207	+0,416
143	$+0{,}5502_{+54}$	—0,182	—0,111	+0,204	+0,423
144	$+0{,}5556_{+40}$	—0,183	—0,114	+0,200	+0,430
145	$+0{,}5596_{+26}$	—0,184	—0,117	+0,197	+0,435
146	$+0{,}5622_{+12}$	—0,185	—0,120	+0,193	+0,439
147	$+0{,}5634_{-1}$	—0,185	—0,122	+0,190	+0,442
148	$+0{,}5633_{-15}$	—0,184	—0,123	+0,186	+0,444
149	$+0{,}5618_{-28}$	—0,183	—0,124	+0,181	+0,444
150	$+0{,}5590_{-42}$	—0,182	—0,125	+0,177	+0,443
151	$+0{,}5548_{-55}$	—0,180	—0,125	+0,173	+0,441
152	$+0{,}5493_{-68}$	—0,178	—0,125	+0,168	+0,438
153	$+0{,}5425_{-81}$	—0,176	—0,124	+0,163	+0,434
154	$+0{,}5344_{-93}$	—0,173	—0,123	+0,158	+0,429
155	$+0{,}5251_{-105}$	—0,170	—0,122	+0,154	+0,423
156	$+0{,}5146_{-117}$	—0,166	—0,121	+0,148	+0,415
157	$+0{,}5029_{-129}$	—0,162	—0,120	+0,143	+0,406
158	$+0{,}4900_{-141}$	—0,158	—0,116	+0,138	+0,397
159	$+0{,}4759_{-151}$	—0,153	—0,113	+0,132	+0,386
160	$+0{,}4608_{-162}$	—0,148	—0,110	+0,127	+0,375
161	$+0{,}4446_{-172}$	—0,143	—0,107	+0,121	+0,362
162	$+0{,}4274_{-181}$	—0,137	—0,103	+0,115	+0,349
163	$+0{,}4093_{-191}$	—0,131	—0,099	+0,109	+0,334
164	$+0{,}3902_{-200}$	—0,125	—0,095	+0,104	+0,319
165	$+0{,}3702_{-208}$	—0,118	—0,090	+0,097	+0,303
166	$+0{,}3494_{-216}$	—0,112	—0,086	+0,091	+0,286
167	$+0{,}3278_{-223}$	—0,105	—0,080	+0,085	+0,269
168	$+0{,}3055_{-230}$	—0,098	—0,075	+0,078	+0,251
169	$+0{,}2825_{-237}$	—0,090	—0,070	+0,072	+0,232
170	$+0{,}2588_{-242}$	—0,083	—0,064	+0,066	+0,213
171	$+0{,}2346_{-247}$	—0,075	—0,058	+0,060	+0,193
172	$+0{,}2099_{-252}$	—0,067	—0,052	+0,053	+0,173
173	$+0{,}1847_{-256}$	—0,059	—0,046	+0,046	+0,152
174	$+0{,}1591_{-259}$	—0,051	—0,040	+0,040	+0,131
175	$+0{,}1332_{-263}$	—0,042	—0,033	+0,033	+0,110
176	$+0{,}1069_{-265}$	—0,034	—0,027	+0,027	+0,088
177	$+0{,}0804_{-267}$	—0,026	—0,020	+0,020	+0,066
178	$+0{,}0537_{-268}$	—0,017	—0,014	+0,013	+0,044
179	$+0{,}0269_{-269}$	—0,009	—0,007	+0,007	+0,022
180	0,0000	0,000	0,000	0,000	0,000

TAFEL III

Die Funktionen $\Phi(\psi)$, $\Phi_0(\psi)$, $\Phi_1(\psi)$, $\Phi_2(\psi)$, $\Phi_3(\psi)$ für jeden Grad des Arguments ψ

ψ	$\Phi(\psi)$	$\Phi_0(\psi)$	$\Phi_1(\psi)$	$\Phi_2(\psi)$	$\Phi_3(\psi)$
0°	0,0000 $_{+183}$	0,000	0,000	0,000	0,000
1	+0,0183 $_{+195}$	—0,009	0,000	—0,009	+0,001
2	+0,0378 $_{+202}$	—0,018	—0,001	—0,018	+0,004
3	+0,0580 $_{+207}$	—0,027	—0,001	—0,028	+0,007
4	+0,0787 $_{+211}$	—0,036	—0,002	—0,037	+0,013
5	+0,0998 $_{+214}$	—0,046	—0,002	—0,047	+0,019
6	+0,1212 $_{+214}$	—0,055	—0,003	—0,057	+0,026
7	+0,1426 $_{+215}$	—0,064	—0,004	—0,069	+0,035
8	+0,1641 $_{+214}$	—0,072	—0,004	—0,078	+0,042
9	+0,1855 $_{+213}$	—0,081	—0,005	—0,088	+0,051
10	+0,2068 $_{+212}$	—0,089	—0,005	—0,098	+0,061
11	+0,2280 $_{+207}$	—0,098	—0,005	—0,108	+0,072
12	+0,2487 $_{+205}$	—0,106	—0,005	—0,119	+0,083
13	+0,2692 $_{+201}$	—0,113	—0,005	—0,129	+0,094
14	+0,2893 $_{+196}$	—0,121	—0,005	—0,139	+0,105
15	+0,3089 $_{+192}$	—0,128	—0,005	—0,150	+0,118
16	+0,3281 $_{+186}$	—0,135	—0,005	—0,160	+0,129
17	+0,3467 $_{+180}$	—0,141	—0,004	—0,170	+0,142
18	+0,3647 $_{+174}$	—0,148	—0,003	—0,181	+0,153
19	+0,3821 $_{+168}$	—0,154	—0,002	—0,191	+0,166
20	+0,3989 $_{+161}$	—0,160	—0,001	—0,201	+0,178
21	+0,4150 $_{+154}$	—0,165	+0,001	—0,211	+0,190
22	+0,4304 $_{+146}$	—0,170	+0,002	—0,221	+0,203
23	+0,4450 $_{+138}$	—0,174	+0,004	—0,231	+0,214
24	+0,4588 $_{+130}$	—0,179	+0,006	—0,241	+0,226
25	+0,4718 $_{+122}$	—0,183	+0,009	—0,250	+0,238
26	+0,4840 $_{+113}$	—0,186	+0,011	—0,260	+0,248
27	+0,4953 $_{+105}$	—0,190	+0,014	—0,270	+0,259
28	+0,5058 $_{+96}$	—0,193	+0,017	—0,279	+0,270
29	+0,5154 $_{+87}$	—0,195	+0,021	—0,288	+0,280
30	+0,5241 $_{+78}$	—0,198	+0,024	—0,297	+0,290
31	+0,5319 $_{+69}$	—0,199	+0,028	—0,306	+0,299
32	+0,5388 $_{+60}$	—0,201	+0,032	—0,315	+0,308
33	+0,5448 $_{+50}$	—0,202	+0,036	—0,324	+0,316
34	+0,5498 $_{+42}$	—0,203	+0,041	—0,333	+0,324
35	+0,5540 $_{+32}$	—0,203	+0,046	—0,341	+0,332
36	+0,5572 $_{+23}$	—0,204	+0,051	—0,349	+0,338
37	+0,5595 $_{+13}$	—0,203	+0,057	—0,357	+0,343
38	+0,5608 $_{+5}$	—0,203	+0,062	—0,365	+0,349
39	+0,5613 $_{-5}$	—0,202	+0,068	—0,373	+0,354
40	+0,5608 $_{-14}$	—0,201	+0,074	—0,381	+0,358
41	+0,5594 $_{-23}$	—0,200	+0,081	—0,388	+0,362
42	+0,5571 $_{-32}$	—0,198	+0,087	—0,396	+0,364
43	+0,5539 $_{-41}$	—0,196	+0,094	—0,403	+0,367
44	+0,5498 $_{-49}$	—0,193	+0,101	—0,410	+0,368
45	+0,5449	—0,191	+0,108	—0,416	+0,369

Tafel III (*Fortsetzung*)

ψ	$\Phi(\psi)$	$\Phi_0(\psi)$	$\Phi_1(\psi)$	$\Phi_2(\psi)$	$\Phi_3(\psi)$
45°	+0,5449$_{-58}$	—0,191	+0,108	—0,416	+0,369
46	+0,5391$_{-66}$	—0,188	+0,116	—0,423	+0,370
47	+0,5325$_{-74}$	—0,185	+0,123	—0,429	+0,370
48	+0,5251$_{-82}$	—0,181	+0,131	—0,436	+0,368
49	+0,5169$_{-91}$	—0,177	+0,139	—0,442	+0,367
50	+0,5078$_{-97}$	—0,174	+0,147	—0,448	+0,364
51	+0,4981$_{-105}$	—0,169	+0,156	—0,453	+0,361
52	+0,4876$_{-112}$	—0,165	+0,164	—0,459	+0,357
53	+0,4764$_{-118}$	—0,160	+0,173	—0,465	+0,353
54	+0,4646$_{-126}$	—0,156	+0,182	—0,469	+0,348
55	+0,4520$_{-131}$	—0,151	+0,191	—0,474	+0,343
56	+0,4389$_{-137}$	—0,145	+0,200	—0,479	+0,337
57	+0,4252$_{-144}$	—0,140	+0,210	—0,483	+0,330
58	+0,4108$_{-148}$	—0,135	+0,219	—0,487	+0,323
59	+0,3960$_{-154}$	—0,129	+0,229	—0,491	+0,315
60	+0,3806$_{-159}$	—0,123	+0,238	—0,495	+0,306
61	+0,3647$_{-163}$	—0,117	+0,248	—0,499	+0,297
62	+0,3484$_{-168}$	—0,111	+0,258	—0,503	+0,288
63	+0,3316$_{-171}$	—0,105	+0,268	—0,506	+0,278
64	+0,3145$_{-175}$	—0,099	+0,277	—0,509	+0,268
65	+0,2970$_{-178}$	—0,092	+0,287	—0,512	+0,257
66	+0,2792$_{-181}$	—0,086	+0,297	—0,515	+0,246
67	+0,2611$_{-184}$	—0,079	+0,307	—0,517	+0,234
68	+0,2427$_{-186}$	—0,073	+0,317	—0,520	+0,222
69	+0,2241$_{-188}$	—0,066	+0,327	—0,522	+0,210
70	+0,2053$_{-190}$	—0,060	+0,337	—0,524	+0,198
71	+0,1863$_{-191}$	—0,053	+0,348	—0,526	+0,185
72	+0,1672$_{-192}$	—0,046	+0,357	—0,527	+0,171
73	+0,1480$_{-192}$	—0,040	+0,367	—0,529	+0,158
74	+0,1288$_{-192}$	—0,033	+0,377	—0,530	+0,144
75	+0,1096$_{-193}$	—0,026	+0,387	—0,531	+0,131
76	+0,0903$_{-192}$	—0,020	+0,397	—0,532	+0,117
77	+0,0711$_{-192}$	—0,013	+0,407	—0,533	+0,103
78	+0,0519$_{-191}$	—0,007	+0,416	—0,533	+0,089
79	+0,0328$_{-190}$	0,000	+0,426	—0,534	+0,074
80	+0,0138$_{-188}$	+0,006	+0,435	—0,534	+0,060
81	—0,0050$_{-186}$	+0,012	+0,445	—0,534	+0,046
82	—0,0236$_{-184}$	+0,018	+0,454	—0,534	+0,031
83	—0,0420$_{-182}$	+0,025	+0,463	—0,534	+0,018
84	—0,0602$_{-179}$	+0,030	+0,472	—0,533	+0,003
85	—0,0781$_{-176}$	+0,036	+0,481	—0,532	—0,011
86	—0,0957$_{-173}$	+0,042	+0,490	—0,532	—0,025
87	—0,1130$_{-169}$	+0,048	+0,498	—0,531	—0,038
88	—0,1299$_{-166}$	+0,053	+0,507	—0,530	—0,052
89	—0,1465$_{-161}$	+0,059	+0,515	—0,529	—0,066
90	—0,1626	+0,064	+0,523	—0,527	—0,079

Tafel III (*Fortsetzung*)

ψ	$\Phi(\psi)$	$\Phi_0(\psi)$	$\Phi_1(\psi)$	$\Phi_2(\psi)$	$\Phi_3(\psi)$
90°	$-0{,}1626_{-158}$	+0,064	+0,523	—0,527	—0,079
91	$-0{,}1784_{-153}$	+0,069	+0,531	—0,526	—0,092
92	$-0{,}1937_{-148}$	+0,073	+0,538	—0,524	—0,105
93	$-0{,}2085_{-144}$	+0,078	+0,546	—0,522	—0,117
94	$-0{,}2229_{-139}$	+0,083	+0,553	—0,521	—0,129
95	$-0{,}2368_{-133}$	+0,087	+0,560	—0,519	—0,141
96	$-0{,}2501_{-128}$	+0,091	+0,567	—0,516	—0,152
97	$-0{,}2629_{-123}$	+0,095	+0,574	—0,514	—0,164
98	$-0{,}2752_{-117}$	+0,099	+0,580	—0,512	—0,175
99	$-0{,}2869_{-112}$	+0,103	+0,587	—0,509	—0,185
100	$-0{,}2981_{-106}$	+0,106	+0,592	—0,507	—0,195
101	$-0{,}3087_{-100}$	+0,109	+0,598	—0,504	—0,205
102	$-0{,}3187_{-94}$	+0,112	+0,604	—0,501	—0,214
103	$-0{,}3281_{-88}$	+0,115	+0,609	—0,498	—0,222
104	$-0{,}3369_{-82}$	+0,117	+0,614	—0,496	—0,231
105	$-0{,}3451_{-75}$	+0,120	+0,619	—0,492	—0,239
106	$-0{,}3526_{-69}$	+0,122	+0,624	—0,489	—0,246
107	$-0{,}3595_{-63}$	+0,124	+0,628	—0,486	—0,254
108	$-0{,}3658_{-56}$	+0,126	+0,632	—0,483	—0,260
109	$-0{,}3714_{-50}$	+0,127	+0,636	—0,479	—0,266
110	$-0{,}3764_{-44}$	+0,129	+0,640	—0,476	—0,271
111	$-0{,}3808_{-38}$	+0,130	+0,643	—0,472	—0,275
112	$-0{,}3846_{-31}$	+0,131	+0,646	—0,469	—0,280
113	$-0{,}3877_{-26}$	+0,131	+0,649	—0,465	—0,284
114	$-0{,}3903_{-19}$	+0,132	+0,652	—0,462	—0,288
115	$-0{,}3922_{-13}$	+0,132	+0,655	—0,458	—0,290
116	$-0{,}3935_{-7}$	+0,132	+0,657	—0,454	—0,292
117	$-0{,}3942_{-1}$	+0,132	+0,659	—0,450	—0,294
118	$-0{,}3943_{+5}$	+0,132	+0,661	—0,446	—0,296
119	$-0{,}3938_{+10}$	+0,132	+0,662	—0,443	—0,297
120	$-0{,}3928_{+17}$	+0,131	+0,664	—0,439	—0,297
121	$-0{,}3911_{+22}$	+0,130	+0,665	—0,435	—0,297
122	$-0{,}3889_{+27}$	+0,129	+0,666	—0,431	—0,296
123	$-0{,}3862_{+33}$	+0,128	+0,667	—0,427	—0,296
124	$-0{,}3829_{+37}$	+0,127	+0,667	—0,423	—0,294
125	$-0{,}3792_{+43}$	+0,126	+0,668	—0,419	—0,292
126	$-0{,}3749_{+47}$	+0,124	+0,668	—0,415	—0,290
127	$-0{,}3702_{+51}$	+0,122	+0,668	—0,411	—0,287
128	$-0{,}3651_{+56}$	+0,120	+0,668	—0,407	—0,284
129	$-0{,}3595_{+61}$	+0,118	+0,668	—0,403	—0,280
130	$-0{,}3534_{+64}$	+0,116	+0,667	—0,399	—0,276
131	$-0{,}3470_{+68}$	+0,114	+0,667	—0,395	—0,272
132	$-0{,}3402_{+72}$	+0,112	+0,666	—0,391	—0,267
133	$-0{,}3330_{+75}$	+0,109	+0,665	—0,387	—0,262
134	$-0{,}3255_{+78}$	+0,106	+0,664	—0,383	—0,257
135	$-0{,}3177$	+0,104	+0,663	—0,379	—0,251

Tafel III (*Fortsetzung*)

ψ	$\Phi(\psi)$	$\Phi_0(\psi)$	$\Phi_1(\psi)$	$\Phi_2(\psi)$	$\Phi_3(\psi)$
135°	—0,3177 + 81	+0,104	+0,663	—0,379	—0,251
136	—0,3096 + 84	+0,101	+0,661	—0,375	—0,245
137	—0,3012 + 87	+0,098	+0,660	—0,371	—0,239
138	—0,2925 + 89	+0,095	+0,659	—0,367	—0,233
139	—0,2836 + 91	+0,092	+0,657	—0,363	—0,227
140	—0,2745 + 93	+0,089	+0,655	—0,360	—0,220
141	—0,2652 + 94	+0,086	+0,654	—0,356	—0,212
142	—0,2558 + 95	+0,083	+0,652	—0,352	—0,205
143	—0,2463 + 97	+0,080	+0,650	—0,349	—0,198
144	—0,2366 + 97	+0,077	+0,648	—0,345	—0,191
145	—0,2269 + 98	+0,074	+0,646	—0,342	—0,183
146	—0,2171 + 99	+0,070	+0,644	—0,338	—0,175
147	—0,2072 + 98	+0,067	+0,642	—0,335	—0,168
148	—0,1974 + 98	+0,064	+0,639	—0,332	—0,160
149	—0,1876 + 98	+0,061	+0,637	—0,328	—0,152
150	—0,1778 + 98	+0,057	+0,635	—0,325	—0,144
151	—0,1680 + 96	+0,054	+0,633	—0,322	—0,137
152	—0,1584 + 95	+0,051	+0,631	—0,319	—0,127
153	—0,1489 + 95	+0,048	+0,629	—0,316	—0,121
154	—0,1394 + 92	+0,045	+0,626	—0,314	—0,114
155	—0,1302 + 91	+0,042	+0,624	—0,311	—0,106
156	—0,1211 + 89	+0,039	+0,622	—0,308	—0,099
157	—0,1122 + 86	+0,036	+0,620	—0,306	—0,092
158	—0,1036 + 84	+0,033	+0,618	—0,303	—0,085
159	—0,0952 + 82	+0,031	+0,616	—0,300	—0,078
160	—0,0870 + 79	+0,028	+0,614	—0,299	—0,071
161	—0,0791 + 76	+0,026	+0,612	—0,297	—0,065
162	—0,0715 + 73	+0,023	+0,610	—0,295	—0,059
163	—0,0642 + 70	+0,021	+0,609	—0,293	—0,052
164	—0,0572 + 66	+0,018	+0,607	—0,291	—0,047
165	—0,0506 + 63	+0,016	+0,605	—0,289	—0,041
166	—0,0443 + 60	+0,014	+0,604	—0,287	—0,036
167	—0,0383 + 55	+0,013	+0,602	—0,286	—0,032
168	—0,0328 + 51	+0,011	+0,601	—0,284	—0,027
169	—0,0277 + 47	+0,009	+0,600	—0,283	—0,022
170	—0,0230 + 43	+0,008	+0,599	—0,282	—0,019
171	—0,0187 + 39	+0,006	+0,598	—0,281	—0,015
172	—0,0148 + 34	+0,005	+0,596	—0,280	—0,012
173	—0,0114 + 30	+0,004	+0,596	—0,279	—0,009
174	—0,0084 + 25	+0,003	+0,595	—0,278	—0,006
175	—0,0059 + 21	+0,002	+0,594	—0,277	—0,004
176	—0,0038 + 16	+0,001	+0,594	—0,277	—0,003
177	—0,0022 + 12	+0,001	+0,593	—0,277	—0,002
178	—0,0010 + 7	0,000	+0,593	—0,276	0,000
179	—0,0003 + 3	0,000	+0,593	—0,276	0,000
180	0,0000	0,000	+0,593	—0,276	0,000

TAFEL IV

Theoretische (normale) Werte der Schwerebeschleunigung auf dem dreiachsigen Ellipsoid des Zentralen Forschungsinstituts für Geodäsie, Luftbildaufnahme und Kartographie für jeden Breitengrad und jede Längenstunde

$$\gamma_{\text{dreiachs.}} = 978{,}0490^{1)} \{1 + 0{,}005\,3029 \sin^2 \varphi + 0{,}000\,0165 \cos^2 \varphi \cos 2\,(\lambda - 15^\circ) - 0{,}000\,0059 \sin^2 2\varphi\}$$

(Werte der Schwerebeschleunigung in gal.)

φ \ λ	1^h 15° (13^h) (195°)	2^h 30° (14^h) (210°)	3^h 45° (15^h) (225°)	4^h 60° (16^h) (240°)	5^h 75° (17^h) (225°)	6^h 90° (18^h) (270°)	7^h 105° (19^h) (285°)	λ / φ
0°	978,0651	978,0630	978,0571	978,0490	978,0409	978,0350	978,0329	0°
1	,0667	,0646	,0587	,0506	,0425	,0366	,0345	1
2	,0714	,0693	,0634	,0553	,0472	,0413	,0392	2
3	,0792	,0770	,0711	,0631	,0551	,0492	,0470	3
4	,0903	,0881	,0822	,0742	,0662	,0603	,0581	4
5	,1042	,1021	,0962	,0882	,0802	,0743	,0722	5
6	,1215	,1193	,1135	,1055	,0975	,0917	,0895	6
7	,1416	,1395	,1337	,1257	,1177	,1119	,1098	7
8	,1648	,1627	,1569	,1490	,1411	,1353	,1332	8
9	,1910	,1889	,1832	,1753	,1674	,1617	,1596	9
10	978,2204	978,2183	978,2125	978,2047	978,1969	978,1911	978,1890	10
11	,2526	,2505	,2448	,2370	,2292	,2235	,2214	11
12	,2876	,2856	,2799	,2722	,2645	,2588	,2568	12
13	,3256	,3236	,3180	,3103	,3026	,2970	,2950	13
14	,3664	,3644	,3588	,3512	,3436	,3380	,3360	14
15	,4100	,4079	,4025	,3949	,3874	,3819	,3798	15
16	,4564	,4544	,4490	,4415	,4340	,4286	,4266	16
17	,5053	,5033	,4979	,4905	,4831	,4777	,4757	17
18	,5569	,5549	,5496	,5423	,5350	,5297	,5277	18
19	,6110	,6091	,6038	,5966	,5894	,5841	,5822	19
20	978,6677	978,6657	978,6605	978,6534	978,6463	978,6411	978,6391	20
21	,7266	,7247	,7195	,7125	,7055	,7003	,6984	21
22	,7880	,7861	,7810	,7741	,7672	,7621	,7602	22
23	,8516	,8497	,8447	,8379	,8311	,8261	,8242	23
24	,9173	,9155	,9106	,9038	,8970	,8921	,8903	24
25	978,9852	978,9834	978,9785	978,9719	978,9653	978,9604	978,9586	25
26	979,0551	979,0534	979,0486	979,0421	979,0356	979,0308	979,0291	26
27	,1270	,1253	,1206	,1142	,1078	,1031	,1014	27
28	,2007	,1990	,1944	,1881	,1818	,1772	,1755	28
29	,2762	,2746	,2701	,2639	,2577	,2532	,2516	29
30	979,3534	979,3518	979,3474	979,3413	979,3352	979,3308	979,3292	30
31	,4323	,4307	,4263	,4204	,4145	,4101	,4085	31
32	,5124	,5109	,5066	,5008	,4950	,4907	,4892	32
33	,5941	,5925	,5884	,5827	,5770	,5729	,5713	33
34	,6769	,6754	,6713	,6658	,6603	,6562	,6547	34
35	,7611	,7597	,7557	,7503	,7449	,7409	,7395	35
36	,8463	,8448	,8410	,8357	,8304	,8266	,8251	36
37	979,9324	979,9310	979,9272	979,9221	979,9170	979,9132	,9118	37
38	980,0195	980,0182	980,0145	980,0095	980,0045	980,0008	979,9995	38
39	,1073	,1060	,1025	,0976	,0927	,0892	980,0879	39
40	980,1959	980,1946	980,1911	980,1864	980,1817	980,1782	980,1769	40
φ / λ	13^h 195° (1^h) (15°)	12^h 180° (0^h) (0°)	11^h 165° (23^h) (345°)	10^h 150° (22^h) (330°)	9^h 135° (21^h) (315°)	8^h 120° (20^h) (300°)	7^h 105° (19^h) (285°)	φ \ λ

[1]) Die Äquatorkonstante ist nach den Untersuchungen von SILVA [68, 69] angenommen, weil dieselbe Konstante der von I. D. SHONGOLOWITSH [7, S. 56] erhaltenen Polkonstante und der Abplattung des KRASSOWSKIschen Ellipsoids entspricht.

Tafel IV (*Fortsetzung*)

λ / φ	1^h 15° (13^h) (195°)	2^h 30° (14^h) (210°)	3^h 45° (15^h) (225°)	4^h 60° (16^h) (240°)	5^h 75° (17^h) (255°)	6^h 90° (18^h) (270°)	7^h 105° (19^h) (285°)	λ / φ
40	980,1959	980,1946	980,1911	980,1864	980,1817	980,1782	980,1769	40
41	,2849	,2837	,2803	,2757	,2711	,2677	,2665	41
42	,3743	,3731	,3699	,3654	,3609	,3577	,3565	42
43	,4642	,4631	,4599	,4556	,4513	,4481	,4470	43
44	,5543	,5532	,5502	,5460	,5418	,5388	,5377	44
45	,6446	,6435	,6405	,6365	,6325	,6295	,6284	45
46	,7349	,7337	,7309	,7270	,7231	,7203	,7191	46
47	,8249	,8239	,8212	,8174	,8136	,8109	,8099	47
48	980,9148	980,9139	980,9112	,9076	,9040	,9013	,9004	48
49	981,0044	981,0035	981,0010	,9975	,9940	,9915	,9906	49
50	981,0937	981,0928	981,0903	981,0870	981,0837	981,0812	981,0803	50
51	,1823	,1814	,1791	,1759	,1727	,1704	,1695	51
52	,2703	,2695	,2673	,2642	,2611	,2589	,2581	52
53	,3575	,3568	,3546	,3517	,3488	,3466	,3459	53
54	,4440	,4432	,4412	,4384	,4356	,4336	,4328	54
55	,5294	,5287	,5268	,5241	,5214	,5195	,5188	55
56	,6137	,6131	,6112	,6087	,6062	,6043	,6037	56
57	,6970	,6963	,6946	,6922	,6898	,6881	,6874	57
58	,7789	,7783	,7767	,7744	,7721	,7705	,7699	58
59	,8595	,8589	,8573	,8552	,8531	,8515	,8509	59
60	981,9385	981,9380	981,9365	981,9345	981,9325	981,9310	981,9305	60
61	982,0161	982,0156	982,0142	982,0123	982,0104	982,0090	982,0085	61
62	,0921	,0916	,0903	,0885	,0867	,0854	,0849	62
63	,1661	,1657	,1645	,1628	,1611	,1599	,1595	63
64	,2384	,2380	,2369	,2353	,2337	,2326	,2322	64
65	,3086	,3082	,3071	,3057	,3043	,3032	,3028	65
66	,3770	,3766	,3756	,3743	,3730	,3720	,3716	66
67	,4432	,4428	,4419	,4407	,4395	,4386	,4382	67
68	,5072	,5069	,5060	,5049	,5038	,5029	,5026	68
69	,5690	,5687	,5679	,5669	,5659	,5651	,5648	69
70	982,6283	982,6280	982,6273	982,6264	982,6255	982,6248	982,6245	70
71	,6853	,6851	,6845	,6836	,6827	,6821	,6819	71
72	,7397	,7395	,7390	,7382	,7374	,7369	,7367	72
73	,7918	,7916	,7911	,7904	,7897	,7892	,7890	73
74	,8410	,8409	,8404	,8398	,8392	,8387	,8386	74
75	,8877	,8875	,8871	,8866	,8861	,8857	,8855	75
76	,9316	,9315	,9312	,9307	,9302	,9299	,9298	76
77	982,9728	982,9727	982,9724	982,9720	982,9716	982,9713	982,9712	77
78	983,0111	983,0110	983,0107	983,0104	983,0101	983,0098	983,0097	78
79	,0465	,0464	,0462	,0459	,0456	,0454	,0453	79
80	983,0790	983,0789	983,0787	983,0785	983,0783	983,0781	983,0780	80
81	,1084	,1083	,1082	,1080	,1078	,1077	,1076	81
82	,1349	,1349	,1348	,1346	,1344	,1343	,1343	82
83	,1583	,1583	,1582	,1581	,1580	,1579	,1579	83
84	,1787	,1787	,1786	,1785	,1784	,1783	,1783	84
85	,1960	,1960	,1960	,1959	,1958	,1958	,1958	85
86	,2102	,2102	,2101	,2101	,2101	,2100	,2100	86
87	,2212	,2212	,2212	,2212	,2212	,2212	,2212	87
88	,2292	,2292	,2292	,2292	,2292	,2292	,2292	88
89	,2339	,2339	,2339	,2339	,2339	,2339	,2339	89
90	983,2355	983,2355	983,2355	983,2355	983,2355	983,2355	983,2355	90
φ / λ	13^h 195° (1^h) (15°)	12^h 180° (0^h) (0°)	11^h 165° (23^h) (345°)	10^h 150° (22^h) (330°)	9^h 135° (21^h) (315°)	8^h 120° (20^h) (300°)	7^h 105° (19^h) (285°)	λ / φ

TAFEL V

Theoretische (normale) Werte der Schwerebeschleunigung auf dem Ellipsoid von F. N. Krassowski für jeden Breitengrad

Die Tafel ist nach Formel 13 berechnet[1]):

$$\gamma_{\text{Kras.}} = 978{,}0490\,(1 + 0{,}005\,3029 \sin^2 \varphi - 0{,}000\,0059 \sin^2 2\varphi)$$

Breite	Schwerkraft cm/sec²	Breite	Schwerkraft cm/sec²	Breite	Schwerkraft cm/sec²
0°	978,0490	30°	979,3413	60°	981,9345
1	,0506	31	,4204	61	982,0123
2	,0553	32	,5008	62	,0885
3	,0631	33	,5827	63	,1628
4	,0742	34	,6658	64	,2353
5	,0882	35	,7503	65	,3057
6	,1055	36	,8357	66	,3743
7	,1257	37	979,9221	67	,4407
8	,1490	38	980,0095	68	,5049
9	,1753	39	,0976	69	,5669
10	978,2047	40	980,1864	70	982,6264
11	,2370	41	,2757	71	,6836
12	,2722	42	,3654	72	,7382
13	,3103	43	,4556	73	,7904
14	;3512	44	,5460	74	,8398
15	,3949	45	,6365	75	,8866
16	,4415	46	,7270	76	,9307
17	,4905	47	,8174	77	982,9720
18	,5423	48	,9076	78	983,0104
19	,5966	49	980,9975	79	,0459
20	978,6534	50	981,0870	80	983,0785
21	,7125	51	,1759	81	,1080
22	,7741	52	,2642	82	,1346
23	,8379	53	,3517	83	,1581
24	,9038	54	,4384	84	,1785
25	978,9719	55	,5241	85	,1959
26	979,0421	56	,6087	86	,2101
27	,1142	57	,6922	87	,2212
28	,1881	58	,7744	88	,2292
29	,2639	59	,8552	89	,2339
30	979,3413	60	981,9345	90	983,2355

Anmerkung. Die auf dieser Seite gebrachte Tafel liefert die normalen Werte der Schwerebeschleunigung für jeden Breitengrad. Auf den nachfolgenden Seiten 102—119 wird die eingehendere Tafel Va gegeben, in der die Werte der Schwerebeschleunigung auf dem Krassowskischen Ellipsoid für jede Breitenminute angeführt sind. Die erweiterte Tafel ermöglicht, die Größe γ für Zwischenwerte der Breite durch lineare Interpolation leicht zu ermitteln.

[1]) Für die Äquatorkonstante ist der Wert 978,049 [68, 69] angenommen. Diese Konstante entspricht gerade der von I. D. Shongolowitsch [7, S. 56] erhaltenen Polkonstante und der Abplattung des Krassowskischen Ellipsoids. Die durch weitere experimentelle Untersuchungen hervorgerufene Veränderung der Äquatorkonstante γ_m läßt sich leicht berücksichtigen durch Hinzufügung der konstanten Korrektion $\Delta\gamma_m = \gamma_m - 978{,}049$ (für $\Delta\gamma_m < 0{,}01$ gal). Ist $\Delta\gamma_m > 0{,}01$ gal, so erhält man die Korrektion nach der Formel:

$$\Delta\gamma = \Delta\gamma_m\,(1 + 0{,}0053 \sin^2 \varphi).$$

TAFEL Va

Breite	Schwerkraft cm/sec²	Breite	Schwerkraft cm/sec²	Breite	Schwerkraft cm/sec²	Breite	Schwerkraft cm/sec²	Breite	Schwerkraft cm/sec²
0°00′	978,0490	1°00′	978,0506	2°00′	978,0553	3°00′	978,0631	4°00′	978,0742
01	,0490	01	,0507	01	,0554	01	,0633	01	,0744
02	,0490	02	,0507	02	,0555	02	,0634	02	,0746
03	,0490	03	,0508	03	,0556	03	,0636	03	,0748
04	,0490	04	,0508	04	,0557	04	,0637	04	,0751
05	,0490	05	,0509	05	,0559	05	,0639	05	,0753
06	,0490	06	,0509	06	,0560	06	,0641	06	,0755
07	,0490	07	,0510	07	,0561	07	,0642	07	,0757
08	,0490	08	,0510	08	,0562	08	,0644	08	,0759
09	,0490	09	,0511	09	,0563	09	,0645	09	,0761
0 10	978,0490	1 10	978,0511	2 10	978,0564	3 10	978,0647	4 10	978,0763
11	,0490	11	,0512	11	,0565	11	,0649	11	,0765
12	,0490	12	,0512	12	,0566	12	,0650	12	,0767
13	,0491	13	,0513	13	,0567	13	,0652	13	,0770
14	,0491	14	,0514	14	,0568	14	,0654	14	,0772
15	,0491	15	,0515	15	,0570	15	,0656	15	,0774
16	,0491	16	,0515	16	,0571	16	,0657	16	,0776
17	,0491	17	,0516	17	,0572	17	,0659	17	,0778
18	,0492	18	,0517	18	,0573	18	,0661	18	,0781
19	,0492	19	,0517	19	,0574	19	,0662	19	,0783
0 20	978,0492	1 20	978,0518	2 20	978,0575	3 20	978,0664	4 20	978,0785
21	,0492	21	,0519	21	,0576	21	,0666	21	,0787
22	,0492	22	,0519	22	,0578	22	,0668	22	,0790
23	,0493	23	,0520	23	,0579	23	,0670	23	,0792
24	,0493	24	,0521	24	,0580	24	,0672	24	,0794
25	,0493	25	,0522	25	,0582	25	,0674	25	,0797
26	,0493	26	,0522	26	,0583	26	,0675	26	,0799
27	,0493	27	,0523	27	,0584	27	,0677	27	,0801
28	,0494	28	,0524	28	,0585	28	,0679	28	,0803
29	,0494	29	,0524	29	,0587	29	,0681	29	,0806
0 30	978,0494	1 30	978,0525	2 30	978,0588	3 30	978,0683	4 30	978,0808
31	,0494	31	,0526	31	,0589	31	,0685	31	,0810
32	,0495	32	,0527	32	,0591	32	,0687	32	,0813
33	,0495	33	,0528	33	,0592	33	,0688	33	,0815
34	,0495	34	,0529	34	,0593	34	,0690	34	,0818
35	,0496	35	,0530	35	,0595	35	,0692	35	,0820
36	,0496	36	,0530	36	,0596	36	,0694	36	,0822
37	,0496	37	,0531	37	,0597	37	,0696	37	,0825
38	,0497	38	,0532	38	,0598	38	,0697	38	,0827
39	,0497	39	,0533	39	,0600	39	,0699	39	,0830
0 40	978,0497	1 40	978,0534	2 40	978,0601	3 40	978,0701	4 40	978,0832
41	,0497	41	,0535	41	,0603	41	,0703	41	,0835
42	,0498	42	,0536	42	,0604	42	,0705	42	,0837
43	,0498	43	,0537	43	,0606	43	,0707	43	,0840
44	,0499	44	,0538	44	,0607	44	,0709	44	,0842
45	,0499	45	,0539	45	,0609	45	,0711	45	,0845
46	,0499	46	,0539	46	,0610	46	,0713	46	,0847
47	,0500	47	,0540	47	,0612	47	,0715	47	,0850
48	,0500	48	,0541	48	,0613	48	,0717	48	,0852
49	,0501	49	,0542	49	,0615	49	,0719	49	,0855
0 50	978,0501	1 50	978,0543	2 50	978,0616	3 50	978,0721	4 50	978,0857
51	,0502	51	,0544	51	,0618	51	,0723	51	,0860
52	,0502	52	,0545	52	,0619	52	,0725	52	,0862
53	,0503	53	,0546	53	,0621	53	,0727	53	,0865
54	,0503	54	,0547	54	,0622	54	,0729	54	,0867
55	,0504	55	,0548	55	,0624	55	,0732	55	,0870
56	,0504	56	,0549	56	,0625	56	,0734	56	,0872
57	,0505	57	,0550	57	,0627	57	,0736	57	,0875
58	,0505	58	,0551	58	,0628	58	,0738	58	,0877
59	,0506	59	,0552	59	,0630	59	,0740	59	,0880
1 00	978,0506	2 00	978,0553	3 00	978,0631	4 00	978,0742	5 00	978,0882

Tafel V a (*Fortsetzung*)

Breite	Schwerkraft cm/sec²	Breite	Schwerkraft cm/sec²	Breite	Schwerkraft cm/sec²	Breite	Schwerkraft cm/sec²	Breite	Schwerkraft cm/sec²
5°00′	978,0882	6°00′	978,1055	7°00′	978,1257	8°00′	978,1490	9°00′	978,1753
01	,0885	01	,1058	01	,1261	01	,1494	01	,1758
02	,0887	02	,1061	02	,1264	02	,1498	02	,1762
03	,0890	03	,1064	03	,1268	03	,1503	03	,1767
04	,0893	04	,1067	04	,1272	04	,1507	04	,1772
05	,0896	05	,1071	05	,1276	05	,1511	05	,1777
06	,0898	06	,1074	06	,1279	06	,1515	06	,1781
07	,0901	07	,1077	07	,1283	07	,1519	07	,1786
08	,0904	08	,1080	08	,1287	08	,1524	08	,1791
09	,0906	09	,1083	09	,1290	09	,1528	09	,1795
5 10	978,0909	6 10	978,1086	7 10	978,1294	8 10	978,1532	9 10	978,1800
11	,0912	11	,1089	11	,1298	11	,1536	11	,1805
12	,0914	12	,1093	12	,1301	12	,1541	12	,1810
13	,0917	13	,1096	13	,1305	13	,1545	13	,1814
14	,0920	14	,1099	14	,1309	14	,1549	14	,1819
15	,0923	15	,1103	15	,1313	15	,1554	15	,1824
16	,0925	16	,1106	16	,1316	16	,1558	16	,1829
17	,0928	17	,1109	17	,1320	17	,1562	17	,1834
18	,0931	18	,1113	18	,1324	18	,1567	18	,1838
19	,0933	19	,1116	19	,1327	19	,1571	19	,1843
5 20	978,0936	6 20	978,1119	7 20	978,1331	8 20	978,1575	9 20	978,1848
21	,0939	21	,1122	21	,1335	21	,1579	21	,1853
22	,0942	22	,1126	22	,1339	22	,1584	22	,1858
23	,0945	23	,1129	23	,1343	23	,1588	23	,1862
24	,0948	24	,1132	24	,1347	24	,1592	24	,1867
25	,0951	25	,1136	25	,1351	25	,1597	25	,1872
26	,0953	26	,1139	26	,1354	26	,1601	26	,1877
27	,0956	27	,1142	27	,1358	27	,1605	27	,1882
28	,0959	28	,1145	28	,1362	28	,1609	28	,1886
29	,0962	29	,1149	29	,1366	29	,1614	29	,1891
5 30	978,0965	6 30	978,1152	7 30	978,1370	8 30	978,1618	9 30	978,1896
31	,0968	31	,1155	31	,1374	31	,1622	31	,1901
32	,0971	32	,1159	32	,1378	32	,1627	32	,1906
33	,0974	33	,1162	33	,1382	33	,1631	33	,1911
34	,0977	34	,1166	34	,1386	34	,1636	34	,1916
35	,0980	35	,1169	35	,1390	35	,1640	35	,1921
36	,0982	36	,1172	36	,1393	36	,1644	36	,1926
37	,0985	37	,1176	37	,1397	37	,1649	37	,1931
38	,0988	38	,1179	38	,1401	38	,1653	38	,1936
39	,0991	39	,1183	39	,1405	39	,1658	39	,1941
5 40	978,0994	6 40	978,1186	7 40	978,1409	8 40	978,1662	9 40	978,1946
41	,0997	41	,1190	41	,1413	41	,1667	41	,1951
42	,1000	42	,1193	42	,1417	42	,1671	42	,1956
43	,1003	43	,1197	43	,1421	43	,1676	43	,1961
44	,1006	44	,1200	44	,1425	44	,1680	44	,1966
45	,1009	45	,1204	45	,1430	45	,1685	45	,1971
46	,1012	46	,1207	46	,1434	46	,1689	46	,1976
47	,1015	47	,1211	47	,1438	47	,1694	47	,1981
48	,1018	48	,1214	48	,1442	48	,1698	48	,1986
49	,1021	49	,1218	49	,1446	49	,1703	49	,1991
5 50	978,1024	6 50	978,1221	7 50	978,1450	8 50	978,1707	9 50	978,1996
51	,1027	51	,1225	51	,1454	51	,1712	51	,2001
52	,1030	52	,1228	52	,1458	52	,1716	52	,2006
53	,1033	53	,1232	53	,1462	53	,1721	53	,2011
54	,1036	54	,1235	54	,1466	54	,1725	54	,2016
55	,1040	55	,1239	55	,1470	55	,1730	55	,2022
56	,1043	56	,1243	56	,1474	56	,1735	56	,2027
57	,1046	57	,1246	57	,1478	57	,1739	57	,2032
58	,1049	58	,1250	58	,1482	58	,1744	58	,2037
59	,1052	59	,1253	59	,1486	59	,1748	59	,2042
6 00	978,1055	7 00	978,1257	8 00	978,1490	9 00	978,1753	10 00	978,2047

Tafel V a (*Fortsetzung*)

Breite	Schwerkraft cm/sec²	Breite	Schwerkraft cm/sec²	Breite	Schwerkraft cm/sec²	Breite	Schwerkraft cm/sec²	Breite	Schwerkraft cm/sec²
10°00′	978,2047	11°00′	978,2370	12°00′	978,2722	13°00′	978,3103	14°00′	978,3512
01	,2052	01	,2376	01	,2728	01	,3110	01	,3519
02	,2057	02	,2381	02	,2734	02	,3116	02	,3526
03	,2063	03	,2387	03	,2741	03	,3123	03	,3533
04	,2068	04	,2393	04	,2747	04	,3130	04	,3540
05	,2073	05	,2399	05	,2753	05	,3137	05	,3548
06	,2078	06	,2404	06	,2759	06	,3143	06	,3555
07	,2083	07	,2410	07	,2765	07	,3150	07	,3562
08	,2089	08	,2416	08	,2772	08	,3157	08	,3569
09	,2094	09	,2421	09	,2778	09	,3163	09	,3576
10 10	978,2099	11 10	978,2427	12 10	978,2784	13 10	978,3170	14 10	978,3583
11	,2104	11	,2433	11	,2790	11	,3177	11	,3590
12	,2109	12	,2438	12	,2796	12	,3183	12	,3597
13	,2115	13	,2444	13	,2803	13	,3190	13	,3605
14	,2120	14	,2450	14	,2809	14	,3197	14	,3612
15	,2125	15	,2456	15	,2815	15	,3204	15	,3619
16	,2130	16	,2461	16	,2821	16	,3210	16	,3626
17	,2135	17	,2467	17	,2827	17	,3217	17	,3633
18	,2141	18	,2473	18	,2834	18	,3224	18	,3641
19	,2146	19	,2478	19	,2840	19	,3230	19	,3648
10 20	978,2151	11 20	978,2484	12 20	978,2846	13 20	978,3237	14 20	978,3655
21	,2156	21	,2490	21	,2852	21	,3244	21	,3662
22	,2162	22	,2496	22	,2859	22	,3250	22	,3670
23	,2167	23	,2502	23	,2865	23	,3257	23	,3677
24	,2173	24	,2508	24	,2871	24	,3264	24	,3684
25	,2178	25	,2514	25	,2878	25	,3271	25	,3692
26	,2183	26	,2519	26	,2884	26	,3277	26	,3699
27	,2189	27	,2525	27	,2890	27	,3284	27	,3706
28	,2194	28	,2531	28	,2896	28	,3291	28	,3713
29	,2200	29	,2537	29	,2903	29	,3297	29	,3721
10 30	978,2205	11 30	978,2543	12 30	978,2909	13 30	978,3304	14 30	978,3728
31	,2211	31	,2549	31	,2915	31	,3311	31	,3735
32	,2216	32	,2555	32	,2922	32	,3318	32	,3743
33	,2221	33	,2561	33	,2928	33	,3325	33	,3750
34	,2227	34	,2567	34	,2935	34	,3332	34	,3757
35	,2232	35	,2573	35	,2941	35	,3339	35	,3765
36	,2238	36	,2578	36	,2947	36	,3345	36	,3772
37	,2243	37	,2584	37	,2954	37	,3352	37	,3779
38	,2248	38	,2590	38	,2960	38	,3359	38	,3786
39	,2254	39	,2596	39	,2967	39	,3366	39	,3794
10 40	978,2259	11 40	978,2602	12 40	978,2973	13 40	978,3373	14 40	978,3801
41	,2265	41	,2608	41	,2980	41	,3380	41	,3808
42	,2270	42	,2614	42	,2986	42	,3387	42	,3816
43	,2276	43	,2620	43	,2993	43	,3394	43	,3823
44	,2281	44	,2626	44	,2999	44	,3401	44	,3831
45	,2287	45	,2632	45	,3006	45	,3408	45	,3838
46	,2292	46	,2638	46	,3012	46	,3415	46	,3845
47	,2298	47	,2644	47	,3019	47	,3422	47	,3853
48	,2303	48	,2650	48	,3025	48	,3429	48	,3860
49	,2309	49	,2656	49	,3032	49	,3436	49	,3868
10 50	978,2314	11 50	978,2662	12 50	978,3038	13 50	978,3443	14 50	978,3875
51	,2320	51	,2668	51	,3045	51	,3450	51	,3882
52	,2325	52	,2674	52	,3051	52	,3457	52	,3890
53	,2331	53	,2680	53	,3058	53	,3464	53	,3897
54	,2336	54	,2686	54	,3064	54	,3471	54	,3905
55	,2342	55	,2692	55	,3071	55	,3478	55	,3912
56	,2348	56	,2698	56	,3077	56	,3484	56	,3919
57	,2353	57	,2704	57	,3084	57	,3491	57	,3927
58	,2359	58	,2710	58	,3090	58	,3498	58	,3934
59	,2364	59	,2716	59	,3097	59	,3505	59	,3942
11 00	978,2370	12 00	978,2722	13 00	978,3103	14 00	978,3512	15 00	978,3949

Tafel V a (*Fortsetzung*)

Breite	Schwerkraft cm/sec²	Breite	Schwerkraft cm/sec²	Breite	Schwerkraft cm/sec²	Breite	Schwerkraft cm/sec²	Breite	Schwerkraft cm/sec²
15°00′	978,3949	16°00′	978,4415	17°00′	978,4905	18°00′	978,5423	19°00′	978,5966
01	,3957	01	,4423	01	,4914	01	,5432	01	,5975
02	,3964	02	,4431	02	,4922	02	,5441	02	,5985
03	,3972	03	,4439	03	,4931	03	,5450	03	,5994
04	,3979	04	,4447	04	,4939	04	,5459	04	,6003
05	,3887	05	,4455	05	,4948	05	,5468	05	,6013
06	,3995	06	,4463	06	,4956	06	,5476	06	,6022
07	,4002	07	,4471	07	,4965	07	,5485	07	,6031
08	,4010	08	,4479	08	,4973	08	,5494	08	,6040
09	,4017	09	,4487	09	,4982	09	,5503	09	,6050
15 10	978,4025	16 10	978,4495	17 10	978,4990	18 10	978,5512	19 10	978,6059
11	,4033	11	,4503	11	,4999	11	,5521	11	,6068
12	,4040	12	,4511	12	,5007	12	,5530	12	,6078
13	,4048	13	,4519	13	,5016	13	,5539	13	,6087
14	,4055	14	,4527	14	,5024	14	,5548	14	,6096
15	,4063	15	,4535	15	,5033	15	,5557	15	,6106
16	,4071	16	,4543	16	,5041	16	,5565	16	,6115
17	,4078	17	,4551	17	,5050	17	,5574	17	,6124
18	,4086	18	,4559	18	,5058	18	,5583	18	,6133
19	,4093	19	,4567	19	,5067	19	,5592	19	,6143
15 20	978,4101	16 20	978,4575	17 20	978,5075	18 20	978,5601	19 20	978,6152
21	,4109	21	,4583	21	,5084	21	,5610	21	,6161
22	,4117	22	,4591	22	,5092	22	,5619	22	,6171
23	,4125	23	,4600	23	,5101	23	,5628	23	,6180
24	,4132	24	,4608	24	,5109	24	,5637	24	,6190
25	,4140	25	,4616	25	,5118	25	,5646	25	,6199
26	,4148	26	,4624	26	,5127	26	,5655	26	,6209
27	,4156	27	,4632	27	,5135	27	,5664	27	,6218
28	,4164	28	,4641	28	,5144	28	,5673	28	,6227
29	,4171	29	,4649	29	,5152	29	,5682	29	,6237
15 30	978,4179	16 30	978,4657	17 30	978,5161	18 30	978,5691	19 30	978,6246
31	,4187	31	,4665	31	,5170	31	,5700	31	,6256
32	,4194	32	,4673	32	,5178	32	,5709	32	,6265
33	,4202	33	,4682	33	,5187	33	,5718	33	,6275
34	,4210	34	,4690	34	,5196	34	,5727	34	,6284
35	,4218	35	,4698	35	,5205	35	,5737	35	,6294
36	,4225	36	,4706	36	,5213	36	,5746	36	,6304
37	,4233	37	,4714	37	,5222	37	,5755	37	,6313
38	,4241	38	,4723	38	,5231	38	,5764	38	,6223
39	,4248	39	,4731	39	,5239	39	,5773	39	,6232
15 40	978,4256	16 40	978,4739	17 40	978,5248	18 40	978,5782	19 40	978,6342
41	,4264	41	,4747	41	,5257	41	,5791	41	,6352
42	,4272	42	,4756	42	,5265	42	,5800	42	,6361
43	,4280	43	,4764	43	,5274	43	,5810	43	,6371
44	,4288	44	,4772	44	,5283	44	,5819	44	,6380
45	,4296	45	,4781	45	,5292	45	,5828	45	,6390
46	,4303	46	,4789	46	,5300	46	,5837	46	,6399
47	,4311	47	,4797	47	,5309	47	,5846	47	,6409
48	,4319	48	,4806	48	,5318	48	,5856	48	,6418
49	,4327	49	,4814	49	,5326	49	,5865	49	,6428
15 50	978,4335	16 50	978,4822	17 50	978,5335	18 50	978,5874	19 50	978,6437
51	,4343	51	,4830	51	,5344	51	,5883	51	,6447
52	,4351	52	,4839	52	,5353	52	,5892	52	,6456
53	,4359	53	,4847	53	,5361	53	,5902	53	,6466
54	,4367	54	,4855	54	,5370	54	,5911	54	,6476
55	,4375	55	,4864	55	,5379	55	,5920	55	,6486
56	,4383	56	,4872	56	,5388	56	,5929	56	,6495
57	,4391	57	,4880	57	,5397	57	,5938	57	,6505
58	,4399	58	,4888	58	,5405	58	,5948	58	,6515
59	,4407	59	,4897	59	,5414	59	,5957	59	,6524
16 00	978,4415	17 00	978,4905	18 00	978,5423	19 00	978,5966	20 00	978,6534

Tafel V a (*Fortsetzung*)

Breite	Schwerkraft cm/sec²	Breite	Schwerkraft cm/sec²	Breite	Schwerkraft cm/sec²	Breite	Schwerkraft cm/sec²	Breite	Schwerkraft cm/sec²
20°00′	978,6534	21°00′	978,7125	22°00′	978,7741	23°00′	978,8379	24°00′	978,9038
01	,6544	01	,7135	01	,7751	01	,8390	01	,9049
02	,6553	02	,7145	02	,7762	02	,8401	02	,9060
03	,6563	03	,7155	03	,7772	03	,8411	03	,9072
04	,6573	04	,7165	04	,7783	04	,8422	04	,9083
05	,6583	05	,7176	05	,7793	05	,8433	05	,9094
06	,6592	06	,7186	06	,7803	06	,8444	06	,9105
07	,6602	07	,7196	07	,7814	07	,8455	07	,9116
08	,6612	08	,7206	08	,7824	08	,8465	08	,9128
09	,6621	09	,7216	09	,7835	09	,8476	09	,9139
20 10	978,6631	21 10	978,7226	22 10	978,7845	23 10	978,8487	24 10	978,9150
11	,6641	11	,7236	11	,7856	11	,8498	11	,9161
12	,6650	12	,7247	12	,7866	12	,8509	12	,9173
13	,6660	13	,7257	13	,7877	13	,8520	13	,9184
14	,6670	14	,7267	14	,7887	14	,8531	14	,9195
15	,6680	15	,7277	15	,7898	15	,8542	15	,9207
16	,6689	16	,7287	16	,7909	16	,8552	16	,9218
17	,6699	17	,7298	17	,7919	17	,8563	17	,9229
18	,6709	18	,7308	18	,7930	18	,8574	18	,9240
19	,6718	19	,7318	19	,7940	19	,8585	19	,9252
20 20	978,6728	21 20	978,7328	22 20	978,7951	23 20	978,8596	24 20	978,9263
21	,6738	21	,7338	21	,7962	21	,8607	21	,9274
22	,6748	22	,7348	22	,7972	22	,8618	22	,9286
23	,6757	23	,7359	23	,7983	23	,8629	23	,9297
24	,6767	24	,7369	24	,7993	24	,8640	24	,9308
25	,6777	25	,7379	25	,8004	25	,8651	25	,9320
26	,6787	26	,7389	26	,8015	26	,8662	26	,9331
27	,6797	27	,7399	27	,8025	27	,8673	27	,9342
28	,6806	28	,7410	28	,8036	28	,8684	28	,9353
29	,6816	29	,7420	29	,8046	29	,8695	29	,9365
20 30	978,6826	21 30	978,7430	22 30	978,8057	23 30	978,8706	24 30	978,9376
31	,6836	31	,7440	31	,8068	31	,8717	31	,9387
32	,6846	32	,7451	32	,8078	32	,8728	32	,9399
33	,6856	33	,7461	33	,8089	33	,8739	33	,9410
34	,6866	34	,7471	34	,8100	34	,8750	34	,9422
35	,6876	35	,7482	35	,8111	35	,8761	35	,9433
36	,6885	36	,7492	36	,8121	36	,8772	36	,9444
37	,6895	37	,7502	37	,8132	37	,8783	37	,9456
38	,6905	38	,7513	38	,8143	38	,8794	38	,9467
39	,6915	39	,7523	39	,8153	39	,8805	39	,9479
20 40	978,6925	21 40	978,7533	22 40	978,8164	23 40	978,8816	24 40	978 9490
41	,6935	41	,7543	41	,8175	41	,8827	41	,9502
42	,6945	42	,7554	42	,8185	42	,8838	42	,9513
43	,6955	43	,7564	43	,8196	43	,8849	43	,9524
44	,6965	44	,7574	44	,8207	44	,8860	44	,9536
45	,6975	45	,7585	45	,8218	45	,8872	45	,9547
46	,6985	46	,7595	46	,8228	46	,8883	46	,9559
47	,6995	47	,7605	47	,8239	47	,8894	47	,9570
48	,7005	48	,7615	48	,8250	48	,8905	48	,9581
49	,7015	49	,7626	49	,8260	49	,8916	49	,9593
20 50	978,7025	21 50	978,7636	22 50	978,8271	23 50	978,8927	24 50	978,9604
51	,7035	51	,7647	51	,8282	51	,8938	51	,9616
52	,7045	52	,7657	52	,8293	52	,8949	52	,6927
53	,7055	53	,7668	53	,8303	53	,8960	53	,9639
54	,7065	54	,7678	54	,8314	54	,8971	54	,9650
55	,7075	55	,7689	55	,8325	55	,8983	55	,9662
56	,7085	56	,7699	56	,8336	56	,8994	56	,9673
57	,7095	57	,7710	57	,8347	57	,9005	57	,9685
58	,7105	58	,7720	58	,8357	58	,9016	58	,9696
59	,7115	59	,7731	59	,8368	59	,9027	59	,9708
21 00	978,7125	22 00	978,7741	23 00	978,8379	24 00	978,9038	25 00	978,9719

Tafel Va (*Fortsetzung*)

Breite	Schwerkraft cm/sec²	Breite	Schwerkraft cm/sec²	Breite	Schwerkraft cm/sec²	Breite	Schwerkraft cm/sec²	Breite	Schwerkraft cm/sec²
25°00′	978,9719	26°00′	979,0421	27°00′	979,1142	28°00′	979,1881	29°00′	979,2639
01	,9731	01	,0433	01	,1154	01	,1894	01	,2652
02	,9742	02	,0445	02	,1166	02	,1906	02	,2664
03	,9754	03	,0457	03	,1179	03	,1919	03	,2677
04	,9765	04	,0469	04	,1191	04	,1931	04	,2690
05	,9777	05	,0481	05	,1203	05	,1944	05	,2703
06	,9789	06	,0492	06	,1215	06	,1956	06	,2715
07	,9800	07	,0504	07	,1227	07	,1969	07	,2728
08	,9812	08	,0516	08	,1240	08	,1981	08	,2741
09	,9823	09	,0528	09	,1252	09	,1994	09	,2753
25 10	978,9835	26 10	979,0540	27 10	979,1264	28 10	979,2006	29 10	979,2766
11	,9847	11	,0552	11	,1276	11	,2019	11	,2779
12	,9858	12	,0564	12	,1289	12	,2031	12	,2792
13	,9870	13	,0576	13	,1301	13	,2044	13	,2805
14	,9881	14	,0588	14	,1313	14	,2056	14	,2818
15	,9893	15	,0600	15	,1325	15	,2069	15	,2831
16	,9905	16	,0611	16	,1337	16	,2082	16	,2843
17	,9916	17	,0623	17	,1350	17	,2094	17	,2856
18	,9928	18	,0635	18	,1362	18	,2107	18	,2869
19	,9939	19	,0647	19	,1374	19	,2119	19	,2882
25 20	978,9951	26 20	979,0659	27 20	979,1386	28 20	979,2132	27 20	979,2895
21	,9963	21	,0671	21	,1398	21	,2145	21	,2908
22	,9974	22	,0683	22	,1411	22	,2157	22	,2921
23	,9986	23	,0695	23	,1423	23	,2170	23	,2934
24	978,9998	24	,0707	24	,1435	24	,2182	24	,2947
25	979,0010	25	,0719	25	,1448	25	,2195	25	,2960
26	,0021	26	,0731	26	,1460	26	,2208	26	,2972
27	,0033	27	,0743	27	,1472	27	,2220	27	,2985
28	,0045	28	,0755	28	,1484	28	,2233	28	,2998
29	,0056	29	,0767	29	,1497	29	,2245	29	,3011
25 30	979,0068	26 30	979,0779	27 30	979,1509	28 30	979,2258	29 30	979,3024
31	,0080	31	,0791	31	,1521	31	,2271	31	,3037
32	,0091	32	,0803	32	,1534	32	,2283	32	,3050
33	,0103	33	,0815	33	,1546	33	,2296	33	,3063
34	,0115	34	,0827	34	,1559	34	,2308	34	,3076
35	,0127	35	,0839	35	,1571	35	,2321	35	,3089
36	,0138	36	,0851	36	,1583	36	,2334	36	,3101
37	,0150	37	,0863	37	,1596	37	,2346	37	,3114
38	,0162	38	,0875	38	,1608	38	,2359	38	,3127
39	,0173	39	,0887	39	,1621	39	,2371	39	,3140
25 40	979,0185	26 40	979,0899	27 40	979,1633	28 40	979,2384	29 40	979,3153
41	,0197	41	,0911	41	,1645	41	,2397	41	,3166
42	,0209	42	,0923	42	,1658	42	,2409	42	,3179
43	,0220	43	,0935	43	,1670	43	,2422	43	,3192
44	,0232	44	,0947	44	,1683	44	,2435	44	,3205
45	,0244	45	,0960	45	,1695	45	,2448	45	,3218
46	,0256	46	,0972	46	,1707	46	,2460	46	,3230
47	,0268	47	,0984	47	,1720	47	,2473	47	,3243
48	,0279	48	,0996	48	,1732	48	,2486	48	,3256
49	,0291	49	,1008	49	,1745	49	,2498	49	,3269
23 50	979,0303	26 50	979,1020	27 50	979,1757	28 50	979,2511	29 50	979,3282
51	,0315	51	,1032	51	,1769	51	,2524	51	,3295
52	,0327	52	,1044	52	,1782	52	,2537	52	,3308
53	,0338	53	,1057	53	,1794	53	,2549	53	,3321
54	,0350	54	,1069	54	,1807	54	,2562	54	,3334
55	,0362	55	,1081	55	,1819	55	,2575	55	,3348
56	,0374	56	,1093	56	,1831	56	,2588	56	,3361
57	,0386	57	,1105	57	,1844	57	,2601	57	,3374
58	,0397	58	,1118	58	,1856	58	,2613	58	,3387
59	,0409	59	,1130	59	,1869	59	,2626	59	,3400
26 00	979,0421	27 00	979,1142	28 00	979,1881	29 00	979,2639	30 00	979,3413

Tafel V a (*Fortsetzung*)

Breite	Schwerkraft cm/sec²	Breite	Schwerkraft cm/sec²	Breite	Schwerkraft cm/sec²	Breite	Schwerkraft cm/sec²	Breite	Schwerkraft cm/sec²
30°00′	979,3413	31°00′	979,4204	32°00′	979,5008	33°00′	979,5827	34°00′	979,6658
01	,3426	01	,4217	01	,5022	01	,5841	01	,6672
02	,3439	02	,4231	02	,5035	02	,5854	02	,6686
03	,3452	03	,4244	03	,5049	03	,5868	03	,6700
04	,3465	04	,4257	04	,5062	04	,5882	04	,6714
05	,3478	05	,4271	05	,5076	05	,5896	05	,6728
06	,3491	06	,4284	06	,5090	06	,5909	06	,6742
07	,3504	07	,4297	07	,5103	07	,5923	07	,6756
08	,3517	08	,4310	08	,5117	08	,5937	08	,6770
09	,3530	09	,4324	09	,5130	09	,5950	09	,6784
30 10	979,3543	31 10	979,4337	32 10	979,5144	33 10	979,5964	34 10	979,6798
11	,3556	11	,4350	11	,5158	11	,5978	11	,6812
12	,3569	12	,4364	12	,5171	12	,5992	12	,6826
13	,3583	13	,4377	13	,5185	13	,6005	13	,6840
14	,3596	14	,4390	14	,5198	14	,6019	14	,6854
15	,3609	15	,4404	15	,5212	15	,6033	15	,6868
16	,3622	16	,4417	16	,5225	16	,6047	16	,6882
17	,3635	17	,4430	17	,5239	17	,6061	17	,6896
18	,3649	18	,4443	18	,5252	18	,6074	18	,6910
19	,3662	19	,4457	19	,5266	19	,6088	19	,6924
30 20	979,3675	31 20	579,4470	32 20	979,5279	33 20	979,6102	34 20	979,6938
21	,3688	21	,4484	21	,5293	21	,6116	21	,6952
22	,3701	22	,4497	22	,5306	22	,6130	22	,6966
23	,3714	23	,4510	23	,5320	23	,6144	23	,6980
24	,3727	24	,4524	24	,5334	24	,6158	24	,6994
25	,3741	25	,4537	25	,5348	25	,6172	25	,7009
26	,3754	26	,4551	26	,5361	26	,6185	26	,7023
27	,3767	27	,4564	27	,5375	27	,6199	27	,7037
28	,3780	28	,4577	28	,5389	28	,6213	28	,7051
29	,3793	29	,4591	29	,5402	29	,6227	29	,7065
30 30	979,3806	31 30	979,4604	32 30	979,5416	33 30	979,6241	34 30	979,7079
31	,3819	31	,4617	31	,5430	31	,6255	31	,7093
32	,3832	32	,4631	32	,5443	32	,6269	32	,7107
33	,3846	33	,4644	33	,5457	33	,6283	33	,7121
34	,3859	34	,4658	34	,5470	34	,6297	34	,7135
35	,3872	35	,4671	35	,5484	35	,6311	35	,7150
36	,3885	36	,4684	36	,5498	36	,6324	36	,7164
37	,3898	37	,4698	37	,5511	37	,6338	37	,7178
38	,3912	38	,4711	38	,5525	38	,6352	38	,7192
39	,3925	39	,4725	39	,5538	39	,6366	39	,7206
30 40	979,3938	31 40	979,4738	32 40	979,5552	40	979,6380	34 40	979,7220
41	,3951	41	,4752	41	,5566	41	,6394	41	,7234
42	,3965	42	,4765	42	,5579	42	,6408	42	,7248
43	,3978	43	,4779	43	,5593	43	,6422	43	,7262
44	,3991	44	,4792	44	,5607	44	,6436	44	,7276
45	,4005	45	,4806	45	,5621	45	,6450	45	,7291
46	,4018	46	,4819	46	,5634	46	,6463	46	,7305
47	,4031	47	,4833	47	,5648	47	,6477	47	,7319
48	,4045	48	,4846	48	,5662	48	,6491	48	,7333
49	,4058	49	,4860	49	,5675	49	,6505	49	,7347
30 50	979,4071	31 50	979,4873	32 50	979,5689	33 50	979,6519	34 50	979,7361
51	,4084	51	,4887	51	,5703	51	,6533	51	,7375
52	,4098	52	,4900	52	,5717	52	,6547	52	,7390
53	,4111	53	,4914	53	,5730	53	,6561	53	,7404
54	,4124	54	,4927	54	,5744	54	,6575	54	,7418
55	,4138	55	,4941	55	,5758	55	,6589	55	,7432
56	,4151	56	,4954	56	,5772	56	,6602	56	,7446
57	,4164	57	,4968	57	,5786	57	,6616	57	,7461
58	,4177	58	,4981	58	,5799	58	,6630	58	,7475
59	,4191	59	,4995	59	,5813	59	,6644	59	,7489
31 00	979,4204	32 00	979,5008	33 00	979,5827	34 00	979,6658	35 00	979,7503

Tafel V a (*Fortsetzung*)

Breite	Schwerkraft cm/sec²	Breite	Schwerkraft cm/sec²	Breite	Schwerkraft cm/sec²	Breite	Schwerkraft cm/sec²	Breite	Schwerkraft cm/sec²
35°00′	979,7503	36°00′	979,8357	37°00′	979,9221	38°00′	980,0095	39°00′	980,0976
01	,7517	01	,8371	01	,9236	01	,0110	01	,0991
02	,7531	02	,8386	02	,9250	02	,0124	01	,1005
03	,7545	03	,8400	03	,9265	03	,0139	03	,1020
04	,7559	04	,8414	04	,9279	04	,0153	04	,1035
05	,7574	05	,8429	05	,9294	05	,0168	05	,1050
06	,7588	06	,8443	06	,9308	06	,0183	06	,1064
07	,7602	07	,8457	07	,9323	07	,0197	07	,1079
08	,7616	08	,8471	08	,9337	08	,0212	08	,1094
09	,7630	09	,8486	09	,9352	09	,0226	09	,1108
35 10	979,7644	36 10	979,8500	37 10	979,9366	38 10	980,0241	39 10	980,1123
11	,7658	11	,8514	11	,9381	11	,0256	11	,1138
12	,7672	12	,8529	12	,9395	12	,0270	12	,1153
13	,7687	13	,8543	13	,9410	13	,0285	13	,1167
14	,7701	14	,8558	14	,9424	14	,0300	14	,1182
15	,7715	15	,8572	15	,9439	15	,0315	15	,1197
16	,7729	16	,8586	16	,9453	16	,0329	16	,1212
17	,7743	17	,8601	17	,9468	17	,0344	17	,1227
18	,7758	18	,8615	18	,9482	18	,0359	18	,1241
19	,7772	19	,8630	19	,9497	19	,0373	19	,1256
35 20	979,7786	36 20	979,8644	37 20	979,9511	38 20	980,0388	39 20	980,1271
21	,7800	21	,8658	21	,9526	21	,0403	21	,1286
22	,7814	22	,8673	22	,9540	22	,0417	22	,1301
23	,7829	23	,8687	23	,9555	23	,0432	23	,1315
24	,7843	24	,8702	24	,9569	24	,0446	24	,1330
25	,7857	25	,8716	25	,9584	25	,0461	25	,1345
26	,7871	26	,8730	26	,9599	26	,0476	26	,1360
27	,7885	27	,8745	27	,9613	27	,0490	27	,1375
28	,7900	28	,8759	28	,9628	28	,0505	28	,1389
29	,7914	29	,8774	29	,9642	29	,0519	29	,1404
35 30	979,7928	36 30	979,8788	37 30	979,9657	38 30	980,0534	39 30	980,1419
31	,7942	31	,8802	31	,9672	31	,0549	31	,1434
32	,7957	32	,8817	32	,9686	32	,0563	32	,1449
33	,7971	33	,8831	33	,9701	33	,0578	33	,1463
34	,7985	34	,8846	34	,9715	34	,0593	34	,1478
35	,8000	35	,8860	35	,9730	35	,0608	35	,1493
36	,8014	36	,8874	36	,9745	36	,0622	36	,1508
37	,8028	37	,8889	37	,9759	37	,0637	37	,1523
38	,8042	38	,8903	38	,9774	38	,0652	38	,1537
39	,8057	39	,8918	39	,9788	39	,0666	39	,1552
35 40	979,8071	36 40	979,8932	37 40	979,9803	38 40	980,0681	39 40	980,1567
41	,8085	41	,8946	41	,9818	41	,0696	41	,1582
42	,8100	42	,8961	42	,9832	42	,0710	42	,1597
43	,8114	43	,8975	43	,9847	43	,0725	43	,1611
44	,8128	44	,8990	44	,9861	44	,0740	44	,1626
45	,8143	45	,9004	45	,9876	45	,0755	45	,1641
46	,8157	46	,9018	46	,9891	46	,0769	46	,1656
47	,8171	47	,9033	47	,9905	47	,0784	47	,1671
48	,8186	48	,9047	48	,9920	48	,0799	48	,1685
49	,8200	49	,9062	49	,9934	49	,0813	49	,1700
35 50	979,8214	36 50	979,9076	37 50	979,9949	38 50	980,0828	39 50	980,1715
51	,8228	52	,9091	51	,9964	51	,0843	51	,1730
52	,8243	51	,9105	52	,9978	52	,0858	52	,1745
53	,8257	53	,9120	53	979,9993	53	,0872	53	,1760
54	,8271	54	,9134	54	980,0007	54	,0887	54	,1775
55	,8286	55	,9149	55	,0022	55	,0902	55	,1790
56	,8300	56	,9163	56	,0037	56	,0917	56	,1804
57	,8315	57	,9178	57	,0051	57	,0932	57	,1819
58	,8329	58	,9192	58	,0066	58	,0946	58	,1834
59	,8343	59	,9207	59	,0080	59	,0961	59	,1849
36 00	979,8357	37 00	979,9221	38 00	980,0095	39 00	980,0976	40 00	980,1864

Tafel V a (*Fortsetzung*)

Breite	Schwerkraft cm/sec^2	Breite	Schwerkraft cm/sec^2	Breite	Schwerkraft cm/sec^2	Breite	Schwerkraft cm/sec^2	Breite	Schwerkraft cm/sec^2
40°00′	980,1864	41°00′	980,2757	42°00′	980,3654	43°00′	980,4556	44°00′	980,5460
01	,1879	01	,2772	01	,3669	01	,4571	01	,5475
02	,1894	02	,2787	02	,3684	02	,4586	02	,5490
03	,1908	03	,2802	03	,3699	03	,4601	03	,5505
04	,1923	04	,2817	04	,3714	04	,4616	04	,5520
05	,1938	05	,2832	05	,3729	05	,4632	05	,5535
06	,1953	06	,2846	06	,3744	06	,4647	06	,5550
07	,1968	07	,2861	07	,3759	07	,4662	07	,5565
08	,1982	08	,2876	08	,3774	08	,4677	08	,5580
09	,1997	09	,2891	09	,3789	09	,4692	09	,5595
40 10	980,2012	41 10	980,2906	42 10	980,3804	43 10	980,4707	44 10	980,5610
11	,2027	11	,2921	11	,3819	11	,4722	11	,5625
12	,2042	12	,2936	12	,3834	12	,4737	12	,5640
13	,2057	13	,2951	13	,3849	13	,4752	13	,5655
14	,2072	14	,2966	14	,3864	14	,4767	14	,5670
15	,2087	15	,2981	15	,3880	15	,4782	15	,5686
16	,2101	16	,2995	16	,3895	16	,4797	16	,5701
17	,2116	17	,3010	17	,3910	17	,4812	17	,5716
18	,2131	18	,3025	18	,3925	18	,4827	18	,5731
19	,2146	19	,3040	19	,3940	19	,4842	19	,5746
40 20	980,2161	41 20	980,3055	42 20	980,3955	43 20	980,4857	44 20	980,5761
21	,2176	21	,3070	21	,3970	21	,4872	21	,5776
22	,2191	22	,3085	22	,3985	22	,4887	22	,5791
23	,2206	23	,3100	23	,4000	23	,4902	23	,5806
24	,2221	24	,3115	24	,4015	24	,4917	24	,5822
25	,2236	25	,3130	25	,4030	25	,4932	25	,5837
26	,2251	26	,3145	26	,4045	26	,4948	26	,5852
27	,2265	27	,3160	27	,4060	27	,4963	27	,5867
28	,2280	28	,3175	28	,4075	28	,4978	28	,5882
29	,2295	29	,3190	29	,4090	29	,4993	29	,5897
40 30	980,2310	41 30	980,3205	42 30	980,4105	43 30	980,5008	44 30	980,5912
31	,2325	31	,3220	31	,4120	31	,5023	31	,5927
32	,2340	32	,3235	32	,4135	32	,5038	32	,5942
33	,2355	33	,3250	33	,4150	33	,5053	33	,5957
34	,2370	34	,3265	34	,4165	34	,5068	34	,5972
35	,2385	35	,3280	35	,4180	35	,5083	35	,5988
36	,2399	36	,3295	36	,4195	36	,5098	36	,6003
37	,2414	37	,3310	37	,4210	37	,5113	37	,6018
38	,2429	38	,3325	38	,4225	38	,5128	38	,6033
39	,2444	39	,3340	39	,4240	39	,5143	39	,6048
40 40	980,2459	41 40	980,3355	42 40	980,4255	43 40	980,5158	44 40	980,6063
41	,2474	41	,3370	41	,4270	41	,5173	41	,6078
42	,2489	42	,3385	42	,4285	42	,5188	42	,6093
43	,2504	43	,3400	43	,4300	43	,5203	43	,6108
44	,2519	44	,3415	44	,4315	44	,5218	44	,6123
45	,2534	45	,3430	45	,4331	45	,5234	45	,6139
46	,2548	46	,3444	46	,4346	46	,5249	46	,6154
47	,2563	47	,3459	47	,4361	47	,5264	47	,6169
48	,2578	48	,3474	48	,4376	48	,5279	48	,6184
49	,2593	49	,3489	49	,4391	49	,5294	49	,6199
40 50	980,2608	41 50	980,3504	42 50	980,4406	43 50	980,5309	44 50	980,6214
51	,2623	51	,3519	51	,4421	51	,5324	51	,6229
52	,2638	52	,3534	52	,4436	52	,5339	52	,6244
53	,2653	53	,3549	53	,4451	53	,5354	53	,6259
54	,2668	54	,3564	54	,4466	54	,5369	54	,6275
55	,2683	55	,3579	55	,4481	55	,5385	55	,6290
56	,2697	56	,3594	56	,4496	56	,5400	56	,6305
57	,2712	57	,3609	57	,4511	57	,5415	57	,6320
58	,2727	58	,3624	58	,4526	58	,5430	58	,6335
59	,2742	59	,3639	59	,4541	59	,5445	59	,6350
41 00	980,2757	42 00	980,3654	43 00	980,4556	44 00	980,5460	45 00	980,6365

Tafel V a (***Fortsetzung***)

Breite	Schwerkraft cm/sec²	Breite	Schwerkraft cm/sec²	Breite	Schwerkraft cm/sec²	Breite	Schwerkraft cm/sec²	Breite	Schwerkraft cm/sec²
45°00′	980,6365	46°00′	980,7270	47°00′	980,8174	48°00′	980,9076	49°00′	980,9975
01	,6380	01	,7285	01	,8189	01	,9091	01	980,9990
02	,6395	02	,7300	02	,8204	02	,9106	02	981,0005
03	,6410	03	,7315	03	,8219	03	,9121	03	,0020
04	,6425	04	,7330	04	,8234	04	,9136	04	,0035
05	,6441	05	,7345	05	,8250	05	,9151	05	,0050
06	,6456	06	,7360	06	,8265	06	,9166	06	,0065
07	,6471	07	,7375	07	,8280	07	,9181	07	,0080
08	,6486	08	,7390	08	,8295	08	,9196	08	,0095
09	,6501	09	,7405	09	,8310	09	,9211	09	,0110
45 10	980,6516	46 10	980,7420	47 10	980,8325	48 10	980,9226	49 10	981,0125
11	,6531	11	,7435	11	,8340	11	,9241	11	,0140
12	,6546	12	,7450	12	,8355	12	,9256	12	,0155
13	,6561	13	,7465	13	,8370	13	,9271	13	,0170
14	,6576	14	,7480	14	,8385	14	,9286	14	,0185
15	,6591	15	,7496	15	,8400	15	,9301	15	,0200
16	,6606	16	,7511	16	,8415	16	,9316	16	,0214
17	,6621	17	,7526	17	,8430	17	,9331	17	,0229
18	,6636	18	,7541	18	,8445	18	,9346	18	,0244
19	,6651	19	,7556	19	,8460	19	,9361	19	,0259
45 20	980,6666	46 20	980,7571	47 20	980,8475	48 20	980,9376	49 20	981,0274
21	,6681	21	,7586	21	,8490	21	,9391	21	,0289
22	,6696	22	,7601	22	,8505	22	,9406	22	,0304
23	,6711	23	,7616	23	,8520	23	,9421	23	,0319
24	,6726	24	,7632	24	,8535	24	,9436	24	,0334
25	,6742	25	,7647	25	,8550	25	,9451	25	,0349
26	,6757	26	,7662	26	,8565	26	,9466	26	,0363
27	,6772	27	,7677	27	,8580	27	,9481	27	,0378
28	,6787	28	,7692	28	,8595	28	,9496	28	,0393
29	,6802	29	,7707	29	,8610	29	,9511	29	,0408
45 30	980,6817	46 30	980,7722	47 30	980,8625	48 30	980,9526	49 30	981,0423
31	,6832	31	,7737	31	,8640	31	,9541	31	,0438
32	,6847	32	,7752	32	,8655	32	,9556	32	,0453
33	,6862	33	,7767	33	,8670	33	,9571	33	,0468
34	,6877	34	,7782	34	,8685	34	,9586	34	,0483
35	,6893	35	,7798	35	,8700	35	,9601	35	,0498
36	,6908	36	,7813	36	,8715	36	,9616	36	,0512
37	,6923	37	,7828	37	,8730	37	,9631	37	,0527
38	,6938	38	,7843	38	,8745	38	,9646	38	,0542
39	,6953	39	,7858	39	,8760	39	,9661	39	,0557
45 40	980,6968	46 40	980,7873	47 40	980,8775	48 40	980,9676	49 40	981,0572
41	,6983	41	,7888	41	,8790	41	,9691	41	,0587
42	,6998	42	,7903	42	,8805	42	,9706	42	,0602
43	,7013	43	,7918	43	,8820	43	,9721	43	,0617
44	,7028	44	,7934	44	,8835	44	,9736	44	,0632
45	,7044	45	,7949	45	,8851	45	,9751	45	,0647
46	,7059	46	,7964	46	,8866	46	,9766	46	,0661
47	,7074	47	,7979	47	,8881	47	,9781	47	,0676
48	,7089	48	,7994	48	,8896	48	,9796	48	,0691
49	,7104	49	,8009	49	,8911	49	,9811	49	,0706
45 50	980,7119	46 50	980,8024	47 50	980,8926	48 50	980,9826	49 50	981,0721
51	,7134	51	,8039	51	,8941	51	,9841	51	,0736
52	,7149	52	,8054	52	,8956	52	,9856	52	,0751
53	,7164	53	,8069	53	,8971	53	,9871	53	,0766
54	,7179	54	,8084	54	,8986	54	,9886	54	,0781
55	,7195	55	,8099	55	,9001	55	,9901	55	,0796
56	,7210	56	,8114	56	,9016	56	,9915	56	,0810
57	,7225	57	,8129	57	,9031	57	,9930	57	,0825
58	,7240	58	,8144	58	,9046	58	,9945	58	,0840
59	,7255	59	,8159	59	,9061	59	,9960	59	,0855
46 00	980,7270	47 00	980,8174	48 00	980,9076	49 00	980,9975	50 00	981,0870

Tafel V a (*Fortsetzung*)

Breite	Schwerkraft cm/sec²	Breite	Schwerkraft cm/sec²	Breite	Schwerkraft cm/sec²	Breite	Schwerkraft cm/sec²	Breite	Schwerkraft cm/sec²
50°00′	981,0870	51°00′	981,1759	52°00′	981,2642	53°00′	981,3517	54°00′	981,4384
01	,0885	01	,1774	01	,2657	01	,3532	01	,4398
02	,0900	02	,1789	02	,2671	02	,3546	02	,4413
03	,0914	03	,1803	03	,2686	03	,3561	03	,4427
04	,9029	04	,1818	04	,2700	04	,3575	04	,4441
05	,0944	05	,1833	05	,2715	05	,3590	05	,4456
06	,0959	06	,1848	06	,2730	06	,3604	06	,4470
07	,0974	07	,1863	07	,2744	07	,3619	07	,4484
08	,0988	08	,1877	08	,2759	08	,3633	08	,4499
09	,1003	09	,1892	09	,2773	09	,3648	09	,4513
50 10	981,1018	51 10	981,1907	52 10	981,2788	53 10	981,3662	54 10	981,4527
11	,1033	11	,1922	11	,2803	11	,3677	11	,4541
12	,1048	12	,1936	12	,2817	12	,3691	12	,4556
13	,1063	13	,1951	13	,2832	13	,3706	13	,4570
14	,1078	14	,1966	14	,2846	14	,3720	14	,4585
15	,1093	15	,1981	15	,2861	15	,3735	15	,4599
16	,1107	16	,1995	16	,2876	16	,3749	16	,4613
17	,1122	17	,2010	17	,2890	17	,3764	17	,4628
18	,1137	18	,2025	18	,2905	18	,3778	18	,4642
19	,1152	19	,2039	19	,2919	19	,3793	19	,4657
50 20	981,1167	51 20	981,2054	52 20	981,2934	53 20	981,3807	54 20	981,4671
21	,1182	21	,2069	21	,2949	21	,3821	21	,4685
22	,1197	22	,2084	22	,2963	22	,3836	22	,4700
23	,1211	23	,2098	23	,2978	23	,3850	23	,4714
24	,1226	24	,2113	24	,2992	24	,3865	24	,4728
25	,1241	25	,2128	25	,3007	25	,3879	25	,4743
26	,1256	26	,2142	26	,3022	26	,3893	26	,4757
27	,1271	27	,2157	27	,3036	27	,3908	27	,4771
28	,1285	28	,2172	28	,3051	28	,3922	28	,4785
29	,1300	29	,2186	29	,3065	29	,3937	29	,4800
50 30	981,1315	51 30	981,2201	52 30	981,3080	53 30	981,3951	54 30	981,4814
31	,1330	31	,2216	31	,3095	31	,3966	31	,4828
32	,1345	32	,2230	32	,3109	32	,3980	32	,4842
33	,1359	33	,2245	33	,3124	33	,3995	33	,4857
34	,1374	34	,2260	34	,3139	34	,4009	34	,4871
35	,1389	35	,2275	35	,3153	35	,4024	35	,4885
36	,1404	36	,2289	36	,3168	36	,4038	36	,4899
37	,1419	37	,2304	37	,3182	37	,4053	37	,4913
38	,1433	38	,2319	38	,3197	38	,4067	38	,4928
39	,1448	39	,2333	39	,3212	39	,4082	39	,4942
50 40	981,1463	51 40	981,2348	52 40	981,3226	53 40	981,4096	54 40	981,4956
41	,1478	41	,2363	41	,3241	41	,4111	41	,4970
42	,1493	42	,2377	42	,3255	42	,4125	42	,4985
43	,1507	43	,2392	43	,3270	43	,4139	43	,4999
44	,1522	44	,2407	44	,3284	44	,4154	44	,5013
45	,1537	45	,2422	45	,3299	45	,4168	45	,5028
46	,1552	46	,2436	46	,3313	46	,4183	46	,5042
47	,1567	47	,2451	47	,3328	47	,4197	47	,5056
48	,1581	48	,2466	48	,3342	48	,4211	48	,5070
49	,1596	49	,2480	49	,3357	49	,4226	49	,5085
50 50	981,1611	51 50	981,2495	52 50	981,3371	53 50	981,4240	54 50	981,5099
51	,1626	51	,2510	51	,3386	51	,4254	51	,5113
52	,1641	52	,2524	52	,3400	52	,4269	52	,5128
53	,1655	53	,2539	53	,3415	53	,4283	53	,5142
54	,1670	54	,2554	54	,3430	54	,4298	54	,5156
55	,1685	55	,2569	55	,3444	55	,4312	55	,5170
56	,1700	56	,2583	56	,3459	56	,4326	56	,5184
57	,1715	57	,2598	57	,3473	57	,4341	57	,5199
58	,1729	58	,2613	58	,3488	58	,4355	58	,5213
59	,1744	59	,2627	59	,3503	59	,4370	59	,5227
51 00	981,1759	52 00	981,2642	53 00	981,3517	54 00	981,4384	55 00	981,5241

Tafel V a (*Fortsetzung*)

Breite	Schwerkraft cm/sec²	Breite	Schwerkraft cm/sec²	Breite	Schwerkraft cm/sec²	Breite	Schwerkraft cm/sec²	Breite	Schwerkraft cm/sec²
55°00′	981,5241	56°00′	981,6087	57°00′	981,6922	58°00′	981,7744	59°00′	981,8552
01	,5255	01	,6101	01	,6936	01	,7758	01	,8565
02	,5269	02	,6115	02	,6950	02	,7771	02	,8579
03	,5284	03	,6129	03	,6963	03	,7785	03	,8592
04	,5298	04	,6143	04	,6977	04	,7798	04	,8605
05	,5312	05	,6157	05	,6991	05	,7812	05	,8619
06	,5326	06	,6171	06	,7005	06	,7825	06	,8632
07	,5340	07	,6185	07	,7019	07	,7839	07	,8645
08	,5355	08	,6199	08	,7032	08	,7852	08	,8658
09	,5369	09	,6213	09	,7046	09	,7866	09	,8672
55 10	981,5383	56 10	981,6227	57 10	981,7060	58 10	981,7879	59 10	981,8685
11	,5397	11	,6241	11	,7074	11	,7893	11	,8698
12	,5411	12	,6255	12	,7088	12	,7906	12	,8712
13	,5425	13	,6269	13	,7101	13	,7920	13	,8725
14	,5439	14	,6283	14	,7115	14	,7933	14	,8738
15	,5454	15	,6297	15	,7129	15	,7947	15	,8752
16	,5468	16	,6311	16	,7143	16	,7961	16	,8765
17	,5482	17	,6325	17	,7157	17	,7974	17	,8778
18	,5496	18	,6339	18	,7170	18	,7988	18	,8791
19	,5510	19	,6353	19	,7184	19	,8001	19	,8805
55 20	981,5524	56 20	981,6367	57 20	981,7198	58 20	981,8015	59 20	981,8818
21	,5538	21	,6381	21	,7212	21	,8029	21	,8831
22	,5552	22	,6395	22	,7225	22	,8042	22	,8845
23	,5566	23	,6409	23	,7239	23	,8056	23	,8858
24	,5581	24	,6423	24	,7253	24	,8069	24	,8871
25	,5595	25	,6437	25	,7267	25	,8083	25	,8884
26	,5609	26	,6450	26	,7280	26	,8096	26	,8897
27	,5623	27	,6464	27	,7294	27	,8110	27	,8911
28	,5637	28	,6478	28	,7308	28	,8123	28	,8924
29	,5651	29	,6492	29	,7321	29	,8137	29	,8937
55 30	981,5665	56 30	981,6506	57 30	981,7335	58 30	981,8150	59 30	981,8950
31	,5679	31	,6520	31	,7349	31	,8163	31	,8963
32	,5693	32	,6534	32	,7362	32	,8177	32	,8976
33	,5707	33	,6548	33	,7376	33	,8190	33	,8989
34	,5721	34	,6562	34	,7389	34	,8204	34	,9002
35	,5736	35	,6576	35	,7403	35	,8217	35	,9016
36	,5750	36	,6589	36	,7417	36	,8230	36	,9029
37	,5764	37	,6603	37	,7430	37	,8244	37	,9042
38	,5778	38	,6617	38	,7444	38	,8257	38	,9055
39	,5792	39	,6631	39	,7457	39	,8271	39	,9068
55 40	981,5806	56 40	981,6645	57 40	981,7471	58 40	981,8284	59 40	981,9081
41	,5820	41	,6659	41	,7485	41	,8297	41	,9094
42	,5834	42	,6673	42	,7498	42	,8311	42	,9107
43	,5848	43	,6687	43	,7512	43	,8324	43	,9121
44	,5862	44	,6701	44	,7526	44	,8338	44	,9134
45	,5877	45	,6715	45	,7540	45	,8351	45	,9147
46	,5891	46	,6728	46	,7553	46	,8364	46	,9160
47	,5905	47	,6742	47	,7567	47	,8378	47	,9173
48	,5919	48	,6756	48	,7581	48	,8391	48	,9187
49	,5933	49	,6770	49	,7594	49	,8405	49	,9200
55 50	981,5947	56 50	981,6784	57 50	981,7608	58 50	981,8418	59 50	981,9213
51	,5961	51	,6798	51	,7622	51	,8431	51	,9226
52	,5975	52	,6812	52	,7635	52	,8445	52	,9240
53	,5989	53	,6825	53	,7649	53	,8458	53	,9253
54	,6003	54	,6839	54	,7662	54	,8472	54	,9266
55	,6017	55	,6853	55	,7676	55	,8485	55	,9279
56	,6031	56	,6867	56	,7690	56	,8498	56	,9292
57	,6045	57	,6881	57	,7703	57	,8512	57	,9306
58	,6059	58	,6894	58	,7717	58	,8525	58	,9319
59	,6073	59	,6908	59	,7730	59	,8539	59	,9332
56 00	981,6087	57 00	981,6922	58 00	981,7744	59 00	981,8552	60 00	981,9345

Tafel V a (*Fortsetzung*)

Breite	Schwerkraft cm/sec²	Breite	Schwerkraft cm/sec²	Breite	Schwerkraft cm/sec²	Breite	Schwerkraft cm/sec²	Breite	Schwerkraft cm/sec²
60°00′	981,9345	61°00′	982,0123	62°00′	982,0885	63°00′	982,1628	64°00′	982,2353
01	,9358	01	,0136	01	,0898	01	,1640	01	,2365
02	,9371	02	,0149	02	,0910	02	,1652	02	,2377
03	,9384	03	,0161	03	,0923	03	,1665	03	,2388
04	,9397	04	,0174	04	,0935	04	,1677	04	,2400
05	,9411	05	,0187	05	,0948	05	,1689	05	,2412
06	,9424	06	,0200	06	,0960	06	,1701	06	,2424
07	,9437	07	,0213	07	,0973	07	,1713	07	,2436
08	,9450	08	,0225	08	,0985	08	,1726	08	,2447
09	,9463	09	,0238	09	,0998	09	,1738	09	,2459
60 10	981,9476	61 10	982,0251	62 10	982,1010	63 10	982,1750	64 10	982,2471
11	,9489	11	,0264	11	,1023	11	,1762	11	,2483
12	,9502	12	,0276	12	,1035	12	,1774	12	,2495
13	,9515	13	,0289	13	,1047	13	,1786	13	,2507
14	,9528	14	,0302	14	,1060	14	,1798	14	,2519
15	,9541	15	,0315	15	,1072	15	,1811	15	,2531
16	,9554	16	,0327	16	,1085	16	,1823	16	,2542
17	,9567	17	,0340	17	,1097	17	,1835	17	,2554
18	,9580	18	,0353	18	,1109	18	,1847	18	,2566
19	,9593	19	,0365	19	,1122	19	,1859	19	,2578
60 20	981,9606	61 20	982,0378	62 20	982,1134	63 20	982,1871	64 20	982,2590
21	,9619	21	,0391	21	,1146	21	,1883	21	,2602
22	,9632	22	,0404	22	,1159	22	,1895	22	,2613
23	,9645	23	,0416	23	,1171	23	,1907	23	,2625
24	,9658	24	,0429	24	,1184	24	,1920	24	,2637
25	,9671	25	,0442	25	,1196	25	,1932	25	,2649
26	,9684	26	,0455	26	,1208	26	,1944	26	,2660
27	,9697	27	,0468	27	,1221	27	,1956	27	,2672
28	,9710	28	,0480	28	,1233	28	,1968	28	,2684
29	,9723	29	,0493	29	,1246	29	,1980	29	,2695
60 30	981,9736	61 30	982,0506	62 30	982,1258	63 30	982,1992	64 30	982,2707
31	,9749	31	,0519	31	,1271	31	,2004	31	,2719
32	,9762	32	,0531	32	,1283	32	,2016	32	,2731
33	,9775	33	,0544	33	,1295	33	,2028	33	,2742
34	,9788	34	,0557	34	,1308	34	,2040	34	,2754
35	,9801	35	,0570	35	,1320	35	,2053	35	,2766
36	,9813	36	,0582	36	,1333	36	,2065	36	,2778
37	,9826	37	,0595	37	,1345	37	,2077	37	,2790
38	,9839	38	,0608	38	,1357	38	,2089	38	,2801
39	,9852	39	,0620	39	,1370	39	,2101	39	,2813
60 40	981,9865	61 40	982,0633	62 40	982,1382	63 40	982,2113	64 40	982,2825
41	,9878	41	,0646	41	,1394	41	,2125	41	,2837
42	,9891	42	,0658	42	,1407	42	,2137	42	,2848
43	,9904	43	,0671	43	,1419	43	,2149	43	,2860
44	,9917	44	,0683	44	,1431	44	,2161	44	,2871
45	,9930	45	,0696	45	,1444	45	,2173	45	,2883
46	,9942	46	,0709	46	,1456	46	,2185	46	,2895
47	,9955	47	,0721	47	,1468	47	,2197	47	,2906
48	,9968	48	,0734	48	,1480	48	,2209	48	,2918
49	,9981	49	,0746	49	,1493	49	,2221	49	,2929
60 50	981,9994	61 50	982,0759	62 50	982,1505	63 50	982,2233	64 50	982,2941
51	982,0007	51	,0772	51	,1517	51	,2245	51	,2953
52	,0020	52	,0784	52	,1530	52	,2257	52	,2964
53	,0033	53	,0797	53	,1542	53	,2269	53	,2976
54	,0046	54	,0809	54	,1554	54	,2281	54	,2987
55	,0059	55	,0822	55	,1567	55	,2293	55	,2999
56	,0071	56	,0835	56	,1579	56	,2305	56	,3011
57	,0084	57	,0847	57	,1591	57	,2317	57	,3022
58	,0097	58	,0860	58	,1603	58	,2329	58	,3034
59	,0110	59	,0872	59	,1616	59	,2341	59	,3045
61 00	982,0123	62 00	982,0885	63 00	982,1628	64 00	982,2353	65 00	982,3057

Tafel V a (*Fortsetzung*)

Breite	Schwerkraft cm/sec²	Breite	Schwerkraft cm/sec²	Breite	Schwerkraft cm/sec²	Breite	Schwerkraft cm/sec²	Breite	Schwerkraft cm/sec²
65°00′	982,3057	66°00′	982,3743	67°00′	982,4407	68°00′	982,5049	69°00′	982,5669
01	,3069	01	,3754	01	,4418	01	,5060	01	,5679
02	,3080	02	,3765	02	,4429	02	,5070	02	,5689
03	,3092	03	,3777	03	,4439	03	,5081	03	,5699
04	,3103	04	,3788	04	,4450	04	,5091	04	,5709
05	,3115	05	,3799	05	,4461	05	,5102	05	,5719
06	,3127	06	,3810	06	,4472	06	,5112	06	,5729
07	,3138	07	,3821	07	,4483	07	,5123	07	,5739
08	,3150	08	,3833	08	,4493	08	,5133	08	,5749
09	,3161	09	,3844	09	,4504	09	,5144	09	,5759
65 10	982,3173	55 10	982,3855	67 10	982,4515	68 10	982,5154	69 10	982,5769
11	,3185	11	,3866	11	,4526	11	,5164	11	,5779
12	,3196	12	,3877	12	,4537	12	,5175	12	,5789
13	,3208	13	,3888	13	,4547	13	,5185	13	,5799
14	,3219	14	,3899	14	,4558	14	,5196	14	,5809
15	,3231	15	,3911	15	,4569	15	,5206	15	,5820
16	,3242	16	,3922	16	,4580	16	,5216	16	,5830
17	,3254	17	,3933	17	,4591	17	,5227	17	,5840
18	,3265	18	,3944	18	,4601	18	,5237	18	,5850
19	,3277	19	,3955	19	,4612	19	,5248	19	,5860
65 20	982,3288	66 20	982,3966	67 20	982,4623	68 20	982,5258	69 20	982,5870
21	,3300	21	,3977	21	,4634	21	,5268	21	,5880
22	,3311	22	,3988	22	,4644	22	,5279	22	,5890
23	,3322	23	,3999	23	,4655	23	,5289	23	,5900
24	,3334	24	,4010	24	,4666	24	,5299	24	,5910
25	,3345	25	,4022	25	,4677	25	,5310	25	,5920
26	,3357	26	,4033	26	,4687	26	,5320	26	,5930
27	,3368	27	,4044	27	,4698	27	,5330	27	,5939
28	,3379	28	,4055	28	,4709	28	,5340	28	,5949
29	,3391	29	,4066	29	,4719	29	,5351	29	,5959
65 30	982,3402	66 30	982,4077	67 30	982,4730	68 30	982,5361	69 30	982,5969
31	,3413	31	,4088	31	,4741	31	,5371	31	,5979
32	,3425	32	,4099	32	,4751	32	,5382	32	,5989
33	,3436	33	,4110	33	,4762	33	,5392	33	,5999
34	,3448	34	,4121	34	,4773	34	,5402	34	,6009
35	,3459	35	,4132	35	,4784	35	,5413	35	,6019
36	,3470	36	,4143	36	,4794	36	,5423	36	,6028
37	,3482	37	,4154	37	,4805	37	,5433	37	,6038
38	,3493	38	,4165	38	,4816	38	,5444	38	,6048
39	,3505	39	,4176	39	,4826	39	,5454	39	,6058
65 40	982,3516	66 40	982,4187	67 40	982,4837	68 40	982,5464	69 40	982,6068
41	,3528	41	,4198	41	,4848	41	,5474	41	,6078
42	,3539	42	,4209	42	,4858	42	,5485	42	,6088
43	,3550	43	,4220	43	,4869	43	,5495	43	,6097
44	,3562	44	,4231	44	,4879	44	,5505	44	,6107
45	,3573	45	,4242	45	,4890	45	,5516	45	,6117
46	,3585	46	,4253	46	,4901	46	,5526	46	,6127
47	,3596	47	,4264	47	,4911	47	,5536	47	,6137
48	,3607	48	,4275	48	,4922	48	,5546	48	,6146
49	,3619	49	,4286	49	,4932	49	,5557	49	,6156
65 50	982,3630	66 50	982,4297	67 50	982,4943	68 50	982,5567	69 50	982,6166
51	,3641	51	,4308	51	,4954	51	,5577	51	,6176
52	,3653	52	,4319	52	,4964	52	,5587	52	,6186
53	,3664	53	,4330	53	,4975	53	,5598	53	,6195
54	,3675	54	,4341	54	,4985	54	,5608	54	,6205
55	,3687	55	,4352	55	,4996	55	,5618	55	,6215
56	,3698	56	,4363	56	,5007	56	,5628	56	,6225
57	,3709	57	,4374	57	,5017	57	,5638	57	,6235
58	,3720	58	,4385	58	,5028	58	,5649	58	,6244
59	,3732	59	,4396	59	,5038	59	,5659	59	,6254
66 00	982,3743	67 00	982,4407	68 00	982,5049	69 00	982,5669	70 00	982,6264

Tafel V a (*Fortsetzung*)

Breite	Schwerkraft cm/sec²	Breite	Schwerkraft cm/sec²	Breite	Schwerkraft cm/sec²	Breite	Schwerkraft cm/sec²	Breite	Schwerkraft cm/sec²
70°00′	982,6264	71°00′	982,6836	72°00′	982,7382	73°00′	982,7904	74°00′	982,8398
01	,6274	01	,6845	01	,7391	01	,7912	01	,8406
02	,6284	02	,6855	02	,7400	02	,7921	02	,8414
03	,6293	03	,6864	03	,7409	03	,7929	03	,8422
04	,6303	04	,6873	04	,7418	04	,7937	04	,8430
05	,6313	05	,6883	05	,7427	05	,7946	05	,8438
06	,6322	06	,6892	06	,7435	06	,7954	06	,8446
07	,6332	07	,6901	07	,7444	07	,7962	07	,8454
08	,6342	08	,6910	08	,7453	08	,7970	08	,8462
09	,6351	09	,6920	09	,7462	09	,7979	09	,8470
70 10	982,6361	71 10	982,6929	72 10	982,7471	73 10	982,7987	74 10	982,8478
11	,6371	11	,6938	11	,7480	11	,7996	11	,8486
12	,6380	12	,6948	12	,7489	12	,8004	12	,8494
13	,6390	13	,6957	13	,7497	13	,8012	13	,8502
14	,6399	14	,6966	14	,7506	14	,8021	14	,8510
15	,6409	15	,6975	15	,7515	15	,8029	15	,8518
16	,6419	16	,6984	16	,7524	16	,8038	16	,8525
17	,6428	17	,6994	17	,7533	17	,8046	17	,8533
18	,6438	18	,7003	18	,7541	18	,8054	18	,8541
19	,6447	19	,7012	19	,7550	19	,8063	19	,8549
70 20	982,6457	71 20	982,7021	72 20	982,7559	73 20	982,8071	74 20	982,8557
21	,6467	21	,7030	21	,7568	21	,8079	21	,8565
22	,6476	22	,7039	22	,7576	22	,8088	22	,8573
23	,6486	23	,7048	23	,7585	23	,8096	23	,8580
24	,6495	24	,7057	24	,7594	24	,8104	24	,8588
25	,6505	25	,6067	25	,7603	25	,8113	25	,8596
26	,6515	26	,7076	26	,7611	26	,8121	26	,8604
27	,6524	27	,7085	27	,7620	27	,8129	27	,8612
28	,6534	28	,7094	28	,7629	28	,8137	28	,8619
29	,6543	29	,7103	29	,7637	29	,8146	29	,8627
70 30	982,6553	71 30	982,7112	72 30	982,7646	73 30	982,8154	74 30	982,8635
31	,6563	31	,7121	31	,7655	31	,8162	31	,8643
32	,6572	32	,7130	32	,7663	32	,8170	32	,8651
33	,6582	33	,7139	33	,7672	33	,8179	33	,8658
34	,6591	34	,7149	34	,7680	34	,8187	34	,8666
35	,6601	35	,7158	35	,7689	35	,8195	35	,8674
36	,6610	36	,7167	36	,7698	36	,8203	36	,8682
37	,6620	37	,7176	37	,7706	37	,8211	37	,8690
38	,6629	38	,7185	38	,7715	38	,8220	38	,8697
39	,6639	39	,7194	39	,7723	39	,8228	39	,8705
70 40	982,6648	71 40	982,7203	72 40	982,7732	73 40	982,8236	74 40	982,8713
41	,6657	41	,7212	41	,7741	41	,8244	41	,8721
42	,6667	42	,7221	42	,7749	42	,8252	42	,8728
43	,6676	43	,7230	43	,7758	43	,8261	43	,8736
44	,6686	44	,7239	44	,7766	44	,8269	44	,8744
45	,6695	45	,7248	45	,7775	45	,8277	45	,8752
46	,6705	46	,7257	46	,7784	46	,8285	46	,8759
47	,6714	47	,7266	47	,7792	47	,8293	47	,8767
48	,6723	48	,7275	48	,7801	48	,8302	48	,8775
49	,6733	49	,7284	49	,7809	49	,8310	49	,8782
70 50	982,6742	71 50	982,7293	72 50	982,7818	73 50	982,8318	74 50	982,8790
51	,6751	51	,7302	51	,7827	51	,8326	51	,8798
52	,6761	52	,7311	52	,7835	52	,8334	52	,8805
53	,6770	53	,7320	53	,7844	53	,8342	53	,8813
54	,6780	54	,7329	54	,7852	54	,8350	54	,8820
55	,6789	55	,7338	55	,7861	55	,8358	55	,8828
56	,6798	56	,7346	56	,7870	56	,8366	56	,8836
57	,6808	57	,7355	57	,7878	57	,8374	57	,8843
58	,6817	58	,7364	58	,7887	58	,8382	58	,8851
59	,6827	59	,7373	59	,7895	59	,8390	59	,8858
71 00	982,6836	72 00	982,7382	73 00	982,7904	74 00	982,8398	75 00	982,8866

Tafel V a (*Fortsetzung*)

Breite	Schwerkraft cm/sec²	Breite	Schwerkraft cm/sec²	Breite	Schwerkraft cm/sec²	Breite	Schwerkraft cm/sec²	Breite	Schwerkraft cm/sec²
75°00′	982,8866	76°00′	982,9307	77°00′	982,9720	78°00′	983,0104	79°00′	983,0459
01	,8874	01	,9314	01	,9727	01	,0110	01	,0465
02	,8881	02	,9321	02	,9733	02	,0116	02	,0470
03	,8889	03	,9328	03	,9740	03	,0122	03	,0476
04	,8896	04	,9336	04	,9746	04	,0128	04	,0481
05	,8904	05	,9343	05	,9753	05	,0135	05	,0487
06	,8911	06	,9350	06	,9760	06	,0141	06	,0493
07	,8919	07	,9357	07	,9766	07	,0147	07	,0498
08	,8926	08	,9364	08	,9773	08	,0153	08	,0504
09	,8934	09	,9371	09	,9779	09	,0159	09	,0509
75 10	982,8941	76 10	982,9378	77 10	982,9786	78 10	983,0165	79 10	983,0515
11	,8949	11	,9385	11	,9793	11	,0171	11	,0521
12	,8956	12	,9392	12	,9799	12	,0177	12	,0526
13	,8964	13	,9399	13	,9806	13	,0183	13	,0532
14	,8971	14	,9406	14	,9812	14	,0189	14	,0537
15	,8979	15	,9413	15	,9819	15	,0195	15	,0543
16	,8986	16	,9420	16	,9825	16	,0201	16	,5549
17	,8994	17	,9427	17	,9832	17	,0207	17	,0554
18	,9001	18	,9434	18	,9838	18	,0213	18	,0560
19	,9009	19	,9441	19	,9845	19	,0219	19	,0565
75 20	982,9016	76 20	982,9448	77 20	982,9851	78 20	983,0225	79 20	983,0571
21	,9023	21	,9455	21	,9857	21	,0231	21	,0576
22	,9031	22	,9462	22	,9864	22	,0237	22	,0582
23	,9038	23	,9469	23	,9870	23	,0243	23	,0587
24	,9046	24	,9476	24	,9877	24	,0249	24	,0593
25	,9053	25	,9483	25	,9883	25	,0255	25	,0598
26	,9060	26	,9489	26	,9889	26	,0261	26	,0603
27	,9068	27	,9496	27	,9896	27	,0267	27	,0609
28	,9075	28	,9503	28	,9902	28	,0273	28	,0614
29	,9083	29	,9510	29	,9909	29	,0279	29	,0620
75 30	982,9090	76 30	982,9517	77 30	982,9915	78 30	983,0285	79 30	983,0625
31	,9097	31	,9524	31	,9921	31	,0291	31	,0630
32	,9105	32	,9531	32	,9928	32	,0297	32	,0636
33	,9112	33	,9538	33	,9934	33	,0303	33	,0641
34	,9119	34	,9544	34	,9941	34	,0309	34	,0647
35	,9127	35	,9551	35	,9947	35	,0315	35	,0652
36	,9134	36	,9558	36	,9953	36	,0320	36	,0657
37	,9141	37	,9565	37	,9960	37	,0326	37	,0663
38	,9149	38	,9572	38	,9966	38	,0332	38	,0668
39	,9156	39	,9578	39	,9973	39	,0338	39	,0674
75 40	982,9163	76 40	982,9585	77 40	982,9979	78 40	983,0344	79 40	983,0679
41	,9170	41	,9592	41	,9985	41	,0350	41	,0684
42	,9177	42	,9599	42	,9992	42	,0356	42	,0690
43	,9185	43	,9605	43	982,9998	43	,0361	43	,0695
44	,9192	44	,9612	44	983,0004	44	,0367	44	,0701
45	,9199	45	,9619	45	,0011	45	,0373	45	,0706
46	,9206	46	,9626	46	,0017	46	,0379	46	,0711
47	,9213	47	,9633	47	,0023	47	,0385	47	,0717
48	,9221	48	,9639	48	,0029	48	,0390	48	,0722
49	,9228	49	,9646	49	,0036	49	,0396	49	,0728
75 50	982,9235	76 50	982,9653	77 50	983,0042	78 50	983,0402	79 50	983,0733
51	,9242	51	,9660	51	,0048	51	,0408	51	,0738
52	,9249	52	,9666	52	,0055	52	,0413	52	,0743
53	,9257	53	,9673	53	,0061	53	,0419	53	,0749
54	,9264	54	,9680	54	,0067	54	,0425	54	,0754
55	,9271	55	,9687	55	,0073	55	,0431	55	,0759
56	,9278	56	,9693	56	,0079	56	,0436	56	,0764
57	,9285	57	,9700	57	,0086	57	,0442	57	,0769
58	,9293	58	,9707	58	,0092	58	,0448	58	,0775
59	,9300	59	,9713	59	,0098	59	,0453	59	,0780
76 00	982,9307	77 00	982,9720	78 00	983,0104	79 00	983,0459	80 00	983,0785

Tafel V a (*Fortsetzung*)

Breite	Schwerkraft cm/sec²	Breite	Schwerkraft cm/sec²	Breite	Schwerkraft cm/sec²	Breite	Schwerkraft cm/sec	Breite	Schwerkraft cm/sec²
80°00′	983,0785	81°00′	983,1080	82°00′	983,1346	83°00′	983,1581	84°00′	983,1785
01	,0790	01	,1085	01	,1350	01	,1585	01	,1788
02	,0795	02	,1089	02	,1354	02	,1588	02	,1791
03	,0800	03	,1094	03	,1358	03	,1592	03	,1795
04	,0805	04	,1098	04	,1362	04	,1596	04	,1798
05	,0811	05	,1103	05	,1367	05	,1600	05	,1801
06	,0816	06	,1108	06	,1371	06	,1603	06	,1804
07	,0821	07	,1112	07	,1375	07	,1607	07	,1807
08	,0826	08	,1117	08	,1379	08	,1611	08	,1811
09	,0831	09	,1121	09	,1383	09	,1614	09	,1814
80 10	983,0836	81 10	983,1126	82 10	983,1387	83 10	983,1618	84 10	983,1817
11	,0841	11	,1131	11	,1391	11	,1622	11	,1820
12	,0846	12	,1135	12	,1395	12	,1625	12	,1823
13	,0851	13	,1140	13	,1399	13	,1629	13	,1826
14	,0856	14	,1144	14	,1404	14	,1632	14	,1829
15	,0861	15	,1149	15	,1408	15	,1636	15	,1832
16	,0866	16	,1154	16	,1412	16	,1639	16	,1835
17	,0871	17	,1158	17	,1416	17	,1643	17	,1838
18	,0876	18	,1163	18	,1420	18	,1646	18	,1841
19	,0881	19	,1167	19	,1424	19	,1650	19	,1844
80 20	983,0886	81 20	983,1172	82 20	983,1428	83 20	983,1653	84 20	983,1847
21	,0891	21	,1177	21	,1432	21	,1656	21	,1850
22	,0896	22	,1181	22	,1436	22	,1660	22	,1853
23	,0901	23	,1186	23	,1440	23	,1663	23	,1856
24	,0906	24	,1190	24	,1444	24	,1667	24	,1859
25	,0911	25	,1195	25	,1448	25	,1670	25	,1862
26	,0916	26	,1199	26	,1452	26	,1673	26	,1864
27	,9021	27	,1204	27	,1456	27	,1677	27	,1867
28	,0926	28	,1208	28	,1460	28	,1680	28	,1870
29	,0931	29	,1213	29	,1464	29	,1684	29	,1873
80 30	983,0936	81 30	983,1217	82 30	983,1468	83 30	983,1687	84 30	983,1876
31	,0941	31	,1221	31	,1472	31	,1690	31	,1879
32	,0946	32	,1226	32	,1476	32	,1694	32	,1882
33	,0951	33	,1230	33	,1479	33	,1697	33	,1885
34	,0956	34	,1235	34	,1483	34	,1701	34	,1888
35	,0961	35	,1239	35	,1487	35	,1704	35	,1891
36	,0965	36	,1243	36	,1491	36	,1707	36	,1893
37	,0970	37	,1248	37	,1495	37	,1711	37	,1896
38	,0975	38	,1252	38	,1498	38	,1714	38	,1899
39	,0980	39	,1257	39	,1502	39	,1718	39	,1902
80 40	983,0985	81 40	983,1261	82 40	983,1506	83 40	983,1721	84 40	983,1905
41	,0990	41	,1265	41	,1510	41	,1724	41	,1908
42	,0995	42	,1270	42	,1514	42	,1728	42	,1911
43	,0999	43	,1274	43	,1517	43	,1731	43	,1913
44	,1004	44	,1278	44	,1521	44	,1734	44	,1916
45	,1009	45	,1283	45	,1525	45	,1738	45	,1919
46	,1014	46	,1287	46	,1529	46	,1741	46	,1922
47	,1019	47	,1291	47	,1533	47	,1744	47	,1925
48	,1023	48	,1296	48	,1536	48	,1747	48	,1927
49	,1028	49	,1300	49	,1540	49	,1751	49	,1930
80 50	983,1033	81 50	983,1304	82 50	983,1544	83 50	983,1754	84 50	983,1933
51	,1038	51	,1308	51	,1548	51	,1757	51	,1936
52	,1042	52	,1312	52	,1551	52	,1760	52	,1938
53	,1047	53	,1317	53	,1555	53	,1763	53	,1941
54	,1052	54	,1321	54	,1559	54	,1767	54	,1943
55	,1057	55	,1325	55	,1563	55	,1770	55	,1946
56	,1061	56	,1329	56	,1566	56	,1773	56	,1949
57	,1066	57	,1333	57	,1570	57	,1776	57	,1951
58	,1071	58	,1338	58	,1574	58	,1779	58	,1954
59	,1075	59	,1342	59	,1577	59	,1782	59	,1956
81 00	983,1080	82 00	983,1346	83 00	983,1581	84 00	983,1785	85 00	983,1959

Tafel V a (*Fortsetzung*)

Breite	Schwerkraft cm/sec²	Breite	Schwerkraft cm/sec²	Breite	Schwerkraft cm/sec²	Breite	Schwerkraft cm/sec²	Breite	Schwerkraft cm/sec²
85°00′	983,1959	86°00′	983,2101	87°00′	983,2212	88°00′	983,2292	89°00′	983,2339
01	,1962	01	,2103	01	,2214	01	,2293	01	,2340
02	,1964	02	,2105	02	,2215	02	,2294	02	,2340
03	,1967	03	,2107	03	,2217	03	,2295	03	,2341
04	,1969	04	,2110	04	,2218	04	,2296	04	,2341
05	,1972	05	,2112	05	,2220	05	,2297	05	,2342
06	,1975	06	,2114	06	,2221	06	,2298	06	,2342
07	,1977	07	,2116	07	,2223	07	,2299	07	,2343
08	,1980	08	,2118	08	,2224	08	,2300	08	,2343
09	,1982	09	,2120	09	,2226	09	,2301	09	,2344
85 10	983,1985	86 10	983,2122	87 10	983,2227	88 10	983,2302	89 10	983,2344
11	,1988	11	,2124	11	,2229	11	,2303	11	,2345
12	,1990	12	,2126	12	,2230	12	,2304	12	,2345
13	,1993	13	,2128	13	,2232	13	,2305	13	,2345
14	,1995	14	,2130	14	,2233	14	,2306	14	,2346
15	,1998	15	,2132	15	,2235	15	,2307	15	,2346
16	,2000	16	,2134	16	,2236	16	,2307	16	,2347
17	,2003	17	,2136	17	,2238	17	,2308	17	,2347
18	,2005	18	,2138	18	,2239	18	,2309	18	,2347
19	,2008	19	,2140	19	,2241	19	,2310	19	,2348
85 20	983,2010	86 20	983,2142	87 20	983,2242	88 20	983,2311	89 20	983,2348
21	,2013	21	,2144	21	,2244	21	,2312	21	,2348
22	,2015	22	,2146	22	,2245	22	,2313	22	,2349
23	,2017	23	,2147	23	,2246	23	,2313	23	,2349
24	,2020	24	,2149	24	,2248	24	,2314	24	,2349
25	,2022	25	,2151	25	,2249	25	,2315	25	,2350
26	,2025	26	,2153	26	,2251	26	,2316	26	,2350
27	,2027	27	,2155	27	,2252	27	,2317	27	,2350
28	,2029	28	,2156	28	,2253	28	,2317	28	,2350
29	,2032	29	,2158	29	,2255	29	,2318	29	,2351
85 30	983,2034	86 30	983,2160	87 30	983,2256	88 30	983,2319	89 30	983,2351
31	,2036	31	,2162	31	,2257	31	,2320	31	,2351
32	,2039	32	,2164	32	,2259	32	,2321	32	,2352
33	,2041	33	,2165	33	,2260	33	,2322	33	,2352
34	,2043	34	,2167	34	,2261	34	,2322	34	,2352
35	,2046	35	,2169	35	,2263	35	,2323	35	,2352
36	,2048	36	,2171	36	,2264	36	,2324	36	,2352
37	,2050	37	,2173	37	,2265	37	,2325	37	,2353
38	,2052	38	,2174	38	,2266	38	,2326	38	,2353
39	,2055	39	,2176	39	,2268	39	,2326	39	,2353
85 40	983,2057	86 40	983,2178	87 40	983,2269	88 40	983,2327	89 40	983,2353
41	,2059	41	,2180	41	,2270	41	,2328	41	,2353
42	,2062	42	,2181	42	,2271	42	,2328	42	,2353
43	,2064	43	,2183	43	,2273	43	,2329	43	,2353
44	,2066	44	,2185	44	,2274	44	,2329	44	,2353
45	,2069	45	,2187	45	,2275	45	,2330	45	,2354
46	,2071	46	,2188	46	,2276	46	,2331	46	,2354
47	,2073	47	,2190	47	,2277	47	,2331	47	,2354
48	,2075	48	,2192	48	,2279	48	,2332	48	,2354
49	,2078	49	,2193	49	,2280	49	,2332	49	,2354
85 50	983,2080	86 50	983,2195	87 50	983,2281	88 50	983,2333	89 50	983,2354
51	,2082	51	,2197	51	,2282	51	,2334	51	,2354
52	,2084	52	,2198	52	,2283	52	,2334	52	,2354
53	,2086	53	,2200	53	,2284	53	,2335	53	,2354
54	,2088	54	,2202	54	,2286	54	,2335	54	,2354
55	,2091	55	,2204	55	,2287	55	,2336	55	,2355
56	,2093	56	,2205	56	,2288	56	,2337	56	,2355
57	,2095	57	,2207	57	,2289	57	,2337	57	,2355
58	,2097	58	,2209	58	,2290	58	,2338	58	,2355
59	,2099	59	,2210	59	,2291	59	,2338	59	,2355
86 00	983,2101	87 00	983,2212	88 00	983,2292	89 00	983,2339	90 00	983,2355

TAFEL VI

Tafel zur Reduktion der Normalwerte der Schwerebeschleunigung auf dem internationalen Ellipsoid auf das dreiachsige Ellipsoid des Zentralen Forschungsinstituts für Geodäsie, Luftbildaufnahme und Karthographie und zum Ellipsoid von F. N. Krassowski

Die Tafel liefert Korrektionen, die dem Normalwert der Schwerkraft auf dem internationalen Ellipsoid zu erteilen sind, um einen Wert der Schwerkraft auf dem dreiachsigen Ellipsoid des Zentralen Forschungsinstituts für Geodäsie, Luftbildaufnahme und Karthographie zu erhalten. Führt man dagegen die Korrektionen ein, die nur in der Spalte 4^{h} angegeben sind (für alle übrigen Spalten ist ein Wert anzunehmen, der der Spalte 4^{h} gleich ist), so erhält man den Wert der Schwerkraft auf dem Krassowskischen Ellipsoid. In der Tafel sind die Korrektionen im Sinne $\gamma_{\text{drei.}} - \gamma_{\text{Int.}}$ angegeben. Der Spalte 4^{h} entspricht die Korrektion $\gamma_{\text{Kras.}} - \gamma_{\text{Int.}}$ Die Korrektionen sind in gal angegeben.

φ \ λ	1^{h} 15° (13^{h}) (195°)	2^{h} 30° (14^{h}) (210°)	3^{h} 45° (15^{h}) (225°)	4^{h} 60° (16^{h}) (240°)	5^{h} 75° (17^{h}) (255°)	6^{h} 90° (18^{h}) (270°)	7^{h} 105° (19^{h}) (285°)	λ / φ
0	+0,0161	+0,0140	+0,0081	0,0000	—0,0081	—0,0140	—0,0161	0°
1	+0,0161	+0,0140	+0,0081	0,0000	—0,0081	—0,0140	—0,0161	1
2	+0,0161	+0,0140	+0,0081	0,0000	—0,0081	—0,0140	—0,0161	2
3	+0,0161	+0,0139	+0,0080	0,0000	—0,0080	—0,0139	—0,0161	3
4	+0,0162	+0,0140	+0,0081	+0,0001	—0,0079	—0,0138	—0,0160	4
5	+0,0161	+0,0140	+0,0081	+0,0001	—0,0079	—0,0138	—0,0159	5
6	+0,0162	+0,0140	+0,0082	+0,0002	—0,0078	—0,0136	—0,0158	6
7	+0,0161	+0,0140	+0,0082	+0,0002	—0,0078	—0,0136	—0,0157	7
8	+0,0161	+0,0140	+0,0082	+0,0003	—0,0076	—0,0134	—0,0155	8
9	+0,0160	+0,0139	+0,0082	+0,0003	—0,0076	—0,0133	—0,0154	9
10	+0,0161	+0,0140	+0,0082	+0,0004	—0,0074	—0,0132	—0,0153	10
11	+0,0161	+0,0140	+0,0083	+0,0005	—0,0073	—0,0130	—0,0151	11
12	+0,0160	+0,0140	+0,0083	+0,0006	—0,0071	—0,0128	—0,0148	12
13	+0,0160	+0,0140	+0,0084	+0,0007	—0,0070	—0,0126	—0,0146	13
14	+0,0160	+0,0140	+0,0084	+0,0008	—0,0068	—0,0124	—0,0144	14
15	+0,0160	+0,0139	+0,0085	+0,0009	—0,0066	—0,0121	—0,0142	15
16	+0,0160	+0,0140	+0,0086	+0,0011	—0,0064	—0,0118	—0,0138	16
17	+0,0160	+0,0140	+0,0086	+0,0012	—0,0062	—0,0116	—0,0136	17
18	+0,0160	+0,0140	+0,0087	+0,0014	—0,0059	—0,0112	—0,0132	18
19	+0,0159	+0,0140	+0,0087	+0,0015	—0,0057	—0,0110	—0,0129	19
20	+0,0160	+0,0140	+0,0088	+0,0017	—0,0054	—0,0106	—0,0126	20
21	+0,0159	+0,0140	+0,0088	+0,0018	—0,0052	—0,0104	—0,0123	21
22	+0,0159	+0,0140	+0,0089	+0,0020	—0,0049	—0,0100	—0,0119	22
23	+0,0159	+0,0140	+0,0090	+0,0022	—0,0046	—0,0096	—0,0115	23
24	+0,0158	+0,0140	+0,0091	+0,0023	—0,0045	—0,0094	—0,0112	24
25	+0,0158	+0,0140	+0,0091	+0,0025	—0,0041	—0,0090	—0,0108	25
26	+0,0157	+0,0140	+0,0092	+0,0027	—0,0038	—0,0086	—0,0103	26
27	+0,0157	+0,0140	+0,0093	+0,0029	—0,0035	—0,0082	—0,0099	27
28	+0,0157	+0,0140	+0,0094	+0,0031	—0,0032	—0,0078	—0,0095	28
29	+0,0156	+0,0140	+0,0095	+0,0033	—0,0029	—0,0074	—0,0090	29
30	+0,0156	+0,0140	+0,0096	+0,0035	—0,0026	—0,0070	—0,0086	30
31	+0,0157	+0,0141	+0,0097	+0,0038	—0,0021	—0,0065	—0,0081	31
32	+0,0156	+0,0141	+0,0098	+0,0040	—0,0018	—0,0061	—0,0076	32
33	+0,0156	+0,0140	+0,0099	+0,0042	—0,0015	—0,0056	—0,0072	33
34	+0,0155	+0,0140	+0,0099	+0,0044	—0,0011	—0,0052	—0,0067	34
35	+0,0155	+0,0141	+0,0101	+0,0047	—0,0007	—0,0047	—0,0061	35
36	+0,0155	+0,0140	+0,0102	+0,0049	—0,0004	—0,0042	—0,0057	36
37	+0,0154	+0,0140	+0,0102	+0,0051	0,0000	—0,0038	—0,0052	37
38	+0,0154	+0,0141	+0,0104	+0,0054	+0,0004	—0,0033	—0,0046	38
39	+0,0153	+0,0140	+0,0105	+0,0056	+0,0007	—0,0028	—0,0041	39
40	+0,0154	+0,0141	+0,0106	+0,0059	+0,0012	—0,0023	—0,0036	40
φ / λ	13^{h} 195° (1^{h}) (15°)	12^{h} 180° (0^{h}) (0°)	11^{h} 165° (23^{h}) (345°)	10^{h} 150° (22^{h}) (330°)	9^{h} 135° (21^{h}) (315°)	8^{h} 120° (20^{h}) (300°)	7^{h} 105° (19^{h}) (285°)	φ \ λ

Tafel VI (*Fortsetzung*)

λ / φ	1^h 15° (13^h) (195°)	2^h 30° (14^h) (210°)	3^h 45° (15^h) (225°)	4^h 60° (16^h) (240°)	5^h 75° (17^h) (255°)	6^h 90° (18^h) (270°)	7^h 105° (19^h) (285°)	λ / φ
40°	+0,0154	+0,0141	+0,0106	+0,0059	+0,0012	—0,0023	—0,0036	40
41	+0,0153	+0,0141	+0,0107	+0,0061	+0,0015	—0,0019	—0,0031	41
42	+0,0152	+0,0140	+0,0108	+0,0063	+0,0018	—0,0014	—0,0026	42
43	+0,0152	+0,0141	+0,0109	+0,0066	+0,0023	—0,0009	—0,0020	43
44	+0,0151	+0,0140	+0,0110	+0,0068	+0,0026	—0,0004	—0,0015	44
45	+0,0152	+0,0141	+0,0111	+0,0071	+0,0031	+0,0001	—0,0010	45
46	+0,0152	+0,0140	+0,0112	+0,0073	+0,0034	+0,0006	—0,0006	46
47	+0,0151	+0,0141	+0,0114	+0,0076	+0,0038	+0,0011	+0,0001	47
48	+0,0150	+0,0141	+0,0114	+0,0078	+0,0042	+0,0015	+0,0006	48
49	+0,0150	+0,0141	+0,0116	+0,0081	+0,0046	+0,0021	+0,0012	49
50	+0,0150	+0,0141	+0,0116	+0,0083	+0,0050	+0,0025	+0,0016	50
51	+0,0150	+0,0141	+0,0118	+0,0086	+0,0054	+0,0031	+0,0022	51
52	+0,0149	+0,0141	+0,0119	+0,0088	+0,0057	+0,0035	+0,0027	52
53	+0,0148	+0,0141	+0,0119	+0,0090	+0,0061	+0,0039	+0,0032	53
54	+0,0149	+0,0141	+0,0121	+0,0093	+0,0065	+0,0045	+0,0037	54
55	+0,0148	+0,0141	+0,0122	+0,0095	+0,0068	+0,0049	+0,0042	55
56	+0,0147	+0,0141	+0,0122	+0,0097	+0,0072	+0,0053	+0,0047	56
57	+0,0148	+0,0141	+0,0124	+0,0100	+0,0076	+0,0059	+0,0052	57
58	+0,0147	+0,0141	+0,0125	+0,0102	+0,0079	+0,0063	+0,0057	58
59	+0,0147	+0,0141	+0,0125	+0,0104	+0,0083	+0,0067	+0,0061	59
60	+0,0146	+0,0141	+0,0126	+0,0106	+0,0086	+0,0071	+0,0066	60
61	+0,0146	+0,0141	+0,0127	+0,0108	+0,0089	+0,0075	+0,0070	61
62	+0,0147	+0,0142	+0,0129	+0,0111	+0,0093	+0,0080	+0,0075	62
63	+0,0146	+0,0142	+0,0130	+0,0113	+0,0096	+0,0084	+0,0080	63
64	+0,0146	+0,0142	+0,0131	+0,0115	+0,0099	+0,0088	+0,0084	64
65	+0,0145	+0,0141	+0,0130	+0,0116	+0,0102	+0,0091	+0,0087	65
66	+0,0145	+0,0141	+0,0131	+0,0118	+0,0105	+0,0095	+0,0091	66
67	+0,0145	+0,0141	+0,0132	+0,0120	+0,0108	+0,0099	+0,0095	67
68	+0,0145	+0,0142	+0,0133	+0,0122	+0,0111	+0,0102	+0,0099	68
69	+0,0145	+0,0142	+0,0134	+0,0124	+0,0114	+0,0106	+0,0103	69
70	+0,0144	+0,0141	+0,0134	+0,0125	+0,0116	+0,0109	+0,0106	70
71	+0,0144	+0,0142	+0,0136	+0,0127	+0,0118	+0,0112	+0,0110	71
72	+0,0143	+0,0141	+0,0136	+0,0128	+0,0120	+0,0115	+0,0113	72
73	+0,0144	+0,0142	+0,0137	+0,0130	+0,0123	+0,0118	+0,0116	73
74	+0,0143	+0,0142	+0,0137	+0,0131	+0,0125	+0,0120	+0,0119	74
75	+0,0143	+0,0141	+0,0137	+0,0132	+0,0127	+0,0123	+0,0121	75
76	+0,0143	+0,0142	+0,0139	+0,0134	+0,0129	+0,0126	+0,0125	76
77	+0,0143	+0,0142	+0,0139	+0,0135	+0,0131	+0,0128	+0,0127	77
78	+0,0143	+0,0142	+0,0139	+0,0136	+0,0133	+0,0130	+0,0129	78
79	+0,0143	+0,0142	+0,0140	+0,0137	+0,0134	+0,0132	+0,0131	79
80	+0,0143	+0,0142	+0,0140	+0,0138	+0,0136	+0,0134	+0,0133	80
81	+0,0142	+0,0141	+0,0140	+0,0138	+0,0136	+0,0135	+0,0134	81
82	+0,0142	+0,0142	+0,0141	+0,0139	+0,0137	+0,0136	+0,0136	82
83	+0,0142	+0,0142	+0,0141	+0,0140	+0,0139	+0,0138	+0,0138	83
84	+0,0142	+0,0142	+0,0141	+0,0140	+0,0139	+0,0138	+0,0138	84
85	+0,0142	+0,0142	+0,0142	+0,0141	+0,0140	+0,0140	+0,0140	85
86	+0,0142	+0,0142	+0,0141	+0,0141	+0,0141	+0,0140	+0,0140	86
87	+0,0141	+0,0141	+0,0141	+0,0141	+0,0141	+0,0141	+0,0141	87
88	+0,0142	+0,0142	+0,0142	+0,0142	+0,0142	+0,0142	+0,0142	88
89	+0,0142	+0,0142	+0,0142	+0,0142	+0,0142	+0,0142	+0,0142	89
90	+0,0142	+0,0142	+0,0142	+0,0142	+0,0142	+0,0142	+0,0142	90
φ / λ	13^h 195° (1^h) (15°)	12^h 180° (0^h) (0°)	11^h 165° (23^h) (345°)	10^h 150° (22^h) (330°)	9^h 135° (21^h) (315°)	8^h 120° (20^h) (300°)	7^h 105° (19^h) (285°)	φ / λ

TAFEL

Tafel für die Reduktion der Schwerkraftsanomalien auf das dreiachsige Ellipsoid des Zentralen Ellipsoid von

Die Tafel liefert Korrektionen für die Schwerkraftsanomalien $\Delta g = g - \gamma_{Int.}$. Nach Einführung der Korrek-
für Geodäsie, Luftbildaufnahme und Kartographie oder auf das KRASSOWSKIsche Ellipsoid (rechte Seite der
tionen sind auf das

Dreiachsiges Ellipsoid

	31	32	33	34	35	36	37	38	39	40	41	42	43	44	45	46
A	+14	+15	+16	+15	+14	+13	+10	+ 8	+ 5	+ 2	— 2	— 5	— 8	—10	—13	—14
B	+14	+15	+16	+15	+14	+13	+11	+ 8	+ 5	+ 2	— 1	— 4	— 7	—10	—12	—14
C	+14	+15	+16	+15	+14	+13	+11	+ 8	+ 5	+ 2	— 1	— 4	— 7	—10	—12	—13
D	+14	+15	+16	+15	+14	+13	+11	+ 8	+ 5	+ 2	— 1	— 4	— 7	— 8	—11	—13
E	+14	+15	+16	+15	+14	+13	+11	+ 9	+ 6	+ 3	0	— 3	— 6	— 8	—10	—12
F	+14	+15	+16	+15	+14	+13	+11	+ 9	+ 6	+ 3	+ 1	— 2	— 5	— 7	— 9	—10
G	+14	+15	+16	+15	+14	+13	+11	+ 9	+ 6	+ 4	+ 1	— 1	— 4	— 6	— 8	— 9
H	+14	+15	+16	+15	+14	+13	+11	+ 9	+ 7	+ 5	+ 2	0	— 2	— 4	— 6	— 7
I	+14	+15	+16	+15	+14	+13	+12	+10	+ 8	+ 6	+ 3	+ 1	— 1	— 3	— 4	— 5
J	+14	+15	+15	+15	+14	+13	+12	+10	+ 8	+ 6	+ 4	+ 2	+ 1	— 1	— 3	— 4
K	+14	+15	+15	+15	+14	+13	+12	+11	+ 9	+ 7	+ 5	+ 3	+ 2	+ 1	— 1	— 2
L	+14	+15	+15	+15	+14	+13	+12	+11	+10	+ 8	+ 6	+ 5	+ 3	+ 2	+ 1	0
M	+14	+15	+15	+15	+14	+14	+12	+11	+10	+ 9	+ 7	+ 6	+ 5	+ 4	+ 3	+ 2
N	+14	+15	+15	+15	+14	+14	+13	+12	+11	+10	+ 8	+ 7	+ 6	+ 6	+ 5	+ 4
O	+14	+14	+15	+14	+14	+14	+13	+12	+12	+11	+ 9	+ 9	+ 7	+ 7	+ 7	+ 6
P	+14	+14	+15	+14	+14	+14	+13	+13	+12	+11	+10	+10	+ 9	+ 9	+ 8	+ 8
Q	+14	+14	+15	+14	+14	+14	+13	+13	+13	+12	+11	+11	+11	+10	+10	+ 9
R	+14	+14	+14	+14	+14	+14	+14	+13	+13	+13	+12	+12	+12	+11	+11	+11
S	+14	+14	+14	+14	+14	+14	+14	+14	+13	+13	+13	+13	+12	+12	+12	+12
T	+14	+14	+14	+14	+14	+14	+14	+14	+14	+14	+13	+13	+13	+13	+13	+13
U	+14	+14	+14	+14	+14	+14	+14	+14	+14	+14	+14	+14	+14	+14	+14	+14
V	+14	+14	+14	+14	+14	+14	+14	+14	+14	+14	+14	+14	+14	+14	+14	+14
W	+14	+14	+14	+14	+14	+14	+14	+14	+14	+14	+14	+14	+14	+14	+14	+14
	1	2	3	4	5	6	7	8	9	10	11	12	13	14	15	16

[1]) Die Korrektion ist von der auf das internationale Ellipsoid bezogenen Anomalie zu subtrahieren. Wir
Sinne $\gamma_{drei.} - \gamma_{Int.} = 14{,}18 \sin^2\varphi + 16{,}14 \cos^2\varphi \cos 2(\lambda - 15°)$ milligal angegeben.

[2]) Die Korrektion ist von der auf das internationale Ellipsoid bezogenen Anomalie zu subtrahieren. Wir
Sinne $\gamma_{Kras} - \gamma_{Int.} = +\,14{,}18 \sin^2\varphi$ milligal angegeben. Auf das KRASSOWSKIsche Ellipsoid bezieht sich nur die

VII

Forschungsinstituts für Geodäsie, Luftbildaufnahme und Karthographie und auf das F. N. Krassowski

tionen beziehen sich die Anomalien entweder auf das dreiachsige Ellipsoid des Zentralen Forschungsinstituts Tafel). Als Argument der Korrektionen dient die Nomenklatur der Blätter der Karte $\frac{1}{1\ \text{Million}}$. (Die Korrek- Zentrum des Blatts bezogen.)

des ЦНИИГАиК[1]) Ellipsoid von Krassowski[2])

47	48	49	50	51	52	53	54	55	56	57	58	59	60	1		1 bis 60
—15	—16	—15	—14	—13	—10	— 8	— 5	— 2	+ 2	+ 5	+ 8	+10	+13	+14	*A*	0
—15	—16	—15	—14	—12	—10	— 7	— 4	— 1	+ 2	+ 5	+ 8	+11	+13	+14	*B*	0
—14	—15	—14	—13	—12	—10	— 7	— 4	— 1	+ 2	+ 5	+ 8	+11	+13	+14	*C*	0
—14	—14	—14	—13	—11	— 8	— 7	— 4	— 1	+ 2	+ 5	+ 8	+11	+13	+14	*D*	+ 1
—12	—13	—12	—12	—10	— 8	— 6	— 3	0	+ 3	+ 6	+ 9	+11	+13	+14	*E*	+ 1
—11	—12	—11	—10	— 9	— 7	— 5	— 2	+ 1	+ 3	+ 6	+ 9	+11	+13	+14	*F*	+ 2
—10	—10	—10	— 9	— 8	— 6	— 4	— 1	+ 1	+ 4	+ 6	+ 9	+11	+13	+14	*G*	+ 3
— 8	— 9	— 8	— 7	— 6	— 4	— 2	0	+ 2	+ 5	+ 7	+ 9	+11	+13	+14	*H*	+ 4
— 6	— 7	— 6	— 5	— 4	— 3	— 1	+ 1	+ 3	+ 6	+ 8	+10	+12	+13	+14	*I*	+ 5
— 4	— 5	— 4	— 4	— 3	— 1	+ 1	+ 2	+ 4	+ 6	+ 8	+10	+12	+13	+14	*J*	+ 6
— 2	— 3	— 2	— 2	— 1	+ 1	+ 2	+ 3	+ 5	+ 7	+ 9	+11	+12	+13	+14	*K*	+ 6
0	— 1	0	0	+ 1	+ 2	+ 3	+ 5	+ 6	+ 8	+10	+11	+12	+13	+14	*L*	+ 7
+ 2	+ 2	+ 2	+ 2	+ 3	+ 4	+ 5	+ 6	+ 7	+ 9	+10	+11	+12	+14	+14	*M*	+ 8
+ 4	+ 4	+ 4	+ 4	+ 5	+ 6	+ 6	+ 7	+ 8	+10	+11	+12	+13	+14	+14	*N*	+ 9
+ 6	+ 6	+ 6	+ 6	+ 7	+ 7	+ 7	+ 9	+ 9	+11	+12	+12	+13	+14	+14	*O*	+10
+ 8	+ 7	+ 8	+ 8	+ 8	+ 9	+ 9	+10	+10	+11	+12	+13	+13	+14	+14	*P*	+11
+10	+ 9	+10	+ 9	+10	+10	+11	+11	+11	+12	+13	+13	+13	+14	+14	*Q*	+12
+11	+11	+11	+11	+11	+11	+12	+12	+12	+13	+13	+13	+14	+14	+14	*R*	+12
+12	+12	+12	+12	+12	+12	+12	+13	+13	+13	+13	+14	+14	+14	+14	*S*	+13
+13	+13	+13	+13	+13	+13	+13	+13	+13	+14	+14	+14	+14	+14	+14	*T*	+14
+14	+14	+14	+14	+14	+14	+14	+14	+14	+14	+14	+14	+14	+14	+14	*U*	+14
+14	+14	+14	+14	+14	+14	+14	+14	+14	+14	+14	+14	+14	+14	+14	*V*	+14
+14	+14	+14	+14	+14	+14	+14	+14	+14	+14	+14	+14	+14	+14	+14	*W*	+14
17	18	19	20	21	22	23	24	25	26	27	28	29	30	31		

erhalten dann die Anomalie, die sich auf das Ellipsoid des ЦНИИГАиК bezieht. Die Korrektionen sind im

erhalten dann die Anomalie, die sich auf das Krassowskische Ellipsoid bezieht. Die Korrektionen sind im letzte Spalte (1—60).

TAFEL VIII

Verschiedene Hilfsgrößen, die bei der Berechnung der Undulationen in bezug auf die ellipsoidische Referenzfläche anzuwenden sind

Für das KRASSOWSKIsche Ellipsoid werden die folgenden Größen angegeben:

$$C = \frac{1}{\sqrt{1-e^2\sin^2\varphi}} = \sqrt{1+i^2\sin^2 u}; \qquad K = \frac{a}{2\pi\gamma}; \qquad C^2; \qquad KC^2; \qquad u-\varphi$$

φ	C	K	C^2	KC^2	$u-\varphi$ [1]	$u-\varphi$ [1]
+ oder —						
0°	1,000000	1,03791	1,000000	1,03791	0′ 00″	0′,0
1	1,000001	1,03791	1,000002	1,03791	0 12	0,2
2	1,000004	1,03791	1,000008	1,03792	0 24	0,4
3	1,000009	1,03790	1,000018	1,03792	0 36	0,6
4	1,000016	1,03789	1,000032	1,03792	0 48	0,8
5	1,000025	1,03787	1,000050	1,03792	1 00	1,0
6	1,000037	1,03785	1,000074	1,03793	1 12	1,2
7	1,000050	1,03783	1,000100	1,03793	1 23	1,4
8	1,000065	1,03780	1,000130	1,03793	1 35	1,6
9	1,000082	1,03778	1,000164	1,03795	1 47	1,8
10	1,000101	1,03775	1,000202	1,03796	1 58	2,0
11	1,000122	1,03771	1,000244	1,03796	2 09	2,2
12	1,000145	1,03768	1,000290	1,03798	2 20	2,3
13	1,000169	1,03764	1,000338	1,03799	2 31	2,5
14	1,000196	1,03759	1,000392	1,03800	2 42	2,7
15	1,000224	1,03755	1,000448	1,03801	2 53	2,9
16	1,000254	1,03749	1,000508	1,03802	3 03	3,0
17	1,000286	1,03744	1,000572	1,03803	3 13	3,2
18	1,000320	1,03739	1,000640	1,03805	3 23	3,4
19	1,000355	1,03733	1,000710	1,03807	3 32	3,5
20	1,000392	1,03727	1,000784	1,03808	3 42	3,7
21	1,000430	1,03721	1,000860	1,03810	3 51	3,8
22	1,000470	1,03714	1,000940	1,03811	4 00	4,0
23	1,000511	1,03708	1,001022	1,03814	4 08	4,1
24	1,000554	1,03701	1,001108	1,03816	4 16	4,3
25	1,000598	1,03693	1,001196	1,03817	4 24	4,4
26	1,000644	1,03686	1,001288	1,03820	4 32	4,5
27	1,000690	1,03678	1,001380	1,03821	4 39	4,6
28	1,000738	1,03670	1,001477	1,03823	4 46	4,8
29	1,000788	1,03662	1,001577	1,03825	4 53	4,9
30	1,000838	1,03654	1,001677	1,03828	4 59	5,0
31	1,000889	1,03646	1,001779	1,03830	5 05	5,1
32	1,000941	1,03637	1,001883	1,03832	5 10	5,2
33	1,000994	1,03629	1,001989	1,03835	5 15	5,2
34	1,001048	1,03620	1,002097	1,03837	5 20	5,3
35	1,001103	1,03611	1,002207	1,03840	5 24	5,4
36	1,001158	1,03602	1,002317	1,03842	5 28	5,5
37	1,001214	1,03593	1,002429	1,03845	5 32	5,5
38	1,001271	1,03584	1,002544	1,03848	5 35	5,6
39	1,001328	1,03574	1,002658	1,03849	5 38	5,6
40	1,001386	1,03565	1,002774	1,03852	5 40	5,7

[1]) Das Vorzeichen der Korrektion $u-\varphi$ ist dem der Breite umgekehrt.

Tafel VIII (*Fortsetzung*)

φ	C	K	C^2	KC^2	$u - \varphi$	$u - \varphi$
+ oder —						
40°	1,001386	1,03565	1,002774	1,03852	5′ 40″	5′,7
41	1,001444	1,03555	1,002890	1,03854	5 42	5,7
42	1,001502	1,03546	1,003006	1,03857	5 43	5,7
43	1,001560	1,03536	1,003122	1,03859	5 44	5,7
44	1,001619	1,03527	1,003241	1,03863	5 45	5,7
45	1,001678	1,03517	1,003359	1,03865	5 45	5,8
46	1,001736	1,03508	1,003475	1,03868	5 45	5,7
47	1,001795	1,03498	1,003593	1,03870	5 44	5,7
48	1,001853	1,03489	1,003709	1,03873	5 43	5,7
49	1,001912	1,03479	1,003828	1,03875	5 42	5,7
50	1,001970	1,03470	1,003944	1,03878	5 40	5,7
51	1,002027	1,03460	1,004058	1,03880	5 38	5,6
52	1,002085	1,03452	1,004174	1,03884	5 35	5,6
53	1,002141	1,03442	1,004287	1,03885	5 32	5,5
54	1,002198	1,03433	1,004401	1,03888	5 28	5,5
55	1,002253	1,03424	1,004511	1,03891	5 24	5,4
56	1,002308	1,03415	1,004621	1,03893	5 20	5,3
57	1,002362	1,03406	1,004730	1,03895	5 15	5,2
58	1,002416	1,03397	1,004838	1,03897	5 10	5,2
59	1,002468	1,03389	1,004942	1,03900	5 05	5,1
60	1,002519	1,03381	1,005044	1,03902	4 59	5,0
61	1,002570	1,03372	1,005147	1,03904	4 53	4,9
62	1,002619	1,03364	1,005245	1,03906	4 46	4,8
63	1,002668	1,03357	1,005343	1,03909	4 39	4,6
64	1,002715	1,03348	1,005437	1,03910	4 32	4,5
65	1,002760	1,03341	1,005528	1,03912	4 24	4,4
66	1,002805	1,03334	1,005618	1,03915	4 16	4,3
67	1,002848	1,03327	1,005704	1,03916	4 08	4,1
68	1,002890	1,03321	1,005788	1,03919	4 00	4,0
69	1,002930	1,03314	1,005868	1,03920	3 51	3,8
70	1,002968	1,03308	1,005945	1,03922	3 42	3,7
71	1,003005	1,03302	1,006019	1,03924	3 32	3,5
72	1,003041	1,03296	1,006091	1,03925	3 23	3,4
73	1,003075	1,03291	1,006159	1,03927	3 13	3,2
74	1,003107	1,03285	1,006224	1,03928	3 03	3,0
75	1,003137	1,03280	1,006284	1,03929	2 53	2,9
76	1,003166	1,03276	1,006342	1,03931	2 42	2,7
77	1,003193	1,03271	1,006396	1,03932	2 31	2,5
78	1,003218	1,03267	1,006446	1,03933	2 20	2,3
79	1,003241	1,03263	1,006493	1,03934	2 09	2,2
80	1,003262	1,03260	1,006535	1,03935	1 58	2,0
81	1,003281	1,03257	1,006573	1,03936	1 47	1,8
82	1,003298	1,03254	1,006607	1,03936	1 35	1,6
83	1,003313	1,03252	1,006637	1,03937	1 23	1,4
84	1,003327	1,03250	1,006665	1,03938	1 12	1,2
85	1,003338	1,03248	1,006687	1,03938	1 00	1,0
86	1,003347	1,03246	1,006705	1,03938	0 48	0,8
87	1,003354	1,03245	1,006719	1,03939	0 36	0,6
88	1,003359	1,03244	1,006729	1,03939	0 24	0,4
89	1,003363	1,03244	1,006737	1,03940	0 12	0,2
90	1,003364	1,03244	1,006739	1,03940	0 00	0,0

Literatur

1. Аппель, П., Фигуры равновесия вращающейся однородной жидкости. ОНТИ. (P. Appel, Die Gleichgewichtsfiguren einer rotierenden homogenen Flüssigkeit), 1936.
2. Баев, К. Л., Определение фигуры Земли из лунного неравенства. Астр. журн. (K. L. Bajew, Bestimmung der Erdfigur aus der Mondungleichung), *10*, 1933.
3. William Bowie, Isostasy. New York 1927.
4. Буланже, Ю. Д., А. А. Михайлов и Н. Н. Парийский, Формулы и таблицы для обработки гравиметрических наблюдений. Под ред. проф. А. А. Михайлова. Геодезиздат. (J. D. Boulanger, A. A. Michailow und N. N. Pariski, Formeln und Tafeln für die Bearbeitung gravimetrischer Beobachtungen. Redigiert von Prof. A. A. Michailow), Moskau 1949.
5. Гижицкий, А. и П. Савкевич, Каталог пунктов гравиметрических определений, произведенных в России до 1922 г. ГИЗ. (A. Gishizki und P. Sawkewitsch, Katalog der Punkte der in Rußland vor 1922 ausgeführten gravimetrischen Bestimmungen), 1923.
6. Жонголович, И. Д., Условия применения классической формулы Стокса. Бюлл. Инст. теорет. астр. (I. D. Shongolowitsch, Bedingungen für die Anwendung der klassischen Formel von Stokes), *4*, Nr. 6 (59), 1949.
7. Жонголович, И. Д., О редукциях силы тяжести. Труды Центр. научно-иссл. инст. геодез., аэросъемки и картограф. (I. D. Shongolowitsch, Über die Schwerkraftsreduktion), Lfg. 68, Moskau 1949.
8. Жонголович, И. Д., Некоторые стоксовы постоянные для уровенного трехосного эллипсоида. Бюлл. Инст. теорет. астр. (I. D. Shongolowitsch, Einige Stokessche Konstanten für das dreiachsige Niveauellipsoid), *4*, Nr. 8 (61), 1950.
9. Журавлев, Н. Ф., Определение сжатия земного сфероида из гравиметрических наблюдений. Труды Гос. Астр. инст. им. П. К. Штернберга. (N. F. Shurawljow, Bestimmung der Abplattung des Erdsphäroids aus gravimetrischen Beobachtungen), *14*, Lfg. 2, Moskau 1940.
10. Загребин, Д. В., Формула Стокса для случая эллипсоидальной уровенной поверхности. Бюлл. Астр. инст. (D. W. Sagrebin, Die Stokessche Formel für den Fall der ellipsoidischen Niveaufläche), Nr. 52, 1944.
11. Загребин, Д. В., Уровенный трехосный эллипсоид и сила тяжести на его поверхности. Изд. Акад. Наук СССР. (D. W. Sagrebin, Das dreiachsige Niveauellipsoid und die Schwerkraft an seiner Oberfläche. Verlag Akad. Wiss. UdSSR), 1948.
12. Загребин, Д. В., К вопросу о точности формулы Стокса. Бюлл. Инст. теорет. астр. (D. W. Sagrebin, Zur Frage über die Genauigkeit der Stokesschen Formel), *4*, Nr. 3 (56), 1949.
13. Загребин, Д. В., Нормальное распределение силы тяжести на эллипсоиде Красовского и на эллипсоидальном геоиде с тремя неравными осями. Уч. зап. ЛГУ, сер. математ. наук. (D. W. Sagrebin, Die normale Schwerkraftsverteilung auf dem Krassowskischen Ellipsoid und auf dem ellipsoidischen Geoid mit drei ungleichen Achsen), Lieferung 18 (Nr. 116), Astronomie, 1949.
14. Загребин, Д. В., Об одном решении проблемы Стокса для случая трехосного эллипсоида и вывод обобщенной формулы Клеро. Уч. зап. ЛГУ, сер. математ. наук. (D. W. Sagrebin, Über eine Lösung des Stokesschen Problems für den Fall des dreiachsigen Ellipsoids und die Ableitung der verallgemeinerten Formel von Clairaut), Lieferung 18 (Nr. 116), Astronomie, 1949.
15. Загребин, Д. В., Определение ондуляций геоида с учетом членов порядка сжатия земного эллипсоида. Бюлл. Инст. теорет. астр. (D. W. Sagrebin, Bestimmung der Undulationen des Geoids unter Berücksichtigung der Glieder von der Ordnung der Abplattung des Erdellipsoids), *4*, Nr. 8 (61), 1950.

16. Загребин, Д. В., Разности главных моментов инерции трехосной земли. Бюлл. Инст. теорет. астр.
(D. W. SAGREBIN, Differenzen der Hauptträgheitsmomente der dreiachsigen Erde), *4*, Nr. 8 (61), 1950.

17. Идельсон, Н. И., Теория потенциала. ОНТИ.
(N. I. IDELSON, Theorie des Potentials), 1936.

18. Изотов, А. А., Определение размеров Земли для геодезических работ СССР. Сб. научно-техн. и производств. статей по геодез., картограф., топограф., аэросъемке и гравиметрии. Геодезиздат.
(A. A. ISOTOW, Bestimmung der Erddimensionen für die geodätischen Arbeiten der UdSSR), Lieferung *20*, Moskau 1948.

19. Изотов, А. А., Земной эллипсоид Красовского и связанные с ним величины. Труды Центр. научно-иссл. инст. геодез., аэросъемки и картограф.
(A. A. ISOTOW, Das KRASSOWSKIsche Erdellipsoid und die mit ihm zusammenhängenden Größen), Lieferung 72, Moskau 1950.

20. Изотов, А. А., Форма и размеры Земли по современным данным. Труды Центр. научно-иссл., инст. геодез. аэросъемки и картограф.
(A. A. ISOTOW, Form und Dimensionen der Erde nach den modernen Daten), Lieferung 73, Moskau 1950.

21. Иордан, В., Руководство высшей геодезии. Пер. с 2-го немецк. изд. А. Бик.
(W. JORDAN, Handbuch der höheren Geodäsie. Übers. der 2. deutschen Aufl. von A. BIK), Moskau 1881.

22. Казанский, И. А., Соображения об установлении осредненного значения абсолютной силы тяжести для мировой гравиметрической съемки. Труды Центр. научно-иссл. инст. геодез. аэросъемки и картограф.
(I. A. KASANSKI, Überlegungen über die Feststellung des Mittelwerts der absoluten Schwerkraft für die gravimetrische Weltaufnahme), Lieferung 51, Moskau 1948.

23. Картографические таблицы. Труды Центр. научно-иссл. инст. геодез., аэросъемки и картограф.
(Karthographische Tafeln), Lieferung 41, 1945.

24. Клеро, А., Теория фигуры Земли, основанная на началах гидростатики. Пер. Н. С. Яхонтовой, комм. и ред. Н. И. Идельсона. Изд. АН СССР.
(A. CLAIRAUT, Die auf den Prinzipien der Hydrostatik gegründete Theorie der Erdfigur. Übers. von N. S. JACHONTOWA, komm. und redig. von N. I. IDELSON. Verlag Akad. Wiss. UdSSR), 1947.

25. Красовский, Ф. Н., Руководство по высшей геодезии.
(F. N. KRASSOWSKI, Handbuch der höheren Geodäsie), Teil II. Moskau 1942.

26. Ляпунов, А. М., Избранные труды. Редакция В. И. Смирнова. Изд АН СССР.
(A. M. LJAPUNOW, Ausgewählte Werke. Redigiert von W. I. SMIRNOW, Verlag Akad. Wiss. UdSSR), 1948.

27. Макаров, Н. П., К вопросу о редукции силы тяжести для определения фигуры геоида. Уч. зап. Казанск. Гос. унив.
(N. P. MAKAROW, Zur Frage über die Reduktion der Schwerkraft für die Bestimmung der Figur des Geoids), *96*, Heft 8, 1936.

28. Малкин, Н., Об определении фигуры геоида регуляризованной и нерегуляризованной Земли. Астр. журн.
(N. MALKIN, Über die Bestimmung der Geoidfigur der regularisierten und nichtregularisierten Erde), *11*, 5, 1934.

29. N. MALKIN, Über die Bestimmung der Figur der Erde. GERLANDS Beiträge Geophys. *45*, H. 1/2, 1935.

30. Малкин, Н., Об определении фигуры геоида по наблюдениям силы тяжести. Астр. журн.
(N. MALKIN, Über die Bestimmung der Geoidfigur nach Schwerkraftsbeobachtungen), *16*, 1, 1939.

31. Малкин, Н., Об обобщении формулы Стокса. Астр. журн.
(N. MALKIN, Über eine Verallgemeinerung der STOKESschen Formel), *18*, 4—5, 1941.

32. Малкин, Н., Об условиях применимости формулы Стокса к определению фигуры Земли по наблюдениям силы тяжести. Докл. Акад. Наук СССР.
(N. MALKIN, Über die Bedingungen der Anwendbarkeit der STOKESschen Formel auf die Bestimmung der Erdfigur nach Schwerkraftsbeobachtungen. Ber. Akad. Wiss. UdSSR), *35*, Nr. 1, 1942.

33. Михайлов, А. А., О применении формулы Стокса и редукциях силы тяжести. Доклады советских делегаций VIII и IX конференциям Балтийской геодезической комиссии.
(A. A. MICHAILOW, Über die Anwendung der STOKESschen Formel und die Reduktionen der Schwerkraft. Berichte der sowjetischen Delegationen an die VIII und IX Konferenz der Baltischen Geodätischen Kommission), Moskau 1937.

34. Михайлов, А. А., Курс гравиметрии и теория фигуры Земли.
(A. A. MICHAILOW, Lehrbuch der Gravimetrie und die Theorie der Erdfigur), Moskau 1939.

35. Михайлов, А. А., Замечание по поводу статьи Н. К. Мигаля ,,О выборе экваториальной постоянной в нормальной формуле силы тяжести Земли". Астр. журн.
(A. A. MICHAILOW, Bemerkung zum Artikel von N. K. MIGAL ,,Über die Wahl der Äquatorkonstante in der Normalformel der Schwerkraft der Erde"), *16*, 2, 1939.

36. A. MICHAILOW, On the Application of STOKES's Formula for the Determination of the Figure of the Geoid. Астр. журн., XVII, 1, 1940.

37. Михайлов, А. А., Таблицы для приведения силы тяжести по методу конденсации. Уч. зап. Моск. Гос. унив. (A. A. Michailow, Tafeln für die Reduktion der Schwerkraft nach der Kondensationsmethode), Moskau 1945.

38. Моисеев, Н. Д., Об определении фигуры геоида нерегуляризированной Земли. Астр. журн. (N. D. Moissejew, Über die Bestimmung der Geoidfigur der nichtregularisierten Erde), *10*, 4, 1933.

39. Моисеев, Н. Д., О проблеме нерегуляризированной Земли. Астр. журн. (N. D. Moissejew, Über das Problem der nichtregularisierten Erde), *12*, 4, 1935.

40. Молоденский, М. С., Основные вопросы геодезической гравиметрии. Труды Центр. научно-иссл. инст. геодез., аэросъемки и картограф. (M. S. Molodenski, Die Grundfrage der geodätischen Gravimetrie), Lieferung 42, Moskau 1945.

41. Молоденский, М. С., Внешнее гравитационное поле и фигура физической поверхности Земли. Изв. Акад. Наук СССР, сер. географ. и геофиз. (M. S. Molodenski, Das äußere Gravitationsfeld und die Figur der physikalischen Oberfläche der Erde. Nachr. Akad. Wiss. UdSSR, geograph. und geophys. Serie), *12*, Nr. 3, 1948.

42. Молоденский, М. С., Изучение фигуры Земли геометрическим (астрономо-геодезическим) методом. Сб. научно-техн. и производств. статей по геодез., картограф., топограф., аэросъемке и гравиметрии. (M. S. Molodenski, Untersuchung der Erdfigur nach der geometrischen [astronomisch-geodätischen] Methode), Lieferung XXVII, Moskau 1949; (s. a.: Труды Центр. научно-иссл. инст. геодез., аэросъемки и картограф., Lieferung 75, Moskau 1950).

43. Молоденский, М. С., Приближенный способ решения уравнения, определяющего фигуру квазигеоида. Труды Центр. научно-иссл. инст. геодез., аэросъемки и картограф. (M. S. Molodenski, Ein Näherungsverfahren für die Lösung der die Figur des Quasigeoids bestimmenden Gleichung), Lieferung 68, Moskau 1949.

44. Неклюдова, Н. Ф., Об одном методе определения фигуры Земли. Бюлл. Инст. теорет. астр. (N. F. Nekljudowa, Über eine Methode der Bestimmung der Erdfigur), *4*, Nr. 8 (61), 1950.

45. Пицетти, П., Основы механической теории фигуры планет. Пер. А. А. Михайлова. ГТТИ. (P. Pizzetti, Grundlagen der mechanischen Theorie der Planetenfigur. Übers. von A. A. Michailow), 1933.

46. Салтыков, В. Н., О решении интегрального уравнения Н. Моисеева, определяющего фигуру нерегуляризированного геоида. Докл. Акад. Наук СССР. (W. N. Saltykow, Über die Lösung der Integralgleichung von N. Moissejew, die die Figur des nichtregularisierten Geoids bestimmt. Ber. Akad. Wiss. UdSSR), *16*, N. 3, 1937.

47. Слудский, Ф., Об уклонении отвесных линий. (F. Sludski, Über die Abweichung der Lotlinien), Moskau 1863.

48. Слудский, Ф. А., Общая теория фигуры Земли. (F. A. Sludski, Die allgemeine Theorie der Erdfigur), Moskau 1888.

49. Субботин, М. Ф., Курс небесной механики. Гостехиздат. (M. F. Subbotin, Lehrbuch der Himmelsmechanik), *3*, 1949.

50. E. T. Whittaker and G. N. Watson, A Course of Modern Analysis. London 1920.

51. Brillouin, M. Les definitions de la forme de la terre. Revue générale Sci. pur. et appl., Nr. 13, 1900.

52. Bruns, H. Die Figur der Erde. Publik. Preusz. Geodät. Inst., Berlin 1878.

53. Cassinis, G. Sur l'adoption d'une formule Internationale pour la pesanteur normale. Bull. Géodes., Nr. 26, 1930.

54. Cassinis, G. Tables des valeurs de la pesanteur normale Internationale. Bull. Géodes., Nr. 32, 1931.

55. Clemence, G. M. On the system of Astronomical Constants. Astr. Journ., 1170, vol. 53, Nr. 7, 1948.

56. Gauss. Bestimmung des Breitenunterschiedes zwischen den Sternwarten von Göttingen und Altona durch Beobachtungen am Ramsdenschen Zenithsector. Carl Friedrich Gauss Werke, Bd. 9, Göttingen, 1903.

57. Heiskanen, W. On the determination of the Geoid. Veröffentlichungen Finnisch. Geodät. Inst. Nr. 36, Helsinki, 1949.

58. Helmert, F. R. Die mathematischen und physikalischen Theorien der höheren Geodäsie, Teil II. 1884.

59. Hirvonen, R. A. The Continental Undulations of the Geoid. Veröffentlichungen Finnisch. Geodät. Inst., Nr. 19, Helsinki, 1934.

60. Lambert, W. D. The shape and size of the Earth. Bull. Nat. research council, Nr. 78. Physic of the Earth., the Figure of the Earth, 1931.

61. Lambert, W. and F. Darling. Tables for Determining the Form of the Geoid and its Indirect Effect on Gravity (U. S. Department of Commerce. Coast and Geodetic Survey Special Publication, Nr. 199, Washington, 1936).

62. Liouvile. Lettres sur diverses questions d'analyse et de physique mathématique concernant l'ellipsoide, adressées á M. P. H. Blancet (deuxième lettre). Journ. mathémat., t. XI, 1846.

63. Listing, I. B. Über unsere jetzige Kenntniß der Gestalt und Größe der Erde. Nachrichten Königl. Gesellsch. Wissenschaften. Univ. Göttingen, Nr. 3, 1873.

64. MINEO, C. On the limits of Vality of a Theorem of Stokes regarding the Figure of the Earth. Quarterly Journ. Mathem. Oxford series, vol. 4, Nr. 15, Sept., 1933.

65. PIZZETTI, P. Höhere Geodäsie. Encyklopädie der mathematischen Wissenschaften, VI, 1, 3, 1907.

66. POINCARÉ, H. Les mesures de Gravité et la Géodésie. Bull. Astr., t. XVIII, 1901.

67. RUDZKI, M. P. Sur la détermination de la figure de la Terre d'après les mesures de la Gravité. Bull. Astr., t. XXII, 1905.

68. SILVA, G. Sulla definizione della gravita normale. Atti della Reale Academia dei Lincei (Rendiconti) Seria sesta, vol. VIII, Fascicolo 12, Roma, 1928.

69. SILVA, G. Sulla formula della gravita normale. Atti della Reale Accademia dei Lincei (Rendiconti). Seria sesta, vol. XI, Fascicolo 7, Roma, 1930.

70. SIGNORINI, A. Sulla formula di Stokes che serve a determinare la forma del Geoide. Nota I e II. Atti della Reale Accademia dei Lincei (Rendiconti). Seria quinta, Classe Sci. fisiche, matemat. e naturali, vol. XX, 1° Semestre, Roma, 1911.

71. SOMIGLIANA, C. Des expressions finies de la pesanteur normale. Bull. Géodes., Nr. 38, 1933.

72. STOKES, G. G. On the variation of Gravity at the Surface of the Earth. Transactions Cambridge Philosoph. Soc., vol. VIII, part. V, 1849. Reprinted in: G. G. STOKES. Mathematical and physical Papers, vol. 2, Cambridge, 1883.

73. Survey of India. Geodetic Report, 1938.

74. TANNI, L. On the continental undulations of the Geoid as determined from the present gravity material. Publications Isostatic Inst. Internat. Assoc. Geodesy, Nr. 18, Helsinki, 1948.

75. TANNI, L. The regional Rise of the Geoid in Central Europe. Publication Isostatic. Inst. Internat. Assoc. Geodesy, Nr. 22, Helsinki, 1949.

76. VENING MEINESZ, F. A. A formula expressing the deflection of the plumb-line in the gravity anomalies and some formulas for the gravity-field and the gravity-potential outside geoid. Koninklijke akademie van Wetenschappen te Amsterdam (Proceeding), vol. XXXI, Nr. 3, 1928.

Kolibri 360 GmbH
Ferdinand-Jühlke-Straße 7
99095 Erfurt, Deutschland
produktsicherheit@kolibri360.de